Python 程序设计教程

徐红云 ◎ 主编

曹晓叶 袁华 王亮明 ◎ 编著

清华大学出版社

北 京

内 容 简 介

本书全面介绍 Python 程序设计的基础语法和常用第三方库及应用。全书共 11 章,主要内容包括:程序设计语言及 Python 的相关概念,基本语法,程序控制结构,函数,组合数据类型,面向对象程序设计,文件操作,基于第三方库的 GUI 编程,科学计算、数据分析与可视化,多媒体编程,网络爬虫。书后附录分别描述了 Python 3 编码风格参考规范、ASCII 码和 Unicode 码。书中列举了大量应用实例,每章后均附有习题。

本书适合作为高等院校非计算机专业 Python 程序设计课程的教材,也可作为培训机构或 Python 自学者的参考书,还可作为从事 Python 应用开发人员的参考资料。

本书封面贴有清华大学出版社防伪标签,无标签者不得销售。

版权所有,侵权必究。举报:010-62782989,beiqinquan@tup.tsinghua.edu.cn。

图书在版编目(CIP)数据

Python 程序设计教程 / 徐红云主编 . —北京:清华大学出版社,2023.9(2024.8重印)
ISBN 978-7-302-64019-6

Ⅰ.①P… Ⅱ.①徐… Ⅲ.①软件工具—程序设计—教材 Ⅳ.① TP311.561

中国国家版本馆 CIP 数据核字 (2023) 第 125639 号

责任编辑:刘向威
封面设计:文 静
责任校对:韩天竹
责任印制:宋 林

出版发行:清华大学出版社
网　　址:https://www.tup.com.cn,https://www.wqxuetang.com
地　　址:北京清华大学学研大厦 A 座　　邮　　编:100084
社 总 机:010-83470000　　邮　　购:010-62786544
投稿与读者服务:010-62776969,c-service@tup.tsinghua.edu.cn
质 量 反 馈:010-62772015,zhiliang@tup.tsinghua.edu.cn

印 装 者:三河市铭诚印务有限公司
经　　销:全国新华书店
开　　本:185mm×260mm　　印　　张:17.75　　字　　数:380 千字
版　　次:2023 年 9 月第 1 版　　印　　次:2024 年 8 月第 3 次印刷
印　　数:3501 ~ 5500
定　　价:59.00 元

产品编号:100512-01

前言

　　本书是在计算思维培养、创新能力培养和课程思政大背景下，为高等院校非计算机专业学生精心打造的 Python 程序设计课程教材，具有以下特色。

　　（1）注重基础，脉络清晰，逻辑性强。本书从程序的运行过程入手，按照 Python 程序设计的基本语法、程序控制结构、函数、组合数据类型、面向对象程序设计、文件操作的顺序，由浅入深、循序渐进地介绍 Python 语言的基础知识。

　　（2）案例贯穿全书，实用性强。每章都专门设计了"应用举例"一节，将本章知识予以综合运用，并适时地引入第三方库，以强调 Python 模块化编程的思路，从而使受众能够将"树木"拼接成"森林"，实现学以致用。

　　（3）模块划分合理，可用性强。本书第 8～11 章内容分别是 GUI 编程，科学计算、数据分析与可视化，多媒体编程，网络爬虫。针对理、工、医、文、经、管、法等不同专业的学生，可以结合本专业应用需求，选择不同的模块或模块组合，组织教学。

　　（4）融入课程思政，针对性强。将课程思政融入教学内容和教学案例，潜移默化地培养学生的家国情怀、工匠精神和使命担当，以回答"培养什么人，为谁培养人"的问题，利于培养社会主义建设者和接班人。

　　本书第 1～3 章由徐红云编写，第 4 章和第 5 章由袁华编写，第 6 章和第 7 章及第 11 章由曹晓叶编写，第 8～10 章由王亮明编写。全书由徐红云担任主编，完成全书的修改及统稿。本书在编写过程中得到华南理工大学计算机学院和教务处的大力支持，在此表示衷心的感谢。

　　本书是 2020 年度广东省高等教育教学改革项目"基于创新能力和计算

思维能力培养的程序设计类课程教学改革研究"的研究成果之一。本书的出版得到了华南理工大学2023年度本科精品教材专项建设项目资助。

由于编者水平有限，书中不当之处在所难免，欢迎广大同行和读者批评指正。

编　者

2023年4月于广州

目录

第 1 章 概述 ... 1
- 1.1 程序设计语言 ... 1
- 1.2 程序设计方法 ... 5
- 1.3 程序的运行过程 ... 10
- 1.4 Python 安装与开发环境 ... 12
- 1.5 Python 库 ... 18
- 1.6 程序打包 ... 22
- 1.7 应用举例 ... 23
- 1.8 本章小结 ... 26
- 习题 ... 27

第 2 章 基本语法 ... 28
- 2.1 常量、变量、关键字 ... 28
- 2.2 输入输出 ... 29
- 2.3 注释 ... 31
- 2.4 数据类型 ... 32
- 2.5 应用举例 ... 47
- 2.6 Python 之禅 ... 52
- 2.7 本章小结 ... 52
- 习题 ... 53

第 3 章 程序控制结构 54
3.1 选择结构 54
3.2 循环结构 62
3.3 异常处理 75
3.4 应用举例 82
3.5 本章小节 92
习题 92

第 4 章 函数 93
4.1 函数定义与调用 93
4.2 函数的参数传递 96
4.3 函数变量的作用范围 99
4.4 匿名函数 103
4.5 递归函数 106
4.6 内置函数及使用 108
4.7 函数的文档 110
4.8 应用举例 111
4.9 本章小结 122
习题 122

第 5 章 组合数据类型 125
5.1 集合 125
5.2 序列类型及通用操作 130
5.3 元组 132
5.4 列表 134
5.5 字典 140
5.6 应用举例 146
5.7 本章小结 157
习题 158

第 6 章 面向对象程序设计 160
6.1 类与对象 160
6.2 属性与方法 164

6.3 应用举例 173
6.4 本章小结 175
习题 175

第 7 章 文件操作 177

7.1 文件的基本概念 177
7.2 文件的打开与关闭 178
7.3 文件的读写 180
7.4 主要数据文件格式 185
7.5 应用举例 188
7.6 本章小结 191
习题 191

第 8 章 GUI 编程 193

8.1 Python GUI 常见库 193
8.2 Tkinter 基础 194
8.3 常用控件 198
8.4 事件处理 205
8.5 布局方法 208
8.6 对话框 211
8.7 应用举例 213
8.8 本章小结 216
习题 216

第 9 章 科学计算、数据分析与可视化 217

9.1 NumPy 217
9.2 Pandas 222
9.3 Matplotlib 230
9.4 应用举例 237
9.5 本章小结 240
习题 240

第 10 章 多媒体编程 242
10.1 PIL 和 Pillow 242
10.2 图像及 Image 类 242
10.3 图像处理 243
10.4 OpenCV 246
10.5 Librosa 249
10.6 应用举例 252
10.7 本章小结 254
习题 254

第 11 章 网络爬虫 255
11.1 基本概念 255
11.2 requests 库 256
11.3 BeautifulSoup4 259
11.4 应用举例 263
11.5 本章小结 265
习题 265

参考文献 267

附录 A Python 3 编码风格参考规范 268
A.1 代码布局 268
A.2 命名规则 270

附录 B ASCII 码 271

附录 C Unicode 码 274
C.1 Unicode 编码方式 274
C.2 Unicode 实现方式 275

第 1 章 概述

程序设计语言是用于书写计算机程序的语言，是人指挥计算机工作的工具。20 世纪 60 年代以来，世界上公布的程序设计语言已有上千种，但是只有很小一部分得到了广泛的应用。Python 语言从 20 世纪 90 年代初诞生至今，已经成为最受欢迎的程序设计语言之一。

本章介绍程序设计语言的基本概念、程序设计方法、程序运行过程、程序设计方法、Python 安装与开发环境、Python 库、程序打包，最后介绍一个简单的实例。

1.1 程序设计语言

程序设计语言是人与计算机交流的语言。人类需要计算机完成的任务必须用某种程序设计语言书写出来，形成程序，然后交给计算机去执行。程序设计语言经过多年的发展，从机器语言、汇编语言，发展到了高级语言。

1.1.1 机器语言

在计算机发展的早期，使用的程序设计语言称为机器语言。因为计算机的内部电路是由开关和其他电子器件组成的，这些器件只有两种状态，即开或关。一般情况下，"开"状态用 1 表示，"关"状态用 0 表示，计算机所使用的是由 0 和 1 组成的二进制数，所以二进制是计算机语言的基础。

为了能与计算机交流，指挥计算机工作，人们必须学会用计算机语言与计算机交流，即要写出一串由 0 和 1 组成的二进制指令序列并交给计算机执行，这时所使用的语言就是机器语言。

机器语言是面向机器的指令系统，计算机可以直接识别它，且不需要进行任何解释或翻译。机器语言是严格与机器相关的，每台机器的指令格式和代码所代表的含义都是硬性规定的，对不同型号的计算机来说，机器语言一般是不同的。由于使用的是针对特定型号的计算机语言，因此机器语言的运算效率是所有语言中最高的。

尽管机器语言对计算机的工作是直接的、高效的，但是，能够使用机器语言的人还是比较少的。使用机器语言的人必须懂得计算机工作的原理，这对于大部分非专业人士来说是不可能的。

表 1-1 是一个机器语言程序，该程序的功能是实现两个整数相加。

表 1-1　一个机器语言程序

机器语言指令	完成的操作
0001 0000 0010 0000	从内存单元 20 中取数，置于寄存器 A 中
0011 0000 0010 0001	寄存器 A 的数值加上内存单元 21 中的数值，和存入寄存器 A 中
0010 0000 0010 0010	把寄存器 A 的数值存入内存单元 22 中
0000 0000 0000 0000	结束程序运行

从以上程序可以看出，机器语言程序可读性差。另外，由于不同型号计算机的指令系统不同，针对一种型号计算机书写的程序不能直接拿到另一种不同型号的计算机上运行，因此程序可移植性差。

1.1.2　汇编语言

汇编语言也是一种面向机器的语言。为了帮助人们记忆，它采用了符号（称为助记符）来代替机器语言的二进制码，所以又称为符号语言。

因为使用了助记符，所以用汇编语言书写的程序不能被计算机直接识别，需要一种程序将汇编语言翻译成机器语言才能在计算机上执行，这种翻译程序称为汇编程序（assembler）。把汇编语言程序翻译成机器语言程序的过程称为汇编。

表 1-2 所示是一个用汇编语言编写的程序，该程序的功能是实现两个整数相加。

表 1-2　一个汇编语言程序

汇编语言指令	完成的操作
LOAD X	从内存单元 X 中取数，置于寄存器 A 中
ADD Y	寄存器 A 的数值加上内存单元 Y 的数值，和存入寄存器 A 中
STORE SUM	把寄存器 A 的数值存入内存单元 SUM 中
HALT	结束程序运行

汇编语言比机器语言易于读写、调试和修改，用汇编语言写的程序与机器语言程序一样，具有执行效率高、占用内存少等特点，可以有效地访问、控制计算机的各种硬件设备。

但汇编语言仍依赖于具体的处理器体系结构，用汇编语言编写的程序也不能直接在不同类型处理器的计算机上运行，可移植性差。另外，要掌握好汇编语言也不容易，它要求程序员熟悉各种助记符与硬件的关系，所以不被大多数非专业人士所接受。

1.1.3 高级语言

尽管汇编语言极大提高了编程效率，但仍然需要程序员在所使用的计算机硬件上投入大量的精力。另外，汇编语言也很枯燥，因为每条机器指令都需要单独编码。为了提高程序员的效率，把程序员的注意力从关注计算机的硬件转移到解决实际应用问题上来，导致了高级语言的产生与发展。

高级语言是面向用户的、基本上独立于计算机硬件结构的语言。其最大的优点是形式与算术语言和自然语言接近，概念与人们通常使用的概念接近。高级语言的一个命令可以代替几条、几十条，甚至几百条汇编语言指令。高级语言种类繁多，可以从应用角度和对客观世界的描述两个方面对其进行分类。

1. 从应用角度分类

从应用角度来看，高级语言可以分为基础语言、结构化语言和专用语言。

（1）基础语言。基础语言也称为通用语言，其历史悠久，流传很广，有大量的已开发的软件库，拥有众多的用户，为人们所熟悉和接受。属于这类语言的有 FORTRAN、COBOL、BASIC、ALGOL 等。FORTRAN 语言是国际上广为流行、也是使用得最早的一种高级语言，从 20 世纪 90 年代起，在工程与科学计算中一直占有重要地位，且备受科技人员的喜爱。BASIC 语言是 20 世纪 60 年代初为适应分时系统而研制的一种交互式语言，可用于一般的数值计算与事务处理，其结构简单、易学易用、具有交互能力，是许多初学者学习程序设计的入门语言。

（2）结构化语言。20 世纪 70 年代以来，结构化程序设计和软件工程的思想日益为人们所接受，在其影响下，先后出现了一些很有影响的结构化语言。Pascal 语言、C/C++ 语言、Python 语言就是它们中的突出代表。

Pascal 语言是第一个系统地体现结构化程序设计概念的高级语言。由于它模块清晰、控制结构完备、有丰富的数据类型和数据结构、语言表达能力强、可移植性好，而被国内外许多高校用作教学语言。

C/C++ 语言具有功能丰富、表达能力强、运算符和数据类型丰富、使用灵活且方便、应用面广、可移植性好、目标程序效率高等高级语言的特点，同时也具有低级语言的许多特点，如允许直接访问物理地址、能进行位操作、能实现汇编语言的大部分功能、可直接对硬件进行操作等。用 C/C++ 语言编译程序产生的目标程序，其质量可以与汇编语言产生的目标程序相媲美，让 C/C++ 语言成为编写应用软件、操作系统和编译程序的重要语言之一。

（3）专用语言。专用语言是为某种特殊应用而专门设计的语言。一般来说，这种语言应用范围较窄，可移植性和可维护性不如结构化程序设计语言。随着时间的推移，业界已出现了数百种专用语言，应用比较广泛的有 APL 语言、Forth 语言、LISP 语言等。

2. 从对客观世界的描述角度分类

从对客观世界的描述角度来看，程序设计语言可以分为面向过程语言和面向对象语言。

（1）面向过程语言。以"数据结构+算法"程序设计范式构成的程序设计语言，称为面向过程语言。前面所述 Pascal 语言、C 语言是面向过程语言的典型代表。

（2）面向对象语言。以"对象+消息"程序设计范式构成的程序设计语言，称为面向对象语言。比较流行的面向对象语言有 Java、C++、Python 等。

Java 语言是一种面向对象的、不依赖于特定平台的程序设计语言，具有简单、可靠、可编译、可扩展、多线程、动态存储管理、易于理解等特点，它是一种理想的用于开发网络应用软件的程序设计语言。

C++ 语言是在 C 语言的基础上引入了面向对象的机制而形成的一门计算机编程语言。C++ 继承了 C 语言的大部分特点：一方面，C++ 语言将 C 语言作为其子集，使其能与 C 语言相兼容；另一方面，C++ 语言支持面向对象的程序设计。

1.1.4 Python 语言

Python 是一种面向对象的结构化编程语言，是由荷兰数学和计算机科学研究学会的吉多·范罗苏姆（Guido van Rossum）于 1990 年代初设计的。1989 年圣诞节期间，Guido 为了打发圣诞节的无趣，决心开发一个新的脚本程序。之所以选中 Python（意为蟒蛇）作为该编程语言的名字，是取自英国 20 世纪 70 年代首播的电视喜剧《蒙提·派森的飞行马戏团》(*Monty Python's Flying Circus*)。

Python 逐渐发展为最受欢迎的程序设计语言之一。1995 年，Guido 在弗吉尼亚州的国家创新研究公司继续他在 Python 上的工作，并在那里发布了该软件的多个版本；2000 年 5 月，Guido 的核心开发团队转到 BeOpen.com，并组建了 BeOpen Python Labs 团队；Python 2 于 2000 年 10 月发布，稳定版本是 Python 2.7；2001 年，Python 软件基金会（PSF）成立，PSF 是一个专为拥有 Python 相关知识产权而创建的非营利组织；2004 年以后，Python 的使用率呈线性增长；Python 3 于 2008 年 12 月发布，不完全兼容 Python 2；2011 年 1 月，它被 TIOBE 编程语言排行榜评为 2010 年度语言；2018 年 3 月，该语言作者在邮件列表上宣布 Python 2.7 将于 2020 年 1 月 1 日终止支持；2021 年 10 月，被加冕为最受欢迎的编程语言，20 年来首次被置于 Java、C 和 JavaScript 之上。

Python 语言是一种简单、易学、易读易维护、可扩展性好、可移植性好的程序设计语言。Python 是一种代表简单主义思想的语言。阅读一个良好的 Python 程序就像是读英语一样，使人能够专注于解决问题而不是去搞明白语言本身；因为 Python 有及其简单的文档，所以极易上手；风格清晰统一、强制缩进，使得 Python 易读易维护；Python 提供了丰富的 API 和工具，程序员能够轻松地使用 C 语言、C++ 语言来编写扩充模块；由于它的开源本质，Python 已被移植到 Linux、Windows、FreeBSD、macOS、Solaris、OS/2、Amiga、AROS、AS/400、BeOS、OS/390、z/OS、Palm OS、QNX、VMS、Psion、Acom RISC OS、VxWorks、PlayStation、Sharp Zaurus、Windows CE、PocketPC、Symbian 以及 Android 等平台上。

表 1-3 所示是一个用 Python 语言写的程序，该程序的功能是实现两个整数相加。

表 1-3 一个 Python 程序

Python 语句	完成的操作
x=3	被加数 x，赋值 3
y=4	加数 y，赋值 4
sum=x+y	x 加 y 的和数，存入 sum

该程序可读性好，可移植性好。

1.2 程序设计方法

计算机程序的设计方法起源于日常解决问题的方法，流程图是描述问题解决思路的常用工具之一。本节首先认识程序流程图，接着简要介绍两种常用的程序设计方法：结构化程序设计方法和面向对象程序设计方法，最后介绍程序设计的步骤。

1.2.1 程序流程图

程序流程图又称为程序框图，它是用统一规定的标准符号描述程序运行具体步骤的图形表示，流程图着重说明程序的逻辑性与处理顺序，描述计算机解题的逻辑及步骤。流程图是进行程序设计的最基本依据。

流程图常用符号及含义如表 1-4 所示。

表 1-4 流程图常用符号及含义

名 称	符 号	含 义
起、止框	◯	表示程序的开始或结束，框内一般填写"开始"或"结束"
输入、输出框	▱	表示程序的输入、输出，框内填写需要输入、输出的各项
处理框	▭	表示程序中各种处理，框内填写的是用于处理的指令序列
判断框	◇	表示程序中的条件判断，框内填写条件
连接点	○	当流程图在一个页面画不下时，常用它来表示相对应的连接处
流向线	↕→	表示程序的执行流程，箭头指向流程的方向

1.2.2 结构化程序设计方法

结构化程序设计（structured programming）方法又称为面向过程（procedure oriented）的程序设计方法，它是20世纪70年代由知名的计算机科学家E.W.Dijkstra提出来的。该方法指按照层次化、模块化的方法来设计程序，从而提高程序的可读性和可维护性。其主要思想如下。

（1）程序模块化。程序模块化指把一个复杂的程序分解成若干个部分，每个部分称为一个模块。它通常按功能划分模块，使每个模块实现相对独立的功能，使模块之间的联系尽可能地简单。

（2）语句结构化。语句结构化指每个模块都用顺序结构、选择结构或循环结构来实现流程控制。

顺序结构是指顺序执行的结构，即按照程序语句行的书写顺序，逐行执行程序。如图1-1所示，先执行语句A，再执行语句B，然后执行语句C。

选择结构又称为分支结构，根据条件成立与否决定执行哪个分支。如图1-2所示，当条件成立（真）时执行语句A，当条件不成立（假）时执行语句B，二者选一执行。

循环结构又称为重复结构，根据给定的条件，决定是否重复执行某段程序。循环结构有两种：对先判断条件后执行语句（称为循环体）的称为当型循环结构，如图1-3所示，当条件成立（真）时执行循环体，条件不成立（假）时退出循环；对先执行循环体后判断条件的称为直到型循环结构，如图1-4所示，先执行一次循环体，然后判断条件，条件成立（真）时继续执行循环体，条件不成立（假）时退出循环。

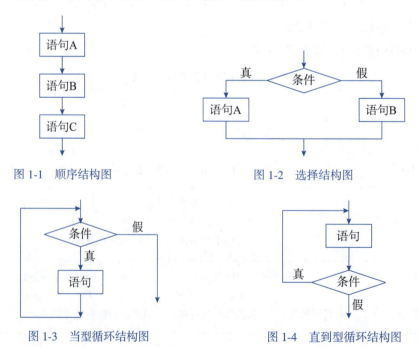

图1-1 顺序结构图　　　　　　图1-2 选择结构图

图1-3 当型循环结构图　　　　图1-4 直到型循环结构图

（3）自顶向下、逐步求精的设计过程。自顶向下是指将复杂的、大的问题划分为小问题，找出问题的关键、重点所在，然后用精确的思维定性、定量地去描述问题。逐步求精是指将现实世界的问题经抽象转换为逻辑空间或求解空间的问题，复杂问题经抽象化处理变为相对比较简单的问题，再经若干步抽象（精化）处理，直到求解域中只是比较简单的编程问题，用 3 种基本程序结构即可实现。

（4）限制使用转向语句，如 goto 语句。因为滥用转向语句将使程序流程无规律，程序可读性差。

结构化程序设计方法的有两个优点：第一，程序易于理解、使用和维护，即程序员采用结构化编程方法，便于控制、降低程序的复杂性，因此容易编写程序，而且便于验证程序的正确性，结构化程序清晰易读，可理解性好，程序员能够进行逐步求精、程序证明和测试，以确保程序的正确性，程序容易阅读并被人理解，便于用户使用和维护；其二，提高了编程工作的效率，降低了程序的开发成本。由于结构化编程方法能够把错误控制在最低限度，因此能够减少调试和查错的时间。结构化程序是由一些为数不多的基本结构模块组成，这些模块甚至可以由机器自动生成，从而极大地减轻了编程工作量。因此，结构化程序设计方法得到了广泛应用。

支持结构化程序设计的程序设计语言有 Pascal 语言、C 语言、Python 语言等。

本书第 1～5 章主要介绍 Python 语言面向过程的程序设计方法。

1.2.3　面向对象程序设计方法

面向对象（object oriented）程序设计方法是一种支持模块化设计和软件重用的实际可行的编程方法。它把程序设计的主要活动集中在建立对象和对象之间的联系上，从而完成所需要的计算。一个面向对象的程序就是实现相互联系的对象集合。由于现实世界可以抽象为对象和对象联系的集合，因此面向对象的程序设计方法更接近现实世界、更自然。

面向对象程序设计中有几个基本概念：对象、消息、类、封装、继承和多态性。

（1）对象。对象是面向对象程序设计的基本要素。对象由一组属性和对这组属性进行操作的一组方法构成。其中，属性描述对象的静态特征，如一个圆由圆心、半径等属性来描述；方法描述对象的动态特征，如输入圆心、半径，输出圆心、半径等都是对圆对象的属性进行操作。

（2）消息。通过向对象发送消息来处理对象。每个对象根据消息的性质来决定要采取的行动，即响应一个消息。

（3）类。类是数据抽象和信息隐藏的工具，它是具有相同属性和方法的一组对象的抽象描述。对象是类的实例。发送给一个对象的所有消息都在该对象的类中来定义，并以方法来描述。

（4）封装。封装是一种组织软件的方法。它的基本思想是把客观世界中联系紧密的元素及相关操作组织在一起，使其实现细节隐藏在内部，以简单的接口对外提供服务。

（5）继承。继承用于描述类之间的共同性质。它减少了相似类的重复说明，体现出一般化及特殊化的原则。例如，可以把"汽车"作为一个一般化的类，而把"卡车"作为一种更具体的类，它从汽车类继承了许多属性及方法，并且允许添加卡车类特有的属性和方法。

（6）多态性。多态性指相同的语句组可以代表不同类型的实体或对不同类型的实体进行操作。

用面向对象程序设计方法编写的程序，其结构与求解的实际问题的结构基本一致，具有很好的可读性和可维护性。另外，利用继承、多态、模板等机制，程序设计者能够很好地实现代码重用，极大地提高设计程序的效率。目前，面向对象程序设计方法已成为主流的程序设计方法，在软件开发过程中被广泛使用。

支持面向对象的程序设计语言有 C++ 语言、Java 语言、Python 语言等。

本书第 6 章介绍 Python 语言面向对象的程序设计方法。

1.2.4 程序设计的步骤

人们用程序设计语言书写程序的过程称为程序设计。程序设计过程包括分析、设计、编码、测试和排错、编写文档等不同阶段。

1. 分析

分析指对于接受的任务进行认真分析，研究所给定的条件，分析最后应达到的目标，找出解决问题的规律，选择解题的方法，完成实际问题。

2. 设计

设计指设计出解决问题的方法和具体步骤，这些方法和步骤统称为算法。

3. 编码

编码指将算法翻译成用计算机语言表示的程序。用高级语言编写的程序称为源程序。源程序是文本文件，便于人们阅读和修改。计算机不能直接识别源程序，必须将源程序翻译成机器语言表示的可执行程序，才能在计算机上运行。翻译的方式有两种：一种称为解释方式，另一种称为编译方式。每一种高级语言都配有解释器或编译器，用于完成对源程序的解释或编译。

解释方式是由解释器对源程序逐语句进行语法检查，一边解释，一边执行。如图 1-5 所示，解释结束，程序的运行结束。

编译方式是由编译器对源程序文件进行语法检查，并将之翻译为机器语言表示的二进制程序，即目标程序。程序的编译和执行如图 1-6 所示。

图 1-5 和图 1-6 中编辑需要用到文本编辑器，以实现源代码的输入、修改及存盘等操

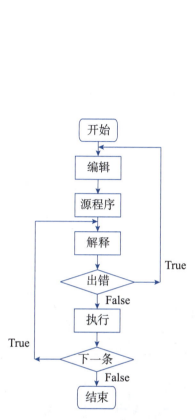
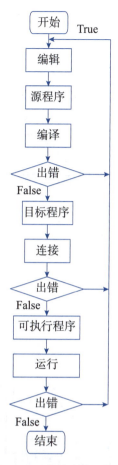

图 1-5　程序的解释和执行　　　　图 1-6　程序的编译和执行

作，形成源程序文件。不同的高级语言源程序文件，其文件扩展名不同。例如，C 语言源程序文件的扩展名为 .c，C++ 源程序文件的扩展名为 .cpp，Python 源程序文件的扩展名为 .py 等。

连接用到程序设计语言的连接器。连接器将编译得到的目标程序与系统提供的库文件代码结合生成可执行程序。

解释方式和编译方式的主要区别包括以下三点。

（1）编译方式是一次性地完成翻译，一旦成功生成可执行程序，则不再需要源代码和编译器即可执行程序；解释方式在每次运行程序时都需要源代码和解释器。

（2）解释方式执行需要源代码，所以程序纠错和维护十分方便；另外，只要有解释器负责解释，源代码可以在任何操作系统上执行，可移植性好。

（3）编译所产生的可执行程序执行速度比解释方式的执行速度更快。

4. 测试和排错

测试和排错，即运行程序、分析结果。运行程序，能得到结果并不意味着程序正确，要对结果进行分析,看它是否合理。不合理时,要对程序进行调试,即发现和排除程序中的故障,直至结果正确。

5. 编写文档

程序是提供给别人使用的。如同正式的产品应当提供产品说明书一样,正式提供给用户使用的程序必须向用户提供程序说明书,内容应包括程序名称、程序功能、运行环境、程序的装入和启动、需要输入的数据,以及使用注意事项等。

1.3 程序的运行过程

计算机程序是由计算机运行的,现代计算机是基于冯·诺依曼体系结构的,如图1-7所示。计算机由主机和外设组成,其中主机包含运算器、控制器和内存储器,外设含输入设备、输出设备和外存储器,各个部件之间通过总线(含控制总线、数据总线和地址总线)来通信。

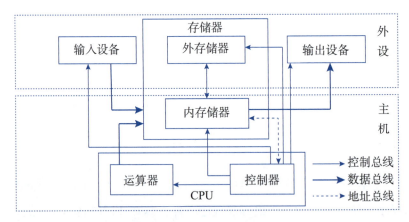

图1-7 冯·诺依曼体系结构

程序和程序要处理的数据通过输入设备输入内存储器(简称内存),程序的运行结果由输出设备输出。CPU执行程序的过程如下。

以两个整数相加的程序为例,一台简单体系结构的计算机完成该工作至少需要4条指令。这4条指令和两个输入的整数在程序开始执行之前存储在内存之中,如图1-8所示,程序执行后的结果也存放在内存中。

图1-8中,R1、R2、R3是数据寄存器(data register),用于暂存运算器的运算数据;I是指令寄存器(instruction register),用于暂存CPU即将执行的指令;PC是程序计数寄存器(program counter register),用于指出下一条即将取出的指令所在的内存地址。程序开始执行时,PC中存放的070表示第1条要执行的指令在内存地址为070的位置,里面存放的指令为:

```
Load 200 R1
```

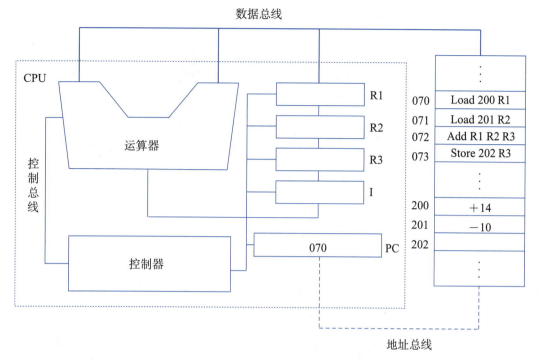

图 1-8　执行前内存和寄存器中的内容

图 1-9 示意了 4 条指令的执行顺序。

图 1-9（a）示意了第 1 条指令执行后，CPU 内各寄存器的状态。指令寄存器中存放的是所执行程序的第 1 条指令，数据寄存器 R1 中存放的是指令执行后的结果，即从内存地址 200 处取出数据（+14）放入寄存器 R1 中，PC 中存放的是下一条要执行的指令的地址（071）。

图 1-9（b）示意了第 2 条指令执行后，CPU 内各寄存器的状态。指令寄存器中存放的是所执行程序的第 2 条指令（Load 201 R2），数据寄存器 R2 中存放的是第 2 条指令的执行结果，即从内存地址 201 处取出数据（-10），存入寄存器 R2 中，PC 中存放的是下一条要执行的指令地址（072）。

图 1-9（c）示意了第 3 条指令执行后，CPU 内各寄存器的状态。指令寄存器中存放的是所执行程序的第 3 条指令（Add R1 R2 R3），数据寄存器 R3 中存放的是第 3 条指令的执行结果，即将寄存器 R1 和 R2 中的数据由运算器进行加法运算，将运算结果（+4）存入寄存器 R3 中，PC 中存放的是下一条要执行的指令地址（073）。

图 1-9（d）示意了第 4 条指令执行后，CPU 内各寄存器的状态。指令寄存器中存放的是所执行程序的第 4 条指令（Store 202 R3），即将寄存器 R3 中的值（+4）写入内存地址 202 所在的位置，PC 中存放的是下一条要执行的指令地址（074），依此类推。

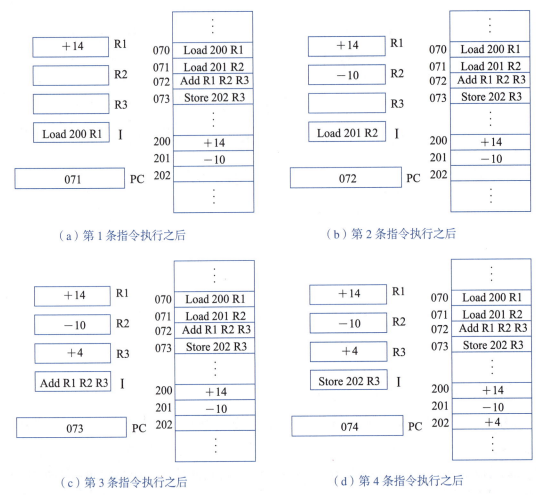

(a) 第 1 条指令执行之后　　　(b) 第 2 条指令执行之后

(c) 第 3 条指令执行之后　　　(d) 第 4 条指令执行之后

图 1-9　4 条指令的执行顺序

1.4　Python 安装与开发环境

一个好的开发环境可以极大提高编程开发的效率，用 Python 开发应用程序也不例外。要用 Python 语言编写程序，需要安装 Python 解释器。

1.4.1　Python 的安装

Python 是纯粹的自由软件、开源项目的优秀代表，其解释器的全部源代码都是开源的。Python 语言解释器是一个轻量级的小软件，支持交互式和批量式两种编程方式，可以在 Python 语言主网站上下载，其安装文件容量为 25～30MB。下面介绍 Python 的下载和安装步骤。

打开网页 https://www.python.org/down/oads/，进入图 1-10 所示的下载界面。

图 1-10 所示的 Python 官网上同时发行 Python 2.x 和 Python 3.x 两个系列的版本，两个系列版本互不兼容，很多内置函数的实现和使用方式也不一样，Python 3.x 对 Python 2.x

的标准库进行了重新拆分和整合。Python 2.x 的最新版本是 2020 年 4 月发布，之后停止更新。Python 3.x 的最近版本是 Python 3.10.7/3.9.14/3.8.14/3.7.14。需要说明的是，同系列版本中，高版本比低版本更加完善。

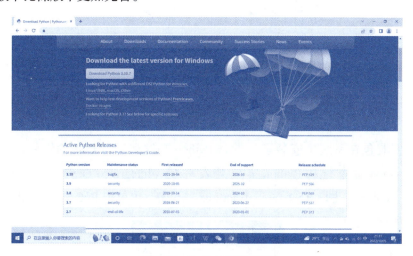

图 1-10　Python 下载界面

根据所用的操作系统，在图 1-10 中选择对应的 Python 3.x 系列安装程序。在图 1-10 中单击 Download Python 3.10.7 按钮即可下载 Python 的稳定版本；随着 Python 语言的发展，此页面处会有更新的稳定版本出现。本章内容以 Windows 操作系统版本 Python 3.10.6 为例进行安装和环境配置。如果在其他操作系统下，请打开图 1-10 中下部的相应链接进行选择。

找到所下载的文件 python-3.10.6-amd64，如图 1-11 所示，双击，即可启动 Python 解释器的安装，然后出现图 1-12 所示的安装程序引导过程启动界面，勾选 Add Python 3.10 to PATH 复选框，单击 Install Now 按钮，出现图 1-13 所示的安装界面，安装结束后，出现图 1-14 所示的安装成功界面。

图 1-11　下载的 Python-3.10.6-amd64 文件

图 1-12　安装程序引导过程启动界面　　　　图 1-13　Python 3.10.6 安装界面

图 1-14　Python 3.10.6 安装成功界面

Python 安装包在系统中安装了一批与 Python 开发和运行相关的组件，其中最重要的两个是 Python 命令行和 Python 集成开发环境（Integrated Development and Learning Environment，IDLE）。图 1-15 示意了 Windows "开始" 菜单中 Python 3.10 所包含的组件。

图 1-15　Python 3.10 所包含的组件

1.4.2　Python 程序运行方式

运行 Python 程序有交互式和文件式。

交互式是指 Python 解释器即时响应用户输入的每条代码。

文件式（也称为批量式）是指用户将 Python 程序写在一个或多个文件中，然后启动 Python 解释器批量执行文件中的代码。

交互式一般用于调试少量代码，文件式是最常用的编程方式。

【例 1.1】编写一个程序，运行输出 "Hello China!"。

学习编程语言都是从编写运行最简单的 Hello 程序开始的，即程序运行时在屏幕上输出 "Hello world!"，本例中改为输出 "Hello China!"。这个程序虽小，却是初学者接触编程语言的第一步。使用 Python 语言编写的 Hello 程序如下：

```
print("Hello China!")
```

1. 交互式启动和运行程序

交互式启动和运行程序的方法有以下两种。

第一种方法是以命令方式启动。单击图 1-15 中的 Python 3.10(64-bit)，在所出现界面的命令提示符 >>> 后输入例 1.1 中的程序代码，按 Enter 键后显示输出 "Hello China!"，如图 1-16 所示。

图 1-16　以命令方式启动交互式 Python 运行环境

第二种方法是通过调用安装的 IDLE 来启动 Python 运行环境。单击图 1-15 中的 IDLE(Python 3.10 64-bit)，启动 IDLE 的交互式 Python 运行环境，在该环境下运行 Hello 程序的效果如图 1-17 所示。

图 1-17　通过 IDLE 启动交互式 Python 运行环境

2. 文件式启动和运行程序

文件式启动和运行程序也有以下两种方法。

第一种方法是用文本编辑器（如记事本等）按照 Python 语法格式编写代码，如图 1-18 所示，并保存为 .py 格式的文件（此处命名为 "hello.py"），然后运行 Windows 操作系统下的 cmd.exe 程序，在命令提示符后输入 python hello.py，即可得到图 1-19 的结果。

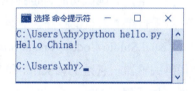

图 1-18　用记事本创建 hello.py 文件　　　　图 1-19　以命令方式运行 Python 程序文件

第二种方法是打开 IDLE，在菜单栏中选择 File → New File 命令，在显示的窗口中输入代码，并保存为 hello.py，如图 1-20 所示，然后选择 Run → Run Module 命令运行程序，得到图 1-21 所示的结果。

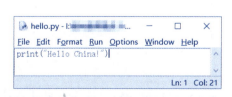

图 1-20　以 IDLE 方式创建 Python 程序文件　　　图 1-21　以 IDLE 方式运行 Python 程序文件

1.4.3　Python 开发环境

"工欲善其事，必先利其器。"在开始学习使用 Python 之前，选择一个合适的集成开发环境，有利于快速上手 Python，以期在学习中起到事半功倍的效果。下面介绍常用的 Python IDE 工具。

1. IDE 的总体分类

IDE 总体可以分为文本工具类和集成工具类。

文本工具类 IDE 包括 IDLE、Sublime Text、Notepad++、Vim&Emacs、Atom、Komodo Edit 等。

集成工具类 IDE 包括 PyCharm、Anaconda&Spyder、Wing、PyDev&Eclipse、Visual Studio Code、Canopy 等。

另外，还可以把所有的 IDE 分类为通用型 IDE 和专注于数据分析的 IDE。

2. 通用类型的 Python IDE

（1）IDLE。如 1.4.2 节所述，IDLE 是 Python 自带的、默认的、入门级编程工具，适用于 Python 入门学习，功能简洁、直观，适合代码量在 300 行以内的程序。

（2）Sublime Text。Sublime Text 是专门为程序员开发的第三方专用编程工具，它支持代码高亮、自动补齐、多种颜色搭配等多种编程风格。Sublime Text 包含收费版本和免费版本，两者功能相同。不注册使用的就是免费版本。

（3）Wing。Wing 是非常专业的 Python 集成工具类 IDE。它是由商业公司维护的收费工具，提供了丰富的调试功能，也提供了版本控制和版本同步，适合多人共同开发，适合用于编写数千行至上万行的程序。

（4）Visual Studio Code。Visual Studio Code 是在 Windows、macOS 和 Linux 上运行的独立源代码编辑器。它是 JavaScript 和 Web 开发人员的理想选择，几乎可支持任何编程语言的扩展，如适用于 Visual Studio Code 的 Python 扩展，并提供了视觉提示和工具，可让用户更好、更快地编写 Python 代码。

（5）Eclipse。Eclipse 是早年为 Java 程序员开发的开源 IDE。用户可以通过 PyDev 在 Eclipse 里配置 Python 的开发环境。用 Eclipse 配置 Python 开发环境，很多地方需要用户自己来定义，相对比较复杂，用户需要具备较好的专业经验才能配置好 Python IDE。

（6）PyCharm。PyCharm 是一款专门面向 Python 的全功能集成开发环境。PyCharm 与 Sublime Text 一样，分为社区（免费）版和收费版。绝大多数程序用社区的免费版就可以完成。

PyCharm 是所有的集成类工具中相对简单且集成度较高的，且使用人数最多，适合编写较大、较复杂的程序。

3. 科学计算与数据分析领域 Python IDE

（1）Canopy。Canopy 是由商业公司提供和维护的第三方工具。该工具是收费的，且价格较贵。Canopy 支持 500 多个第三方库，是科学计算领域中集成度较高且使用方便的 IDE。

（2）Anaconda。Anaconda 是一款第三方、开源、免费的工具，支持 800 多个第三方库，包含多个主流的 Python 开发调试环境，十分适合在数据处理和科学计算领域使用。由于 Anaconda 是一款跨平台工具，因此它可以很好地在 Windows、Linux 和 macOS 上使用。

① Anaconda 的来源。Anaconda 和 Canopy 都是由 Travis Oliphant 开发和领导设计的。Travis Oliphant 也是 SciPy、NumPy 和 Numba 的创造者，Anaconda 公司的创始人和董事，NumFOCUS 公司的创始人，以及 Quansight 公司的 CEO。2008 年，Travis Oliphant 领导开发了 Canopy 工具。但是 Travis Oliphant 的开源开放理念与公司坚持 Canopy 收费的理念不同，因此在 2012 年，Travis 离开了原公司，带领新的团队开发了免费开源的 Anaconda 平台。由于 Anaconda 是开源免费的，因此获得了来自全球的优秀工程师共同改进，并将平台打造得非常好用。

② Anaconda 的本质。Anaconda 是一个集成各类 Python 工具的集成平台，将很多第三方的开发调试环境集成到一起。也就是说，Anaconda 是一个集合，包括 conda、某版本 Python、一批第三方库。

③ Anaconda 中的 conda。conda 是一款开源的包管理系统和环境管理系统，可运行在 Windows、Linux 和 macOS 上，还可快速安装、运行和更新包及其依赖项，也可轻松地在计算机上创建、保存、加载和切换环境。它是为 Python 程序而创造的，但它可以打包和分发任何语言的软件。

④ Anaconda 中的 Spyder。Spyder 是一款编写和调试 Python 语言程序非常优秀的第三方工具，由"Python 之父"吉多·范罗苏姆参与开发而成。Sypder 的优点是启动速度较快、功能简单、容易上手。与 MATLAB 一样，Sypder 对数据分析者非常有用，可满足数据处理和科学计算方面的各种需求。

⑤ Anaconda 中的 IPython。IPython 是一个能调用 Python 解释器的交互式编程环境，它是一个功能更强的交互式 Shell，能够显示很多的图形图像，适合进行交互式的数据可视化以及与 GUI 相关的应用。IPython 是一个前台的显示脚本，核心的功能是用作后台的 Python 解释器。

本书所有代码均使用 Python 自带的 IDLE 调试通过。

1.4.4　Python 文件名

文件的扩展名表示了文件的类型。在 Python 中，不同扩展名的文件也表示了不同的文件类型。常见的扩展名及其含义如下。

.py：是 Python 源文件的扩展名，该文件由 Python 解释器负责解释执行。

.pyw：是 Python 源文件的扩展名，常用于图形界面程序文件。

.pyc：是 Python 字节码文件的扩展名，用户不能用文本编辑器查看该类型文件的内容。

.pyo：是优化后的 Python 字节码文件的扩展名。从 Python 3.5 开始不再支持该类型的文件。

.pyd：一般是由其他语言编写并编译的二进制文件的扩展名，常用于实现某些软件工具的 Python 编程接口插件或 Python 的动态链接库。

1.5 Python 库

Python 库（又称为模块 module）是一个包含若干函数定义、类定义或者常量的 Python 源程序文件。这里的模块与儿童玩的积木模块类似，通过各种形状积木模块的拼接，可以轻易搭出各种造型或实物模型。程序员通过 Python 模块的调用，可以较快地完成某些问题的程序设计。通过调用模块进行编程的方法称为"模块编程"，它是 Python 语言的重要特点之一。Python 库分为内置函数、标准模块和扩展模块（又称第三方库）。内置函数是由 Python 解释器提供的，这些函数不需要导入任何模块即可直接使用。内置函数将在本书后续章节陆续介绍。本节主要介绍标准模块的概念和第三方库的概念与管理。

1.5.1 标准模块

标准模块在安装 Python 时被一起安装。一般需要使用 import 指令导入模块，才能使用对应模块中的函数。下面列出了 Python 中部分常见的标准模块。

math 模块：是数学计算的标准函数库，支持整数和浮点数运算。

random 模块：是生成随机数的函数库，主要用于生成随机数。

date、time 模块：是显示日期和时间的标准函数库，用于从系统中获取时间，以用户选择的格式输出。

turtle 库：图形绘制函数库。

os 模块：用于提供系统级别的操作，如对文件和目录进行操作。

sys 模块：用于提供对解释器相关的操作。

json 模块：用于处理 JSON 字符串。

logging：用于便捷记录日志且线程安全的模块。

hashlib 模块：用于加密相关操作，代替了 md5 模块，主要是提供 SHA1、SHA224、SHA256、SHA384、SHA512 和 MD5 算法。

1.5.2 第三方库

强大的标准库奠定了 Python 发展的基石，丰富和不断扩展的第三方库是 Python 壮大的保证。进入 PyPI 官网可以看到发布的第三方库已达十多万种，众多的开发者为 Python

贡献了自己的力量。下面列出了一些常用的第三方库。

openpyxl：用于读写 Excel 文件。

pymssql：用于操作 Microsoft SQL Server 数据库。

NumPy：用于数组计算与矩阵计算。

SciPy：用于科学计算。

Pandas：用于数据分析。

Matplotlib：用于数据可视化或科学计算可视化。

Scrapy：提供爬虫框架。

sklearn：用于机器学习。

TensorFlow：用于深度学习。

在默认情况下，安装 Python 时不会安装任何扩展库或第三方库，这些库需要单独安装。一般需要使用 import 指令导入模块，才能使用对应模块中的函数。Python 自带的 pip 工具是管理扩展库的主要方式，支持 Python 扩展库的安装、升级和卸载等操作。

1. 在线安装指定模块

命令格式：pip install Package[= =version]

使用说明：可以使用方括号内的格式指定扩展库版本。

例如，在线安装 Matplotlib 扩展包。操作命令和运行过程如图 1-22 所示。

图 1-22　在线安装 Matplotlib 扩展包

2. 列出已安装模块及其版本号

命令格式：pip freeze[> filename.txt]

使用说明：我们可以使用重定向符 > 把扩展库信息保存到文件 filename.txt 中。

例如，用 pip freeze 列出已安装模块及其版本号。操作命令和运行结果如图 1-23 所示。

图 1-23　列出已安装模块及其版本号

3. 下载第三方库的安装包

命令格式：pip download Package

例如，用 pip 下载第三方库 Pandas 的安装包并验证下载成功。操作命令和运行结果如图 1-24 和图 1-25 所示。

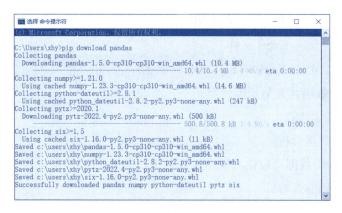

图 1-24　下载第三方库 Pandas

图 1-25　显示下载的第三方库 Pandas

4. 离线安装指定模块

命令格式：pip install Package.whl

对于大部分扩展库，使用 pip 工具直接在线安装都会成功。但是，有时会因为缺少 VC 编辑器或依赖文件而失败。在 Windows 平台上，如果在线安装扩展库失败，此时可以按上述方法下载扩展库编译好的 WHL 文件，然后在命令提示符环境中使用 pip 命令进行离线安装。

例如，离线安装上文中下载的 Pandas 库。操作命令和运行结果如图 1-26 所示。

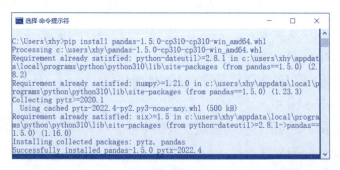

图 1-26　离线安装第三方库 Pandas

5. 升级指定模块

命令格式：pip install --upgrade Package

例如，升级 Pandas 库。操作命令和运行结果如图 1-27 所示。

图 1-27　升级第三方库

6. 卸载指定模块

命令格式：pip uninstall Package [==version]

例如，卸载 Pandas 库。操作命令和运行结果如图 1-28 所示。

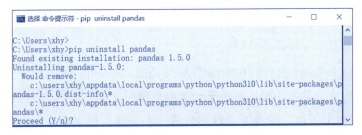

图 1-28　卸载 Pandas 库

7. 帮助信息

命令格式：pip -h

通过 pip -h 可以列出 pip 命令的用法和所有选项的功能。图 1-29 显示了操作命令和运行结果。

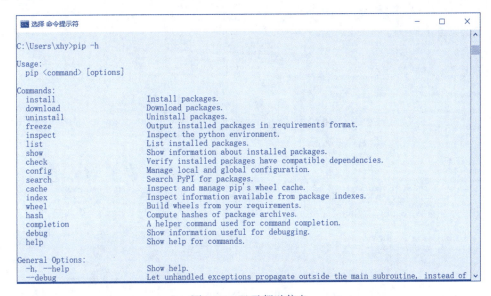

图 1-29　显示帮助信息

1.6 程序打包

前面介绍的 Python 程序运行方式即交互式运行方式和文件批量式运行方式都离不开 Python 编程环境。实际中，用户只对应用程序的使用感兴趣，这时，在没有安装编程环境的计算机上运行 Python 程序就变得十分重要。

一种解决办法就是把 Python 程序转换为二进制可执行程序（EXE 文件），这个过程称为打包。打包之后再发布的程序可以在没有安装 Python 环境和相应扩展库的系统中运行，从而极大地方便了用户。

程序打包需要专门的打包工具或软件。常用的打包工具有：py2exe（仅适用于 Windows 平台）、PyInstaller、cx_Freeze 等。

以 PyInstaller 为例，先使用 pip 安装，如图 1-30 所示。安装好后，在命令提示符环境中使用的命令格式如下。

```
pyinstaller 选项 Python 源文件
```

例如，将前述 hello.py 文件打包的命令为：pyinstaller hello.py，该命令可将 hello.py 及其所依赖的包打包成当前所用操作系统平台上的可执行文件，如图 1-31 所示。

图 1-31 中显示出了执行命令时的详细生成过程。当生成完成后，将会在图 1-31 中的 example1 目录下生成一个 dist 目录，并在该目录下生成一个名称为 hello 的文件夹，在该文件夹下有 hello.exe 文件，如图 1-32 所示，该文件就是 PyInstaller 工具生成的 EXE 程序。执行 hello.exe，将会看到输出结果：Hello China!。

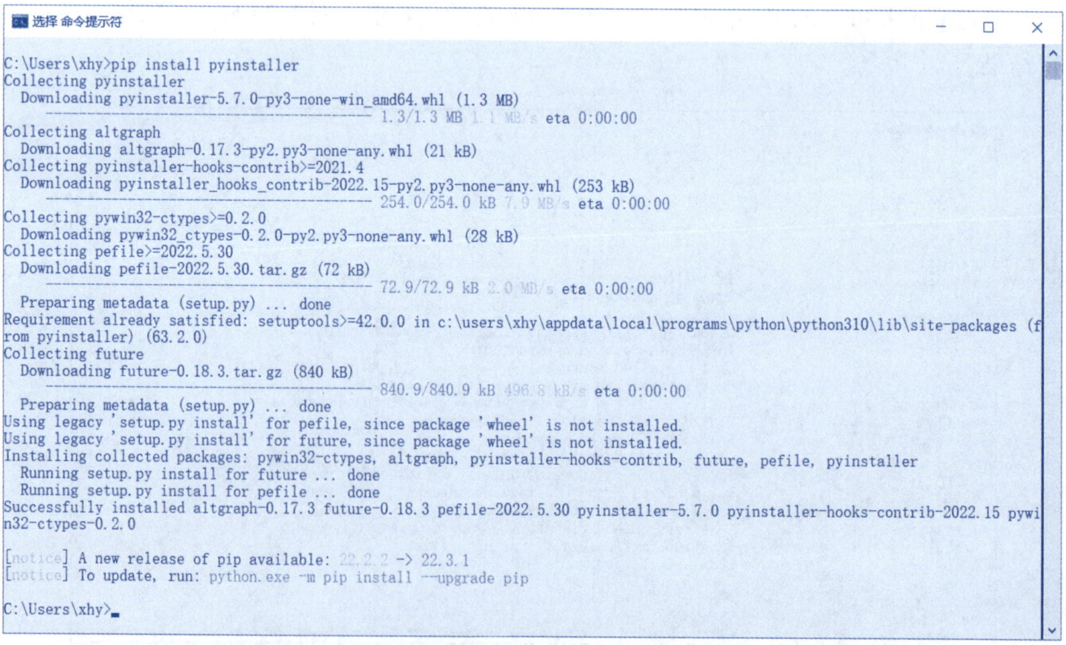

图 1-30 用 pip 安装 PyInstaller

```
G:\example1>pyinstaller  hello.py
2683 INFO: PyInstaller: 5.7.0
2684 INFO: Python: 3.10.6
2723 INFO: Platform: Windows-10-10.0.19044-SP0
2725 INFO: wrote G:\example1\hello.spec
2738 INFO: UPX is not available.
2749 INFO: Extending PYTHONPATH with paths
['G:\\example1']
5521 INFO: checking Analysis
5522 INFO: Building Analysis because Analysis-00.toc is non existent
5523 INFO: Initializing module dependency graph...
5567 INFO: Caching module graph hooks...
5616 WARNING: Several hooks defined for module 'numpy'. Please take care they do not
 conflict.
5712 INFO: Analyzing base_library.zip ...
7945 INFO: Loading module hook 'hook-heapq.py' from 'C:\\Users\\xhy\\AppData\\Local\
\Programs\\Python\\Python310\\lib\\site-packages\\PyInstaller\\hooks'...
8146 INFO: Loading module hook 'hook-encodings.py' from 'C:\\Users\\xhy\\AppData\\Lo
cal\\Programs\\Python\\Python310\\lib\\site-packages\\PyInstaller\\hooks'...
11095 INFO: Loading module hook 'hook-pickle.py' from 'C:\\Users\\xhy\\AppData\\Loca
l\\Programs\\Python\\Python310\\lib\\site-packages\\PyInstaller\\hooks'...
15271 INFO: Caching module dependency graph...
15417 INFO: running Analysis Analysis-00.toc
15468 INFO: Adding Microsoft.Windows.Common-Controls to dependent assemblies of fina
l executable
  required by C:\Users\xhy\AppData\Local\Programs\Python\Python310\python.exe
15550 INFO: Analyzing G:\example1\hello.py
15556 INFO: Processing module hooks...
15574 INFO: Looking for ctypes DLLs
15577 INFO: Analyzing run-time hooks ...
```

图 1-31 用 PyInstaller 打包 hello.py 程序

```
G:\example1\dist\hello>dir
 驱动器 G 中的卷是 新加卷
 卷的序列号是 6801-BA41

 G:\example1\dist\hello 的目录

2023/02/13  16:02    <DIR>          .
2023/02/13  16:02    <DIR>          ..
2023/02/13  16:02         1,066,267 base_library.zip
2023/02/13  16:02         1,194,086 hello.exe
2023/01/19  16:13         3,439,512 libcrypto-1_1.dll
2023/01/19  16:13           698,784 libssl-1_1.dll
2023/01/19  16:13         4,493,736 python310.dll
2023/01/19  16:13            29,096 select.pyd
2023/01/19  16:13         1,121,192 unicodedata.pyd
2023/01/19  16:13            98,736 VCRUNTIME140.dll
2023/01/19  16:13            83,368 _bz2.pyd
2023/01/19  16:13           250,280 _decimal.pyd
2023/01/19  16:13            61,864 _hashlib.pyd
2023/01/19  16:13           158,120 _lzma.pyd
2023/01/19  16:13            77,736 _socket.pyd
2023/01/19  16:13           159,144 _ssl.pyd
              14 个文件     12,931,921 字节
               2 个目录 262,032,769,024 可用字节

G:\example1\dist\hello>hello
Hello China!

G:\example1\dist\hello>
```

图 1-32 PyInstaller 生成的可执行文件

PyInstaller 工具是跨平台的，它既可以在 Windows 平台上使用，也可以在 macOS 平台上运行。在不同的平台上使用 PyInstaller 工具的方法是相似的。

其他打包工具的使用方法在此不再赘述。在需要的时候，请读者自行查阅相关文档学习。

1.7 应用举例

本节通过一个应用实例，将本章前面所介绍的知识进行具体的运用。

【例 1.2】编写程序，根据圆的半径，计算圆的周长和面积。

根据数学上所学知识，给出圆的半径 radius，计算周长 girth 和面积 area 的公式分别为：

girth = 2*π*radius

area = π*radius*radius

根据前述分析，可以设计出该问题的程序流程图，如图 1-33 所示。

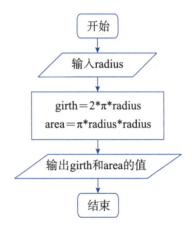

图 1-33 计算圆的周长和面积程序流程图

图 1-33 中，程序从"开始"的位置出发，沿着箭头的流向执行，分别是：输入半径、计算周长和面积、输出周长和面积，最后到"结束"的位置，表示程序结束。

大多数程序都可以按上述流程图所表示的步骤来进行设计，即：输入→计算→输出。

设计完成后，即可进入编码阶段。这一阶段可以借助 1.4.2 节结构化程序设计方法和 1.4.3 节面向对象的程序设计方法，使用 Python 语言来编写。

使用面向过程的程序设计方法编写的源代码如下所示。

```python
1  #  1_2.py
2  import math
3
4  radius = float(input("请输入半径："))
5
6  girth = 2 * math.pi * radius
7  area = math.pi * radius *radius
8
9  print(" 半径 = ", radius)
10 print(" 周长 = ", girth)
11 print(" 面积 = ", area)
```

其中，第 1 行是注释，说明了源程序的文件名，Python 源程序文件的扩展名是 .py；第 2

行导入 math 库，因为程序中要用到库里的常数 pi（π）；第 4 行由用户输入圆的半径；第 6 行和第 7 行分别使用求圆的周长和面积的公式，计算圆的周长和面积；第 9～11 行，输出半径、周长和面积。

使用面向对象的程序设计方法编写的 Python 源程序如下所示。

```python
1  # 1.2_1.py
2  import math
3
4  class Circle:
5      def __init__(self,r):
6          self.__radius = r
7      def eval_girth(self):
8          return 2 * math.pi * self.__radius
9      def eval_area(self):
10         return  math.pi * self.__radius * self.__radius
11
12 ra = float(input("请输入圆的半径："))
13 circle1 = Circle(ra)
14 print(" 周长 = ", circle1.eval_girth())
15 print(" 面积 = ", circle1.eval_area())
```

其中第 4～10 行是圆类定义，第 4 行的 class 是 Python 语言定义类的关键字，Circle 是类的名称，冒号（:）是类体的前导符号，类体各行通过行首的缩进与类形成包含关系，类 Circle 封装了类的属性 self.__radius 和方法 "__init__" "eval_girth" "eval_area"，第 12～13 行定义了类 Circle 的对象 circle1，第 14～15 行对象 circle1 通过调用其方法 eval_girth() 和 eval_area() 来完成对对象的操作，即求计算圆的周长和面积。

Python 程序通过缩进来体现代码之间的逻辑关系。除了以上的类定义外，第 3 章和第 4 章将介绍选择结构、循环控制结构、异常处理、函数定义等，第 1 行末尾的冒号（:）和接下来一行的缩进表示了一个代码块的开始，缩进结束则表示代码块结束。

在同一个程序中，要求各个级别的代码块缩进量必须相同。在 IDLE 开发环境中，一般默认的缩进量是 4 个空格。

所编写的代码必须通过 Python 解释器解释。解释器一方面能检查源代码是否有语法错误，另一方面对没有语法错误的代码解释为机器语言表示的二进制程序，以便计算机执行。我们可以使用前面介绍的集成开发环境来完成代码编写、测试、排错。本章使用 Python 自带的 IDLE，分别建立面向过程的源程序文件 1_2.py 和面向对象的源程序文件 1.2_1.py，然后运行程序即可。程序运行时，当输入半径的值为 1 时，程序即可求出半径为 1 的圆的周长和面积。下面是程序的运行结果。

```
>>>
请输入半径：1
  半径 =  1
  周长 =  6.283185307179586
  面积 =  3.141592653589793
```

可见，半径为 1 的圆的周长为 6.283185307179586，面积为 3.141592653589793。

正式提供给用户使用的程序必须向用户提供程序说明书。本程序的说明书如表 1-5 所示，内容应包括程序名称、程序功能、运行环境、程序的装入和启动、需要输入的数据，以及使用注意事项。

表 1-5　例 1.2 程序的说明书

程 序 名 称	1_2.py
程序功能	根据圆的半径求圆的周长和面积
运行环境	IDLE 或其他 Python 解释器
程序的装入和启动	在 IDLE 下打开程序文件，然后按 F5 键；有关其他解释器的装入和启动方法，请读者自行查阅对应解释器的帮助文档
需要输入的数据	圆半径的值
注意事项	半径大于或等于 0 才有意义

因为本书的示例大部分都是用于学习，为了突出重点，后面将主要介绍问题分析、设计、编码、测试和排错等步骤，编写文档部分将弱化。

1.8　本章小结

程序设计语言是人与计算机交流的语言。程序设计语言从机器语言、汇编语言，发展到了高级语言。Python 是一种面向对象的高级程序设计语言。

流程图是进行程序设计的最基本依据。常用的程序设计方法有结构化程序设计方法和面向对象程序设计方法。

程序设计过程包括分析、设计、编码、测试和排错、编写文档等不同阶段。

程序和程序要处理的数据通过输入设备输入内存，CPU 从内存取指令、分析指令和执行指令，所有指令都被执行完后得到程序的运行结果，程序的运行结果由输出设备输出。

要用 Python 语言编写程序，需要安装 Python 解释器。我们可以在 Python 语言官方网站上下载 Python 解释器进行安装，也可以选用第三方集成开发环境，如 PyCharm、Visual Studio Code 等。

使用库或模块可以提高编程效率。Python 自带的库称为内置函数，安装好 Python 后即可使用。对于第三方提供的扩展库，我们可以使用 Python 的 pip 工具来对其进行下载安装、升级、卸载等操作。

程序打包是指把 Python 程序转换为二进制可执行程序。程序打包需要专门的打包工具或软件。常用的打包工具有 py2exe（仅适用于 Windows 平台）、PyInstaller、cx_Freeze 等。

大多数应用程序按输入→计算→输出的步骤进行设计。

Python 程序的代码块依靠缩进来体现各自的逻辑关系。

习题

1. 编写程序，在屏幕上输出"中国，你好！"。
2. 编写程序，在屏幕上输出下列图形。

3. 编写程序，输入矩形的长和宽，求矩形的周长和面积。

第 1 章
补充习题

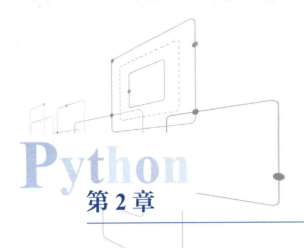

第 2 章 基本语法

像自然语言有字、词、句等基本语法一样,程序设计语言也有类似的语法。本章主要介绍 Python 语言的常量与变量、输入/输出、注释、数据类型等基本语法。其他语法在后续章节会陆续介绍。

2.1 常量、变量、关键字

用 Python 语言编写程序离不开常量和变量。常量是指其值和类型由其本身定义,并且不能被改变。例如,5、1.23 等数字,或者"Hello China"这样的字符串都是常量。

在计算机程序中,变量是一个存储位置,每个变量都有一个名字,称为变量名。一个变量可以存放一个值。一个变量类似于停车场的一个停车位。一个停车位拥有一个编号(相当于变量名),可以停放一辆车(相当于变量的值)。变量名可以包含大写字母、小写字母、数字、下画线等字符,但是不能以数字开头,中间不能出现空格,对字母大小写敏感,对长度没有限制。例如 _abc、pi、x_y_z、_Abc 等都是合法的变量名,而 1ab、ad-c 等则不是合法的变量名。为了增强程序的可读性,一般会用英文单词或单词的组合来命名变量,例如,表示圆半径的变量可以用单词 radius 命名,表示学生姓名的变量可以用 student_name 来命名。

上述变量命名规则仅适合于 Python 3.0 之前的版本,这些版本使用 ASCII 字符编码(参见附录 B)作为默认字符集,字符集中主要包含英文大、小写字母。从 Python 3.0 开始,Python 默认字符集是 Unicode 字符编码(参见附录 C)。字符集中除了包含 ASCII 字符集外,还包含中文、阿拉伯文、日文、韩文等各个国家的语言文字所用的字符,这些字符也可以用于变量命名。

到目前为止,大多数程序设计语言依然要求变量名和其他对象名使用 ASCII 字符编码,因此,本书命名变量时,依然使用 ASCII 字符集。

在 Python 中,不需要事先声明变量名,直接赋值即可创建变量。给变量赋值使用赋值语句。其格式如下:

< 变量名 >=< 表达式 >

其中,"="称为赋值运算符;< 表达式 > 与数学里表达式类似,是可以求值的一个式子,如 3+4 就是一个表达式,其值为 7。当然,3 也是一个表达式,其值为 3。

变量 radius 赋值为 1 的 Python 语句为:radius=1。

将表达式 radius+4 赋予变量 x 的 Python 语句为:x=radius+4。

将变量 radius 的值增加 3 的 Python 语句为:radius=radius+3 或 radius+=3。

此处,"+="称为增强型赋值运算符。本章 2.4 节介绍的二元数值运算符都可以与赋值运算符结合,形成增强型赋值运算符。

另外,还有一种同步赋值语句,可以同时给多个变量赋值。其格式如下:

< 变量名 1>,< 变量名 2>,…,< 变量名 n>=< 表达式 1>,< 表达式 2>,…,< 表达式 n>

其功能是完成多个变量的赋值。例如:

x,y=1,2 表示 x=1,y=2

值得注意的是,Python 在处理同步赋值时,是先求赋值号右边 n 个表达式的值,再分别赋值给左边的 n 个变量。例如:

x,y=y,x 是先将右边两个表达式 y、x 的值求出来(即为 2 和 1),再分别赋予 x 和 y,其效果相当于交换了 x 和 y 的值。

关键字(keyword)是已被编程语言内部定义,并赋予了特殊含义的单词。变量名不能与 Python 语言的关键字重名。Python 3.0 的关键字共有 33 个,如表 2-1 所示。

表 2-1 Python 3.0 的关键字

False	break	else	if	not	while
None	class	except	import	or	with
True	continue	finally	in	pass	yield
and	def	for	is	raise	
as	del	from	lambda	return	
assert	elif	global	nonlocal	try	

本书后续章节将陆续介绍这些关键字的含义和用途。

2.2 输入输出

输入输出是人机交互的基本方法。任何一个程序的输入输出都需要使用计算机的输入设备和输出设备,最常用的是标准输入设备键盘和标准输出设备显示器。高级语言的语言处理器把对这些硬件操作的代码已编写和封装,并提供了接口供用户程序调用,用户程序需要使用输入输出功能时,直接调用接口即可完成。Python 语言中输入输出是通过内置函数来实现的。

2.2.1 数据输入

input() 函数从控制台获得用户输入,并以字符串返回结果。其格式如下:

<变量>=input(<提示信息>)

例如:

```
>>> radius = input("请输入圆的半径:")
请输入圆的半径:2
>>> radius
'2'
```

所有在键盘中输入的符号都是字符串,为了把这些字符串转换成所需要的数据类型,通常会使用 eval(<字符串>) 函数。

例如:

```
>>> eval(Radius)
2
```

eval() 函数是 Python 语言中一个十分重要的函数,它能够以 Python 表达式的方式解析并执行字符串。例如:

```
>>> x=1
>>> eval("x + 1")
2
>>> eval("1.1 + 2.2")
3.3000000000000003
```

值得注意的是,浮点数在超过 15 位数字计算中产生的误差与计算机内部采用二进制运算有关,使用浮点数无法进行极高精度的数学运算。所以上面的运算结果中出现了 0.0000000000000003 的误差。

2.2.2 数据输出

print() 函数用于输出字符信息,也能输出变量的值。

当输出纯字符信息时,可以直接将待输出内容传递给 print() 函数。例如:

```
>>> print("绿水青山就是金山银山")
绿水青山就是金山银山
```

另外,也可以用 print() 函数输出变量的值。例如:

```
>>> radius = 2
```

```
>>> print("半径是: ", radius)
半径是: 2
```

另外,在交互式方式下,还可以直接在 Python 命令提示符后输入表达式并按 Enter 键,输出表达式的值。例如:

```
>>> "绿水青山就是金山银山"
'绿水青山就是金山银山'
>>> 3+5
8
>>> "中国" + "人民"
'中国人民'
```

【例 2.1】编写程序,输出以下图形。

对于确定图案的输出,直接用多条输出语句即可完成。源程序如下:

```
1    # 2.1.py
2    print("   *")
3    print("  ***")
4    print(" *****")
5    print("*******")
6    print(" *****")
7    print("  ***")
8    print("   *")
```

以上程序中,第 1 行为注释,第 2~8 行为 7 条 print 语句。

2.3 注释

虽然程序是由计算机执行,但是程序是由人设计的。当程序出现问题或需要改进时,需要人在理解原设计思想和设计方法的基础上进行改进或修正。这样,对设计者来说,程序是否容易理解、可读性好不好就显得十分重要。设计可读性好的程序的一个基本方法就是在程序中添加必要的注释信息,以说明程序的基本功能、用到的主要算法等。所以在书写程序时,要加上适当的注释信息。

注释是辅助性文字，会被编译器或解释器忽略。不同的高级语言表示注释的语法是不同的。

Python 语言有以下两种注释方法。

（1）以 # 开头，表示本行该符号后的所有内容为注释，一般用于单行注释。

（2）放在三引号（''' 或 """）之间，且不属于任何语句的内容被认为是注释，一般用于多行注释。

【例 2.2】在 IDLE 下输入如图 2-1 所示的程序，选择 Run → Run Module 命令，得到如图 2-2 所示的运行结果。

图 2-1　注释示例

```
>>>
锄禾日当午,汗滴禾下土,谁知盘中餐,粒粒皆辛苦.
```

图 2-2　程序运行结果

图 2-1 中的第 1～2 行和第 11 行是注释信息，注释信息被编译器忽略，不影响程序的运行。在图 2-2 的运行结果中，没有出现注释信息。

2.4　数据类型

数据是信息在计算机内的表现形式，也是程序的处理对象。由于不同类型的数据存储和操作方式不同，因此在高级语言程序设计中，数据都是有类型的。

从数据构造角度，数据类型分为基本数据类型和组合数据类型。Python 的基本数据类型主要包含数字类型和字符串类型；组合类型是由基本类型组合而成的，主要分为序列类型、集合类型和字典类型等。本节简要介绍 Python 的基本数据类型，组合类型请参看本书后续章节。

2.4.1　数字类型及运算

1. 基本概念

数字类型是表示数字或数值的数据类型。Python 语言提供 3 种数字类型：整数类型、浮点数类型和复数类型。

（1）整数类型。整数类型表示数学中的整数，有二进制、八进制、十进制和十六进制4种方式，默认状态是十进制，二进制数采用0b（或0B）开头，八进制数采用0o（0O）开头，十六进制数采用0x（0X）开头。例如，10、0b10、0o10、0X1b都是合法的整数，其中10是十进制整数，0b10是二进制整数，0o10是八进制整数，0X1b是十六进制整数。

（2）浮点数类型。浮点数类型表示带小数点的数，小数点部分可以是0，但是不能省略小数点，以区分浮点数类型和整数类型。浮点数有十进制和科学记数法两种表示形式。其中科学记数法使用字母e或E作为幂的符号，以10为基数。例如，0.0、-3.3、88、1.5e8、2.6E-8等都是合法的浮点数，其中，1.5e8相当于数学表达式：1.5×10^8，2.6E-8相当于数学表达式：2.6×10^{-8}。

整数和浮点数分别由CPU中不同的硬件逻辑完成运算。对于相同类型的操作，如加法，前者的运算速度比后者快得多。为了尽可能提高运算速度，我们需要根据实际情况定义整数类型或浮点数类型。

（3）复数类型。复数类型表示数学中的复数，复数的虚部通过后缀"J"或"j"来表示。复数类型中的实部和虚部的数值部分都是浮点数类型。例如，3+4.5J、-5.3+6.1j、3.6E5+1.2e-3J都是合法的复数。

2. 主要运算

（1）数值运算。Python解释器为数字类型提供了9个基本的数值运算符，如表2-2所示。

表2-2 数值运算符

运算符	操作描述	示例	运算结果
+	加法	8+2	10
-	减法	8-2	6
*	乘法	8*2	16
/	除法	10/4	2.5
//	整数除法	10//4	2
%	取余	10%4	2
-	x的负值	-x（x为10）	-10
+	x本身	+x（x为10）	10
**	幂	2**4	16

数值运算符的优先级按以下顺序由高到低排列：① **，② +（正）、-（负），③ *、/、%，④ +（加）、-（减）。

上述 9 个运算符的运算结果可能改变数字类型，3 种数字类型之间存在一种逐渐扩展的关系，即整数→浮点数→复数，因为整数可以看成是小数部分为 0 的浮点数，浮点数可以看成是虚部为 0 的复数。

3 种数字类型进行数值运算的基本规则如下：

整数之间的运算，如果数学意义上的结果是整数，则运算结果是整数类型；

整数之间的运算，如果数学意义上的结果有小数，则运算结果是浮点数类型；

整数和浮点数混合运算，运算结果是浮点数类型；

整数或浮点数与复数混合运算，运算结果是复数类型。

例如：6/3　　　　　　　结果为 2
　　　18/5　　　　　　结果为 3.6
　　　4+3.14　　　　　结果为 7.14
　　　3+1-2J　　　　　结果为 4-2J

（2）关系运算与逻辑运算。关系运算和逻辑运算的结果都是逻辑值，成立时结果为真（True），不成立时结果为假（False）。关系运算符又称为比较运算符，用来比较两个操作数的大小。Python 提供的关系运算符如表 2-3 所示。

表 2-3　关系运算符

运 算 符	操作描述	表达式示例	运算结果
==	相等	x,y=2,2　x==y	True
!=	不相等	x,y=2,3　x!=y	True
<	小于	x,y=3,6　x<y	True
>	大于	x,y=4,3　x>y	True
<=	小于或等于	x,y=3,6　x<=y	True
>=	大于或等于	x,y=3,6　x>=y	False

关系运算符的优先级相同，按从左至右进行运算即可。

Python 提供的逻辑运算符如表 2-4 所示。

表 2-4　逻辑运算符

运 算 符	操作描述	说　　明	表达式示例
not	非（取反）	True 取反值为 False，False 取反值为 True	not(3<5) 值为 False
and	与	左右操作数都为 True 时，值为 True，否则值为 False	3<5 and 7<5 值为 False
or	或	左右操作数都为 False 时，值为 False，否则值为 True	3<5 or 7<5 值为 True

逻辑运算符的优先级按以下顺序由高到低排列：not、and、or。

3. 内置函数

Python 解释器提供了 6 个与数值运算相关的函数，如表 2-5 所示。

表 2-5　内置的数值运算函数

函　数	功　能
abs(x)	求 x 的绝对值
divmod(x,y)	求 x//y 和 x%y，输出为二元组的形式
max($x_1,x_2,\cdots,x_n$)	求 $x_1,x_2,\cdots,x_n$ 的最大值，n 没有限定
min($x_1,x_2,\cdots,x_n$)	求 $x_1,x_2,\cdots,x_n$ 的最小值，n 没有限定
round(x[,n])	对 x 四舍五入，保留 n 位小数。round(x) 返回四舍五入的整数值
pow(x,y[,z])	求 (x**y)%z，pow(x,y) 与 x**y 的作用相同

【例 2.3】求任意两个数的绝对值之和。

源程序如下：

```
1  # 2.3.py
2  x = input("请输入 x 的值: ")
3  y = input("请输入 y 的值: ")
4  print("上述两个数的绝对值之和是: ", abs(eval(x)) + abs(eval(y)))
```

运行结果如下：

```
>>>
请输入 x 的值: -100
请输入 y 的值: 100
上述两个数的绝对值之和是: 200
```

以上程序中任意两个数用变量 x 和 y 表示，通过调用内置函数 input()、print()、abs() 和 eval() 可以实现求任意两个数的绝对值之和，并输出。

【例 2.4】求任意 6 个数的最大值和最小值。

源程序如下：

```
1  # 2.4.py
2  x = input("请输入 x 的值: ")
3  y = input("请输入 y 的值: ")
4  z = input("请输入 z 的值: ")
5  a = input("请输入 a 的值: ")
6  b = input("请输入 b 的值: ")
7  c = input("请输入 c 的值: ")
```

```
8  print("最大值是: ", max(eval(x), eval(y), eval(z), eval(a), eval(b), eval(c)))
9  print("最小值是: ", min(eval(x), eval(y), eval(z), eval(a), eval(b), eval(c)))
```

程序的一次运行结果如下:

```
>>>
请输入 x 的值: 95.6
请输入 y 的值: 60
请输入 z 的值: 88
请输入 a 的值: 98.3
请输入 b 的值: 76
请输入 c 的值: 65
最大值是: 98.3
最小值是: 60
```

以上程序中,任意 6 个数分别用变量 x、y、z、a、b、c 来表示,调用内置函数 input()、print()、eval()、max() 和 min() 实现了求任意 6 个数中的最大值和最小值,并输出。

4. math 中的数学运算函数

math 是 Python 提供的内置数学类函数库,支持整数和浮点数的运算。用 dir(math) 指令可以列出所有的数学类常数及内置数学函数,如图 2-3 所示。

```
>>> import math
>>> dir(math)
['__doc__', '__loader__', '__name__', '__package__', '__spec__', 'acos', 'acosh',
'asin', 'asinh', 'atan', 'atan2', 'atanh', 'ceil', 'comb', 'copysign', 'cos', 'cosh'
, 'degrees', 'dist', 'e', 'erf', 'erfc', 'exp', 'expm1', 'fabs', 'factorial', 'floo
r', 'fmod', 'frexp', 'fsum', 'gamma', 'gcd', 'hypot', 'inf', 'isclose', 'isfinite',
'isinf', 'isnan', 'isqrt', 'lcm', 'ldexp', 'lgamma', 'log', 'log10', 'log1p', 'log
2', 'modf', 'nan', 'nextafter', 'perm', 'pi', 'pow', 'prod', 'radians', 'remainder
', 'sin', 'sinh', 'sqrt', 'tan', 'tanh', 'tau', 'trunc', 'ulp']
>>> help(math.sqrt)
Help on built-in function sqrt in module math:

sqrt(x, /)
    Return the square root of x.
```

图 2-3 math 中的数学运算函数

表 2-6 列出了 math 库中 4 个数学类常数的名称及用途;表 2-7 列出了 16 个数值运算函数的名称及用途;另外还有幂对数函数、三角对数函数、高等特殊函数等,由于篇幅所限,在此不再赘述。读者可以采用 help 指令查看各函数的用法。

表 2-6 math 库的数学类常数

常数名称	数学符号	用途
math.pi	π	圆周率,值为 3.141592653589793
math.e	e	自然对数,值为 2.718281828459045
math.inf	∞	正无穷大,负无穷大为 -maths.inf
math.nan	无	非浮点数标记,NaN(Not a Number)

表 2-7　math 库的数值运算函数

函数名称	数学表示	用途
math.fabs(x)	|x|	返回 x 的绝对值
math.fmod(x,y)	x%y	返回 x 除以 y 的余数（取模）
math.fsum([x,y,…])	x+y+…	浮点数精确求和
math.ceil(x)	⌈x⌉	向上取整，返回不小于 x 的最小整数
math.floor(x)	⌊x⌋	向下取整，返回不大于 x 的最大整数
math.factorial(x)	x!	返回 x 的阶乘。如果 x 是小数或负数，返回 ValueError
math.gcd(x,y)	无	返回 x 与 y 的最大公约数
math.frexp(x)	$x=m \times 2^i$	返回 (m,i)；当 x=0 时，返回 (0.0,0)
math.ldexp(x,i)	$x \times 2^i$	返回 $x \times 2^i$ 的运算值，它是 math.frexp(x) 的逆运算
math.modf(x)	无	返回 x 的小数和整数部分
math.trunc(x)	无	返回 x 的整数部分
math.copysign(x,y)	|x|×|y|/y	用 y 的符号替换 x 的符号
math.isclose(x,y)	无	比较 x 和 y 的相似性，返回 True 或 False
math.isfinite(x)	无	当 x 不是无穷大或 NaN 时，返回 True；否则，返回 False
math.isinf(x)	无	当 x 为正负无穷大时，返回 True；否则，返回 False
math.isnan(x)	无	当 x 为 NaN 时，返回 True；否则，返回 False

要在程序中用 import 导入 math 库，才能使用库里的函数。导入方法如下：

方法一：import math

对 math 库中函数采用 math.< 函数名 >() 形式调用。

方法二：from math import< 函数名 > 或 from math import *

前一种格式对 math 库中函数可以采用 < 函数名 >() 形式调用；后一种格式表示对 math 库中所有函数都可以采用 < 函数名 >() 形式调用。

其他标准库和扩展库中的函数都可以采用以上两种方法之一导入，然后即可调用库里的函数。

【例 2.5】求 x!、y! 以及 x 与 y 的最大公约数，其中 x 和 y 为整数。

源程序如下：

```
1  # 2.5.py
2  import math
3  x = eval(input("请输入整数 x 的值："))
4  y = eval(input("请输入整数 y 的值："))
5  # 调用 math 库的 factorial() 函数求阶乘
```

```
6  print("x!=", math.factorial(x))
7  print("y!=", math.factorial(y))
8  # 调用 math 库的 gcd() 函数求两个数的最大公约数
9  print("x 与 y 的最大公约数是: ", math.gcd(x,y))
```

运行结果如下：

```
>>>
请输入整数 x 的值: 9
请输入整数 y 的值: 6
x!= 362880
y!= 720
x 与 y 的最大公约数是: 3
```

以上程序中，第 2 行导入 math 库，第 6～7 行使用 math 库中的 factorial() 函数来求阶乘，第 9 行使用 gcd() 函数来求两个数的最大公约数。

2.4.2 字符串类型及运算

1. 基本概念

字符串是字符的序列。字符在计算机中以数字的形式存储和运算，该数字称为字符的编码。Python 字符串中的字符使用的是 Unicode 编码，无论是一个数字、英文字母还是一个汉字，都按一个字符对待。字符串使用定界符：单引号（'）、双引号（"）或三引号（''' 或 """）引起来。其中单引号和双引号表示单行字符串，三引号表示单行或多行字符串。

例如：

```
（1）'Quote me "on" this '
```

表示字符串: Quote me "on" this

```
（2）"2021 年中国的人均 GDP 是多少 ?"
```

表示字符串：2021 年中国的人均 GDP 是多少？

```
（3）''' 社会主义核心价值观是:
    " 富强、民主、文明、和谐、
     自由、平等、公正、法治、
     爱国、敬业、诚信、友善。"'''
```

表示字符串：

> 社会主义核心价值观是：
> "富强、民主、文明、和谐、
> 自由、平等、公正、法治、
> 爱国、敬业、诚信、友善。"

字符串中可以包含转义字符。转义字符是指以反斜杠（\）开头的字符。反斜杠在字符串中表示转义，即反斜杠后面的字符不再是原字符的含义，而是转成了另外一个字符。常用的转义字符如表 2-8 所示。

表 2-8 常用的转义字符

字符形式	说明
\0	空字符（NULL）
\n	换行符（Newline），屏幕光标定位在下一行起始处
\r	回车符（Carriage Return），屏幕光标定位在当前行起始处
\b	退格符（Backspace），屏幕光标退一格
\a	响铃（Bell），系统发出响铃声
\t	水平制表符（Horizontal Tab），屏幕光标移动到下一个制表符的位置上
\\	反斜杠（Backslash），即字符：\
\'	单引号（Single Quote），即字符：'
\"	双引号（Double Quote），即字符："

【例 2.6】编写程序，输出以下图形。

```
      *
     ***
    *****
   *******
    *****
     ***
      *
```

源代码如下：

```
1 #  2.6.py
2
3 print("   *\n  ***\n *****\n*******\n *****\n  ***\n   *\n")
```

以上程序第 3 行使用了 7 次转义字符 "\n"，输出由 7 行 * 组成的菱形图案。

2. 字符序号与基本运算

字符序号是指字符串中各字符的序号。在 Python 语言中字符序号有正向序号和逆向序号两种。正向序号是指字符从左至右依次递增编号，起始序号为 0；逆向序号是指字符从右向左依次递减编号，起始序号为 –1。例如，字符串"Hello China!"中各字符的序号如表 2-9 所示。

表 2-9 字符串序号示例

正向序号	0	1	2	3	4	5	6	7	8	9	10	11
字 符 串	H	e	l	l	o		c	h	i	n	a	!
逆向序号	–12	–11	–10	–9	–8	–7	–6	–5	–4	–3	–2	–1

表 2-9 中，序号 0 和序号 –12 指向的字符都是"H"。

Python 解释器为字符串类型提供了 5 个基本运算符，如表 2-10 所示。

表 2-10 字符串运算符

运 算 符	操作描述	示　　例	运算结果
+	连接	'北京 '+' 天安门 '	' 北京天安门 '
*	多次复制	' 加油！'*3	' 加油！加油！加油！'
in	子字符串测试	' 天安门 'in' 北京天安门 '	True
[]	索引	str=' 北京天安门 ',str[3]	' 安 '
[N:M]	切片	str=' 北京天安门 ',str[2:5]	' 天安门 '

例如，运行语句 print（"\n","*\n","*" * 3,"\n","*" * 5,"\n","*" * 7,"\n"）将输出以下图形。语句中使用了多次复制运算符（*）。

```
    *
   ***
  *****
 *******
```

3. 字符串格式化

字符串格式化用来把整数、实数等对象转换为特定格式的字符串。Python 中提供了两种字符串格式化方法。

（1）用 format 方法。字符串在 Python 中是用类来实现的，类为字符串对象提供了很多方法，其中 format 是字符串对象的方法之一。字符串对象通过调用 format 方法可以实现格式化。

format 方法的调用格式为：

字符串 .format(x，y，z，…)

其中，字符串称为模板字符串，模板字符串中含有占位（用 {} 表示），占位的序号默认为 0,1,2,…，也可以在 {} 中指定占位的序号；x,y,z,…是参数，其序号分别为 0,1,2,…。用序号 0,1,2,…的参数填充模板字符串中的对应序号的占位后，形成格式化后的字符串。下面代码演示了 format 的基本用法。

```
>>> '{}是你的生日，我的{}'.format("今天","中国")    # 使用默认的占位序号
'今天是你的生日，我的中国'
>>> '{}是你的生日，我的{}'.format("明天","祖国")
'明天是你的生日，我的祖国'
>>> '我的{1}，{0}是你的生日'.format("今天","中国")   # 指定占位序号
'我的中国，今天是你的生日'
```

另外，模板字符串的占位（{}）中除了可以指定占位的序号外，还可以使用格式字符串实现对 format 方法中对应序号参数的格式化。格式字符串的组成如表 2-11 所示。

表 2-11 格式字符串的组成

整数	:	填充	对齐	宽度	,	精度(.)	类 型
序号	引导符	填充字符	左对齐: 右对齐:> 居中:^	输出宽度	数字千位分隔符	浮点数小数位数或字符串的最大输出长度	整数类型：c（Unicode 字符）、b（二进制）、d（十进制）、o（八进制）、x/X（十六进制）； 浮点数类型：e/E（科学记数法形式）、g/G（科学记数法形式或标准形式）、f/F（标准形式）、%（浮点数的百分数）

表 2-11 中，第 1 行是格式字符串的成分，第 2 行是各成分的说明。下面代码演示了 format 格式字符串的部分用法。

```
>>>x= "中国特色社会主义新时代"
>>> "{0:30}".format(x)          # 序号为 0 的参数 x 格式化为：宽度为 30
'中国特色社会主义新时代              '
>>> "{0:^30}".format(x)         # 序号为 0 的参数 x 格式化为：居中、宽度为 30
'         中国特色社会主义新时代         '
>>> "{0:>30}".format(x)         # 序号为 0 的参数 x 格式化为：右对齐，宽度为 30
'              中国特色社会主义新时代'
>>> "{:*^30}".format(x)         # 序号为 0 的参数 x 格式化为：空白填充"*"、居中、宽度为 30
'*********中国特色社会主义新时代**********'
>>> "{0:*^3}".format(x)         # 序号为 0 的参数 x 格式化为：空白填充"*"、居中、宽度为 3
'中国特色社会主义新时代'           # 指定宽度小于字符串长度，按实际长度输出
# 序号为 0 的参数 x 格式化为：空白用"*"填充、居中、宽度为 30、最多输出 8 个字符
>>> "{0:*^30.8}".format(x)
'***********中国特色社会主义***********'
# 格式化序号为 0 的参数：空白用"-"填充、左对齐、宽度为 10、十进制整数
# 序号为 1 的参数：空白用"*"填充、右对齐、宽度为 20、千位用","隔开、两位小数、浮点数
>>> "{0:-<10d}年人均 GDP 是{1:*>20,.2f}".format(2021,81000)
'2021------年人均 GDP 是***********81,000.00'
# 格式化序号为 0 的参数：空白用"-"填充、左对齐、宽度为 10、十进制整数
```

```
# 序号为1的参数：空白用"*"填充、右对齐、宽度为20、千位用","隔开、两位小数、浮点数
>>> "人均GDP{1:*>20,.2f}元是{0:-<10d}年".format(2020,71800)
'人均GDP***********71,800.00元是2020------年'
# 格式化序号为0的参数：空白用"-"填充、左对齐、宽度为10、十进制整数
# 序号为1的参数：空白用"*"填充、右对齐、宽度为20、两位小数、科学记数法表示浮点数
>>> "{0:-<10d}年人均GDP是{1:*>20.2E}".format(2020,71800)
'2020------年人均GDP是************7.18E+04'
# 格式化序号为0的参数：空白用"-"填充、左对齐、宽度为10、十进制整数
# 序号为1的参数：空白用"*"填充、右对齐、宽度为20、十六进制整数
>>> "{0:-<10d}年人均GDP是{1:*>20x}".format(2021,81000)
'2021------年人均GDP是**************13c68'
# 格式化序号为0的参数：居中、宽度为6、十进制整数
# 序号为1的参数：居中、宽度为6、十进制整数
# 序号为1的参数：居中、宽度为6、八进制整数
# 序号为1的参数：居中、宽度为6、十六进制整数
>>> "{0:^6d}年人均GDP的十进制数是{1:^6d}、八进制数是{1:^6o}、十六进制数是{1:^6X}".format(2021,81000)
' 2021 年人均GDP的十进制数是81000 、八进制数是236150、十六进制数是13C68 '
# 格式化序号为0的参数：居中、宽度为6、千位用","隔开、十进制整数
# 序号为1的参数：居中、宽度为4、两位小数、百分数
>>> '2021年人均GDP比2020年增长{0:^6,d},增长率为{1:^4.2%}'.format((81000-71800)((81000-71800)/ 71800))
'2021年人均GDP比2020年增长 9,200 ，增长率为12.81%'
```

（2）用格式字符串。用格式字符串格式化对象x的格式为：

'% 可选参数 格式字符 '%x

其中，左边第一个%是格式标志，表示格式开始。

可选参数包括：[-]+[0][m][.n]，中括号（[]）表示参数为可选。其含义如表2-12所示。

表2-12　可选参数的含义

符　　号	含　　义	符　　号	含　　义
-	左对齐	m	宽度
+	正数前加正号（+）	.n	精度或有效数字位数
0	空位填充0		

常见的格式字符如表2-13所示。

表2-13　格式字符

符　　号	含　　义	符　　号	含　　义
c	字符	e	科学记数法，指数用小写字母
s	字符串	E	科学记数法，指数用大写字母

续表

符 号	含 义	符 号	含 义
d 或 i	十进制整数	f 或 F	标准浮点数
o	八进制整数	G	科学记数法（指数用大写字母）或标准浮点数
x	十六进制整数，字母用小写	g	科学记数法（指数用小写字母）或标准浮点数
X	十六进制整数，字母用大写	%	百分号（%）

第二个 % 是格式运算符。

下面代码演示了部分格式字符的用法。

```
>>> x = 'Hello world!'
# 格式化 x: 左对齐、宽度为 15 个字符、输出为字符串
>>> '%-15s'%x
# 格式化后的字符串，宽度如不够 15 个字符，右边填 3 个空格
'Hello world!   '
# 格式化 3 / 7 的值：空位填充 0、宽度为 15、三位小数、标准浮点数
>>>'%015.3f'%(3 / 7)
# 格式化后的字符串，宽度如不够 15 个字符，左边填 10 个 "0"
'00000000000.429'
# 格式化整数 488：空位填充 0、宽度为 5、十六进制大写字母
>>> '%05X'%488
'001E8'
# 格式化 3 / 7 * 10000 的值：宽度为 8、三位小数、标准浮点数
>>> '%8.3F'%(3 / 7 * 10000)
'4285.714'
# 格式化 3 / 7 * 10000 的值：宽度为 8、三位小数、科学记数法大写字母
>>> '%8.3E'%(3 / 7 * 10000)
# 格式化后的字符串，设置的宽度不够时，以实际的宽度输出
'4.286E+03'
# 格式化 3 / 7 * 10000 的值：宽度为 10、三位有效数字、浮点数
>>> '%10.3g'%(3 / 7 * 10000)
# 格式化后的字符串，根据宽度、有效数字等决定使用科学记数法或标准浮点数
'  4.29e+03'
>>> '%10.6g'%(3 / 7 * 10000)
# 格式化后的字符串，根据宽度、有效数字等决定使用科学记数法或标准浮点数
'   4285.71'
# 格式化 3 / 7 * 10000 的值：宽度为 10、六位小数、科学记数法使用小写字母
>>> '%10.6e'%(3 / 7 * 10000)
'4.285714e+03'    # 格式化后的字符串
```

4. 内置函数

Python 内置字符串处理函数有 6 个，如表 2-14 所示。

表 2-14　内置字符串处理函数

函　　数	功　能　描　述
len(x)	len 是函数名，x 是任意字符串，函数返回 x 的长度
str(x)	str 是函数名，x 是任意数据类型，函数返回 x 的字符串形式
chr(x)	chr 是函数名，x 为 Unicode 编码，函数返回 x 所对应的字符
ord(x)	ord 是函数名，x 为一个字符，函数返回 x 所对应的 Unicode 编码
hex(x)	hex 是函数名，x 为十进制整数，函数返回 x 对应的十六进制数字符串
oct(x)	oct 是函数名，x 为十进制整数，函数返回 x 对应的八进制数字符串

下面代码演示了 Python 内置函数的部分用法。

```
>>> x = " 中国特色社会主义新时代 "
>>> len(x)                    # 计算 x 的字符个数
11                            # x 的字符个数为 11
>>> y = 81000
>>> str(y)                    # 将 y 转换为字符串
'81000'
>>> z = 97
>>> chr(z)                    # 将 z 转换为字符
'a'
>>> a = ' 中 '
>>> ord(a)                    # 将 a 转换为对应的 Unicode 编码
20013
>>> hex(81000)                # 将整数 81000 转换为十六进制数字符串
'0x13c68'
>>> oct(81000)                # 将整数 81000 转换为八进制数字符串
'0o236150'
```

5. 字符串操作方法

字符串除了可以调用 format 方法实现格式化之外，还有很多其他方法来实现对字符串的各种操作。用 dir("") 可以查看字符串操作所有方法列表，如图 2-4 所示；用 help() 可以查看每个方法的帮助信息，图 2-5 示意了查看 format 方法帮助信息的方法。

```
>>> dir("")
...
['__add__', '__class__', '__contains__', '__delattr__', '__dir__', '__doc__', '__eq__',
'__format__', '__ge__', '__getattribute__', '__getitem__', '__getnewargs__', '__gt__',
'__hash__', '__init__', '__init_subclass__', '__iter__', '__le__', '__len__', '__lt__',
'__mod__', '__mul__', '__ne__', '__new__', '__reduce__', '__reduce_ex__', '__repr__',
'__rmod__', '__rmul__', '__setattr__', '__sizeof__', '__str__', '__subclasshook__', 'capita
lize', 'casefold', 'center', 'count', 'encode', 'endswith', 'expandtabs', 'find', 'forma
t', 'format_map', 'index', 'isalnum', 'isalpha', 'isascii', 'isdecimal', 'isdigit', 'isi
dentifier', 'islower', 'isnumeric', 'isprintable', 'isspace', 'istitle', 'isupper', 'joi
n', 'ljust', 'lower', 'lstrip', 'maketrans', 'partition', 'removeprefix', 'removesuffix',
'replace', 'rfind', 'rindex', 'rjust', 'rpartition', 'rsplit', 'rstrip', 'split', 'spl
itlines', 'startswith', 'strip', 'swapcase', 'title', 'translate', 'upper', 'zfill']
```

图 2-4　用 dir() 列出字符串操作的方法

```
>>> help("".format)
...
Help on built-in function format:

format(...) method of builtins.str instance
    S.format(*args, **kwargs) -> str
    
    Return a formatted version of S, using substitutions from args and kwargs.
    The substitutions are identified by braces ('{' and '}').
```

图 2-5　用 help() 查看 format 方法的帮助信息

下面介绍部分常用的字符串操作方法。对于其他操作方法，读者可以通过如图 2-4、图 2-5 所示的方式查阅、学习。

（1）英文字母大、小写转换相关的方法：lower()、upper()、capitalize()、title()、swapcase()。

下面代码演示了这些方法的部分用法。

```
>>> x="hello, China!"
>>> x.lower()                # 将 x 中的字符转换为小写字母
'hello, china!'
>>> x.upper()                # 将 x 中的字符转换为大写字母
'HELLO, CHINA!'
>>> x.capitalize()           # 将 x 首字母转换为大写
'Hello, china!'
>>> x.title()                # 将 x 每个单词首字母转换为大写
'Hello, China!'
>>> x.swapcase()             # 将 x 每个字母大、小写互换
'HELLO, cHINA!'
```

（2）查找、替换有关的方法：find()、rfind()、replace()。

下面代码演示了这些方法的部分用法。

```
>>> x = "绿水青山就是金山银山"
>>> x.find('山')             # 查找 x 中第一个出现"山"的位置，字符串起始字符位置为 0
3
>>> x.find("山", 4, 9)        # 查找 x 中第 4～第 9 个字符内第一个出现"山"的位置
7
>>> x.rfind("山")             # 查找 x 中最后一个出现"山"的位置
9
>>> x.rfind("山", 1, 8)       # 查找 x 中第 1～第 8 个字符内最后一个出现"山"的位置
7
>>> x.replace("山", "mountain")    # 将 x 中"山"用"mountain"替换
                                    # '绿水青mountain就是金mountain银mountain'
```

```
>>> x.replace("山", "mountain",2)    # 将 x 中前两次出现的 "山" 用 "mountain" 替换
                                      # '绿水青mountain 就是金mountain 银山'
```

（3）删除字符相关方法：strip()、rstrip()、lstrip()。

下面代码演示了这些方法的部分用法。

```
>>> x = '*** 中国式现代化 * 既有各国现代化的 * 共同特征，更有基于自己国情的 * 中国特色。***'
>>> x.strip('*')        # 删除 x 两端的 "*"
'中国式现代化 * 既有各国现代化的 * 共同特征，更有基于自己国情的 * 中国特色。'
>>> x.lstrip('*')       # 删除 x 左边的 "*"
'中国式现代化 * 既有各国现代化的 * 共同特征，更有基于自己国情的 * 中国特色。***'
>>> x.rstrip('*')       # 删除 x 右边的 "*"
'*** 中国式现代化 * 既有各国现代化的 * 共同特征，更有基于自己国情的 * 中国特色。'
```

（4）测试是否为数字或字母、字母字符、数字字符、空白字符、大写字母、小写字母的方法：isalnum()、isalpha()、isdigit()、isspace()、isupper()、islower()。

下面代码演示了这些方法的部分用法。

```
>>> '123abc'.isalnum()      # 测试 "123abc" 是否由字母和数字组成
True                         # 是，返回 True
>>> '123abc'.isalpha()      # 测试 "123abc" 是否由字母组成
False                        # 否，返回 False
>>> '123abc'.isdigit()      # 测试 "123abc" 是否由数字组成
False                        # 否，返回 False
>>> '123'.isdigit()         # 测试 "123" 是否由数字组成
True                         # 是，返回 True
>>> 'abc'.islower()         # 测试 "abc" 是否由小写字母组成
True                         # 是，返回 True
>>> '123.0'.isdigit()       # 测试 "123.0" 是否由数字组成
False                        # 否，返回 False
>>> ' '.isspace()           # 测试 ' ' 是否是空白字符
True                         # 是，返回 True
```

（5）其他常用的方法：split()、count()、center()、startswith()、endswith()。

下面代码演示了这些方法的部分用法。

```
>>> x = 'China is a great country with a long history.'
>>> x.split()         # 以空格作为分隔符，分割字符串 x
['China', 'is', 'a', 'great', 'country', 'with', 'a', 'long', 'history.']
```

```
                             # 分割后的结果
>>> x.split('a')             # 以"a"作为分隔符,分割字符串 x
['Chin', ' is ', ' gre', 't country with ', ' long history.'] # 分割后的结果
>>> x.count('a')             # 统计 x 中"a"出现的次数
4                            # x 中"a"出现了 4 次数
>>> x.center(60)             # 将 x 的宽度设置为 60,并居中
'       China is a great country with a long history.        '
>>> x.startswith('China',0,10)    # 测试 x 中 0~10 范围内的字符串是否以"China"开头
True                              # 是,返回 True
>>> x.startswith('China',10,20)   # 测试 x 中 10~20 范围内的字符串是否以"China"开头
False                             # 否,返回 False
>>> x.endswith('history')         # 测试 x 是否以"history"结尾
False                             # 否,返回 False
>>> x.endswith('history.')        # 测试 x 的是否以"history."结尾
True                              # 是,返回 True
```

2.5 应用举例

本节通过应用实例,将本章所述的知识点进行具体的运用。

【例 2.7】编写程序,求一元二次方程 $ax^2+bx+c=0$ 的根。

根据数学上所学知识, $ax^2+bx+c=0$ 只有在 $a \neq 0$ 时才是一元二次方程。

当 $a \neq 0$ 时,根据求根公式: $x = \dfrac{-b \pm \sqrt{b^2 - 4ac}}{2a}$,求得的根有以下 3 种情况。

(1) $b^2-4ac>0$,有两个不等实根,$x_1 = \dfrac{-b + \sqrt{b^2 - 4ac}}{2a}$,$x_2 = \dfrac{-b - \sqrt{b^2 - 4ac}}{2a}$。

(2) $b^2-4ac=0$,有两个相等实根,x_1, $x_2 = \dfrac{-b}{2a}$。

(3) $b^2-4ac<0$,有两个共轭虚根,$x_1 = \dfrac{-b}{2a} + \dfrac{\sqrt{4ac - b^2}}{2a}i$,$x_2 = \dfrac{-b}{2a} - \dfrac{\sqrt{4ac - b^2}}{2a}i$。

根据前述分析,我们可以设计出该问题的程序流程图,如图 2-6 所示。

图 2-6 中,程序流程从"开始"的位置出发,沿着箭头的指向走,True 即真,表示条件满足时程序的执行路径;False 即假,表示条件不满足时程序的执行路径,最终走到"结束"的位置,表示程序结束。

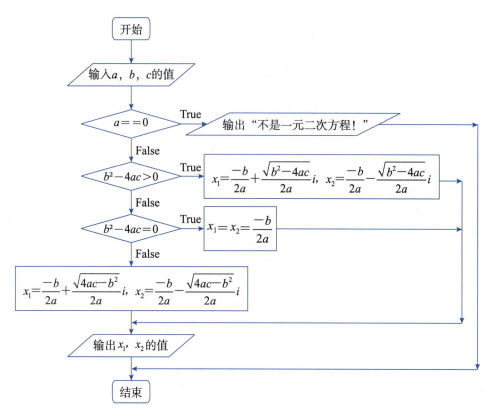

图 2-6　例 2.7 程序流程图

使用结构化程序设计方法编写的面向过程的源代码如下所示。

```
1  # 2.7.py
2  import math
3
4  a = eval(input("请输入 a = "))
5  b = eval(input("请输入 b = "))
6  c = eval(input("请输入 c = "))
7
8  if(a == 0):
9      print("不是一元二次方程！")
10 else:
11     d = b * b - 4 * a * c;
12     if (d > 0):
13         x1 = (-b + math.sqrt(d)) / 2 / a;
14         x2 = (-b - math.sqrt(d)) / 2 / a;
15         print("x1 = {:3.1f}\nx2 = {:3.1f}".format(x1,x2))
16     elif (d == 0):
17         x1 = -b/2/a;
18         print("x1 = x2 = {:3.1f}".format(x1))
```

```
19      else:
20          x1 = -b / 2 / a;
21          x2 = math.sqrt(-d) / 2 / a;
22          print("x1={0:3.1f}+{1:3.1f}i\nx2={0:3.1f}- {1:3.1f}i".format(x1,x2))
```

以上程序中，第2行是导入math库，因为程序中要用到该库中的开平方函数sqrt()；方程的系数a、b、c都是数值型数据，第4～6行输入a、b、c的值；第8～22行是实现求一元二次方程的根，其中，if、else、elif是形成分支结构的语句关键字，分支结构将在第3章予以详细介绍；第8～9行处理a为0的情况；第11行是求判别式；第12～15行处理判别式大于0的情况；第16～18行处理判别式等于0的情况；第19～22行处理判别式小于0的情况；第15行、第18行和第22行按指定的格式输出一元二次方程的根。

程序运行时，当输入a、b、c的值为1、2、3时，程序即可求出一元二次方程 $x^2+2x+3=0$ 的根。下面是程序的运行结果。

```
>>>
请输入 a=1
请输入 b=2
请输入 c=3
x1=-1.0+1.4i
x2=-1.0-1.4i
```

即求出方程有两个共轭虚根：x1=-1.0+1.4i，x2=-1.0-1.4i。

【例2.8】设计实现文本进度条。

进度条即计算机在处理任务时，实时地显示处理任务的速度、完成度、剩余未完成任务量、需要的处理时间等。此处，利用Python字符串处理方法模拟实现文本进度条功能。

文本进度条需要通过输出文本来模拟程序运行的进度。基本思路是：将程序执行任务划分为100个单位，每执行n%（1≤n≤100），输出一次进度条。进度条输出形式如下：

```
--------------------执行开始--------------------
  0 %[->]...................................]0.10s
  5 %[中->]..................................]0.24s
  9 %[中国->].................................]0.42s
 14 %[中国式->]................................]0.57s
 18 %[中国式现->]..............................]0.75s
 23 %[中国式现代->]............................]0.95s
 27 %[中国式现代化->]..........................]1.16s
 32 %[中国式现代化是->]........................]1.36s
 36 %[中国式现代化是中->]......................]1.55s
 41 %[中国式现代化是中国->]....................]1.75s
 45 %[中国式现代化是中国共->]..................]1.94s
 50 %[中国式现代化是中国共产->]................]2.13s
 55 %[中国式现代化是中国共产党->]..............]2.32s
 59 %[中国式现代化是中国共产党领->]............]2.50s
 64 %[中国式现代化是中国共产党领导->]..........]2.69s
 68 %[中国式现代化是中国共产党领导的->]........]2.91s
 73 %[中国式现代化是中国共产党领导的社->]......]3.11s
 77 %[中国式现代化是中国共产党领导的社会->]....]3.29s
 82 %[中国式现代化是中国共产党领导的社会主->]..]3.47s
 86 %[中国式现代化是中国共产党领导的社会主义->]]3.67s
 91 %[中国式现代化是中国共产党领导的社会主义现->]]3.85s
 95 %[中国式现代化是中国共产党领导的社会主义现代->]]4.07s
100%[中国式现代化是中国共产党领导的社会主义现代化->]]4.26s
--------------------执行结束--------------------
```

进度条以完成的百分比开始,方括号内显示完成的进度,文字覆盖的部分表示已完成,".."覆盖的部分表示待完成,右边显示程序运行已消耗的时间。

由于程序执行速度远超人眼反应速度,为了模拟实际程序运行处理时间消耗的进度,可以设计调用 Python 标准时间库 time 中的 sleep() 函数将当前程序暂时挂起一段时间。另外,为了获取程序运行已消耗的时间,这里需要调用 time 库的 time() 函数,在程序开始执行时调用一次,后续每次进度条显示时都调用一次,把后续调用与程序起始调用返回时间之差显示在进度条右边,单位为 s(秒)。进度条采用字符串格式化输出。

根据以上分析,可以设计出程序流程图,如图 2-7 所示。

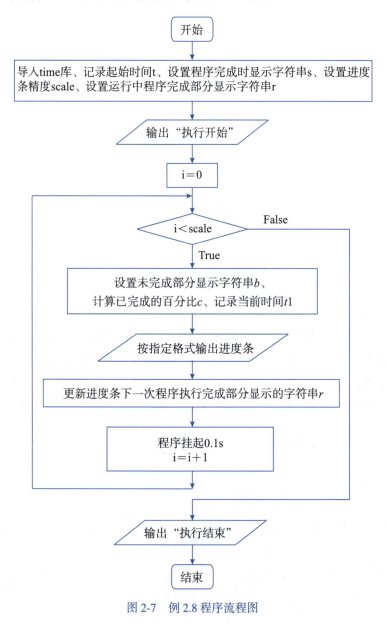

图 2-7 例 2.8 程序流程图

根据程序流程图,设计的源程序如下。

```
1  # 2.8.py
2  import time
3
4  t = time.time()
5  s = "中国式现代化是中国共产党领导的社会主义现代化"
6  scale = len(s)
7  print("执行开始".center(scale * 2, '-'))
8  r=""
9  for i in range(scale + 1):
10     b = '..' * (scale - i)
11     c = (i / scale) * 100
12     t1 = time.time()
13     print("{:^3.0f}%[{}->{}]{:.2f}s".format(c, r, b, t1 - t))
14     if i >= scale:
15         r = s
16     else:
17         r = r + s[i]
18     time.sleep(0.1)
19 print("\n" + "执行结束".center(scale * 2, '-'))
```

以上程序中,第 2 行导入 time 库,因为程序中要用到该库中的 time() 和 sleep() 函数;第 4 行获取起始时间;第 5 行设置程序运行完成时输出的字符串;第 6 行定义了输出进度条的精度;第 7 行输出"-------------------- 执行开始 --------------------";第 8 行设置程序运行开始进度条显示的字符串;第 9~17 行是一个 for 循环结构,i 依次取 0~scale 之间的整数值,去执行第 10~18 行的语句,即输出程序执行期间的进度条,for 语句的详细介绍见第 3 章;第 10 行设置进度条中程序未完成部分需显示的字符;第 11 行计算程序已完成的百分比;第 12 行获取当前时间;第 13 行按指定的格式输出进度条;第 14~17 行更新进度条的字符串;第 18 行将程序挂起 0.1 s;第 19 行输出"-------------------- 执行结束 --------------------"。

以上程序运行即可得到预期的进度条设计效果。请读者运行程序验证。

例 2.8 中设计的进度条与实际使用中的进度条有一定的差异。实际当中,进度条是单行动态刷新的,在屏幕上始终只显示一个进度条。此时,可以将 print() 函数的 end 参数由默认值改为 '',即每次使用 print() 输出时不换行;另外下一次输出要从行首开始,该操作可以通过在输出字符串前部增加转义字符 '\r' 实现。即把第 13 行代码改为:

```
print("\r{:^3.0f}%[{}->{}]{:.2f}s".format(c,r,b,t1-t),end = '')
```

源程序文件名等其他部分保持不变，即可实现单行动态刷新的进度条。由于 IDLE 屏蔽了单行刷新的功能，因此修改后的程序在 IDLE 下运行时没有单行刷新的效果。但是，我们可以使用图 2-8 所示的命令行环境运行程序，此时即可看到预期的效果。需要注意的是，源程序文件 2.8.py 要放在当前目录下。

图 2-8　命令行环境运行文本进度条程序

2.6　Python 之禅

Python 之禅指的是 Tim Peters 编写的关于 Python 的编程准则。在 Python 的交互界面输入 import this，按 Enter 键，即可输出。

```
>>> import this
The Zen of Python, by Tim Peters
Beautiful is better than ugly.
Explicit is better than implicit.
Simple is better than complex.
Complex is better than complicated.
Flat is better than nested.
Sparse is better than dense.
Readability counts.
Special cases aren't special enough to break the rules.
Although practicality beats purity.
Errors should never pass silently.
Unless explicitly silenced.
In the face of ambiguity, refuse the temptation to guess.
There should be one-- and preferably only one --obvious way to do it.
Although that way may not be obvious at first unless you're Dutch.
Now is better than never.
Although never is often better than *right* now.
If the implementation is hard to explain, it's a bad idea.
If the implementation is easy to explain, it may be a good idea.
Namespaces are one honking great idea -- let's do more of those!
```

此处不打算对原文进行翻译，请读者多读几遍，尽量体会原文的含义，并付诸实践。经过一段时间的练习，相信大家必定能编写出优雅的程序代码。

2.7　本章小结

像自然语言有字、词、句等基本语法一样，程序设计语言也有类似的语法。Python 语言的基本语法包括：基本数据类型、常量与变量、输入输出、注释等。

用 Python 语言编写程序离不开常量和变量。常量是指其值和类型由其本身定义，并且不能被改变。变量是代表某值的名字。变量名可以包含大写字母、小写字母、数字、下画线等字符，但是不能以数字开头，中间不能出现空格，对字母大小写敏感，对长度没有限制。

输入和输出是人机交互的基本方法。Python 语言中输入输出是通过函数来实现的。

给程序添加合适的注释信息可以增强程序的可读性。注释是辅助性文字，会被编译器或解释器忽略。

从数据构造角度，数据类型分为基本数据类型和组合数据类型。本章主要介绍了 Python 的基本数据类型：数字类型、字符串类型。

Python 语言提供了 3 种数字类型：整数类型、浮点数类型和复数类型。数字类型可以参与算术运算；整数类型和浮点数类型还可以进行关系运算和逻辑运算。Python 解释器提供了 6 个与数值运算相关的函数。Python 提供的 math 内置数学类函数库，支持整数和浮点数的运算。

字符串是字符的序列。字符串使用定界符：单引号（'）、双引号（"）或三引号（'''或"""）引起来。Python 解释器为字符串类型提供了基本运算符和内置字符串处理函数，另外还提供了一些字符串处理方法，包括字符串格式化 format 方法。

习题

第 2 章
补充习题

1. 编写程序，求 n!（其中 n 是一个整数）。
2. 编写程序，输入一个三位数，然后逆序输出。
3. 编写程序，输出一个边长为 4 的正方形。如下所示，正方形边上字符由用户输入。

4. 编写程序，根据三角形的 3 个顶点，求三角形的周长和面积（注意判断是否构成三角形）。

5. 编写程序，输出如下形式的文本进度条。

```
-------执行开始-------
  0 %[->....................]0.01s
 10 %[实->..................]0.12s
 20 %[实现->................]0.25s
 30 %[实现中->..............]0.39s
 40 %[实现中华->............]0.51s
 50 %[实现中华民->..........]0.64s
 60 %[实现中华民族->........]0.78s
 70 %[实现中华民族伟->......]0.92s
 80 %[实现中华民族伟大->....]1.06s
 90 %[实现中华民族伟大复->..]1.20s
100%[实现中华民族伟大复兴->]1.34s

-------执行结束-------
```

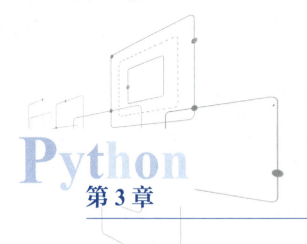

第 3 章 程序控制结构

不管是传统的面向过程的程序设计方法还是后来发展起来的面向对象的程序设计方法，都离不开 3 种基本程序结构：顺序结构、选择结构和循环结构。可以说，任何复杂的程序都可以由这 3 种结构组合而成。一个计算机程序是由一条或多条语句组成的。语句按功能的不同，可以划分为输入/输出语句、运算语句、流程控制语句。第 1 章、第 2 章介绍了前两种语句。本章主要介绍 Python 语言中实现选择结构和循环结构的流程控制语句，并简要介绍异常处理的概念和方法。

3.1 选择结构

在工作和生活中，经常需要根据一定的条件来决定要完成的操作。例如，求一元二次方程 $ax^2+bx+c=0$ 的根，要先判断 a 是否为 0，只有 $a \neq 0$ 时，才会考虑用求根公式来求解；在用求根公式求解时，还要根据判别式 b^2-4ac 的值来决定方程是有两个不等的实根、两个相等的实根还是有两个虚根。又如，给定三边长，求三角形的周长和面积，要先判断给定的 3 条边是否能够构成三角形，只有在能构成三角形的前提下，才能用海伦公式求三角形的面积。

在 Python 语言中，选择结构由形成分支的语句实现。常见的有单分支选择结构、二分支选择结构和多分支选择结构。

3.1.1 单分支选择结构

单分支选择结构是最简单的选择结构，它是由以下 if 语句实现的。

```
if  < 条件 >:
    < 语句块 >
```

其中，if 是关键字，< 条件 > 是结果为 True 或 False 的任意表达式，冒号（:）表示一个语句块的开始，< 语句块 > 是由一条或多条语句组成的，< 语句块 > 与 if 所在行形成缩进可表达包含关系。单分支 if 语句的执行流程图如图 3-1 所示。

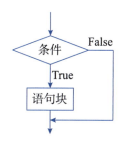

图 3-1　单分支 if 语句的执行流程图

如果条件为 True，表示条件满足，执行语句块；如果条件为 False，表示条件不满足，跳过语句块，执行 if 语句后面的语句。

【例 3.1】将英文小写字母转换为大写字母。

为输入的小写字母调用字符串的 upper() 方法，将其转换为大写字母；如果是其他字符，则维持不变。由此可以设计出程序流程图如图 3-2 所示。

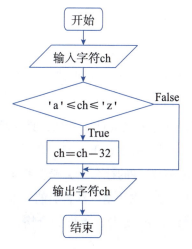

图 3-2　例 3.1 程序流程图

根据程序流程图设计的源代码如下。

```
1 # 3.1.py
2
3 ch = input("请输入一个字符:")
4
5 if ('a' <= ch <= 'z'):
6     ch = ch.upper()
7
8 print(ch)
```

以上代码中，第 5～6 行通过一个 if 语句实现小写字母转换为大写字母的功能。

3.1.2 二分支选择结构

二分支选择结构由以下形式的 if 语句实现。

```
if  <条件>:
    <语句块 1>
else:
    <语句块 2>
```

其中，if 和 else 是关键字，<条件>是结果为 True 或 False 的任意表达式，冒号（:）表示一个语句块的开始。二分支 if 语句的执行流程图如图 3-3 所示。当条件为 True 时执行<语句块 1>，当条件为 False 时执行<语句块 2>。任一次程序的执行，只会选择<语句块 1>和<语句块 2>中的一个执行。

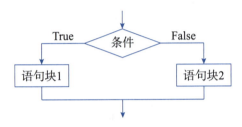

图 3-3　二分支 if 语句的执行流程图

【例 3.2】判断德育合格与否。

党的二十大报告指出："教育是国之大计、党之大计。培养什么人、怎样培养人、为谁培养人是教育的根本问题。育人的根本在于立德。全面贯彻党的教育方针，落实立德树人根本任务，培养德智体美劳全面发展的社会主义建设者和接班人。"

在培养、选拔各类人才时，德育成绩是一票否决的标准，即只有德育成绩合格才有被选拔的机会。一般认为德育成绩在 60 分及以上即为合格，否则为不合格。程序流程图如图 3-4 所示。

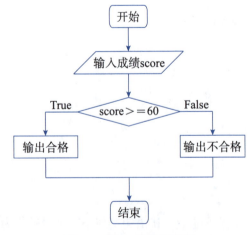

图 3-4　例 3.2 程序流程图

从图 3-4 可见,根据成绩 score 的值,使用二分支的 if 语句,即可判断德育成绩合格与否。程序代码如下。

```
1  # 3.2.py
2
3  score=eval(input("请输入德育成绩: "))
4  if(score>=60):
5      print(" 合格 ")
6  else:
7      print(" 不合格 ")
```

代码的第 4 ~ 7 行即为二分支的 if 语句,且任意一次程序执行,只会执行第 5 行和第 7 行这两条 print 语句中的一条。

3.1.3 多分支选择结构

多分支选择结构可以实现复杂的业务逻辑。其语句形式如下:

```
if  <条件 1>:
    <语句块 1>
elif  <条件 2>:
    <语句块 2>
……
elif  <条件 n-1>:
    <语句块 n-1>
……
else:
    <语句块 n>
```

其中,if、elif、else 是关键字,<条件 1>、<条件 2>……<条件 n-1> 是结果为 True 或 False 的任意表达式,冒号(:)表示一个语句块的开始。多分支 if 语句的执行流程图如图 3-5 所示。

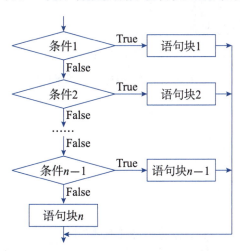

图 3-5 多分支 if 语句的执行流程图

图3-5示意了一个n分支结构。n个分支对应n个语句块，每次执行时只有一个分支所对应的语句块被执行。

【例3.3】根据身高和体重，计算BMI。

BMI也被称作为身体质量指数。这个数值在一定程度上可以体现人的身体密度，表征人的健康状况。BMI在18.5到23.9是一个正常范围，表示人体较为健康；低于这个范围说明体重太轻了，容易造成营养不良、免疫力下降等；高于这个范围说明体重超标，肥胖容易诱发心脑血管疾病、脂肪肝、高血压、高血脂等。所以这个数值过高或者过低都是不利于身体健康的，建议大家合理膳食，将数值保持在正常范围之内。BMI的计算方法是体重（kg）除以身高（m）的平方。

程序的流程图如图3-6所示。

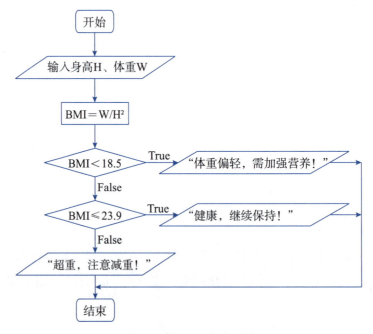

图3-6 例3.3程序流程图

从图3-6可以看出，这是一个多分支结构程序，我们可以用if语句完成编程。具体代码如下。

```
1  # 3.3.py
2  H = eval(input("请输入身高（单位为m）:"))
3  W = eval(input("请输入体重（单位为kg）:"))
4  BMI = W / (H*H)
5  if BMI < 18.5:
6      print("BMI为{0:3.1f},体重偏轻,需加强营养！ ".format(BMI))
7  elif BMI <= 23.9:
```

```
 8      print("BMI 为 {0:3.1f}，健康，继续保持！".format(BMI))
 9   else
10      print("BMI 为 {0:3.1f}，超重，注意减重！".format(BMI))
```

代码中第 5～10 行使用的是三分支的 if 语句，且任意一次程序执行，只有一个 print 语句被执行。程序的一次运行结果如下所示。

```
>>>
请输入身高（单位为 m）：1.75
请输入体重（单位为 kg）：70
BMI 为 22.9，健康，继续保持！
```

【例 3.4】编写程序实现简单的算术运算，即输入任意两个数和运算符，由计算机输出运算结果。

算术运算主要有 +、-、×、/ 4 种，这 4 种运算都需要两个操作数。程序应能根据运算符的类型来决定做何种运算，并给出运算结果。程序的流程图如图 3-7 所示。

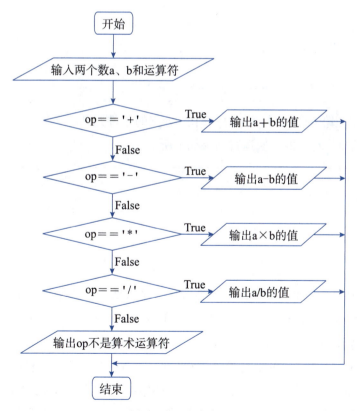

图 3-7　例 3.4 程序流程图

图 3-7 中的条件判断是通过变量 op 与 '+'、'-'、'*'、'/' 4 个符号分别进行比较运算，

从而实现简单的数学运算的。当输入的运算符不是上述 4 个时，输出错误提示信息。具体代码如下。

```
1  # 3.4.py
2  a = eval(input("请输入第一个数:"))
3  b = eval(input("请输入第二个数:"))
4  op = input("请输入运算符:")
5
6  if(op == '+'):
7      c = a + b
8  elif(op == '-'):
9      c = a - b
10 elif(op == '*'):
11     c = a * b
12 elif(op == '/'):
13     c = a / b
14 else:
15     c = False
16
17 if c != False :
18     print("算式: {0:^5d}{2:^3}{1:^5d}={3:^5d}".format(a, b, op, c))
19 else:
20     print("{} 不是算术运算符! ".format(op))
```

以上代码中，第 6 ~ 15 行实现了一个五分支的条件判断。第 17 ~ 20 行用于输出运算结果或出错信息。程序的一次运行结果如下所示。

```
>>>
请输入第一个数:10
请输入第二个数:100
请输入运算符:*
算式: 10  *  100 =1000
```

【例 3.5】编写一个个人所得税计算器程序。个人所得税税率为：月工资不超过 5000 元的部分（含 5000 元），税率为 0%；月工资在 5000 ~ 8000 元的部分（含 8000 元），税率为 3%；月工资在 8000 ~ 17000 元的部分（含 17000 元），适用个人所得税税率为 10%；月工资在 17000 ~ 30000 元的部分（含 30000 元），适用个人所得税税率为 20%；月工资在 30000 ~ 40000 元的部分（含 40000 元），税率为 25%；月工资在 40000 ~ 60000 元的部分（含 60000 元），税率为 30%；月工资在 60000 ~ 85000 元的部分（含 85000 元），税率为 35%；月工资超过 85000 元的部分税率为 45%。

根据上面纳税规则,可以设计个人所得税计算器程序,其程序流程图如图 3-8 所示。

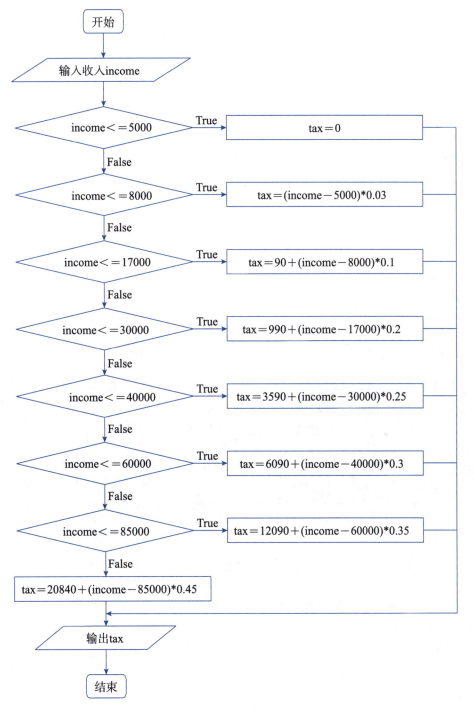

图 3-8 例 3.5 程序流程图

从图 3-8 可以看出,这是一个八分支的程序。程序源代码如下。

```
1  # 3.5.py
2  income = eval(input("请输入收入总数："))
3
4  if(income <= 5000):
5      tax = 0
6  elif income <= 8000:
7      tax = (income - 5000) * 0.03
8  elif income <= 17000:
9      tax = 90 + (income - 8000) * 0.1
10 elif income <= 30000:
11     tax = 990 + (income - 17000) * 0.2
12 elif income <= 40000:
13     tax = 3590 + (income - 30000) * 0.25
14 elif income <= 60000:
15     tax = 6090 + (income - 40000) * 0.3
16 elif income <= 85000:
17     tax = 12090 + (income-60000) * 0.35
18 else:
19     tax = 20840 + (income - 85000) * 0.45
20
21 print("收入:{0:^10d}元应交所得税:{1:^10.2f}元".format(income,tax))
```

以上程序中，第 4～19 行是一个八分支语句，每次 8 个计算 tax 值的语句只有一个会被执行。程序的一次运行结果如下所示。

```
>>>
请输入收入总数：1000000
收入：1000000    元应交所得税：432590.00 元
```

3.2 循环结构

循环结构是指在满足条件的前提下，重复执行一组操作。例如求 $n!$，展开为：$n!=1\times2\times3\times\cdots\times n$，这里重复执行的是乘法操作。又比如求 $\sum_{i=1}^{n}i$，即求 $1+2+3+\cdots+n$，这里重复执行的是加法操作。

像实现选择结构需要 if 流程控制语句一样，实现循环结构也需要有类似的语句，在 Python 语言中，实现循环结构的有 for 语句和 while 语句。

3.2.1 for 语句

for 语句一般用于循环次数事先确定的情况，其有以下两种语句格式。

格式一：

```
for 变量 in <遍历结构>:
```

<语句块>

其中，for 和 in 是关键字，<遍历结构>可以是 range 返回的序列、字符串、文件、组合数据类型等。冒号（:）表示一个语句块的开始，<语句块>中的语句序列与 for 所在的行形成缩进关系。for 语句的执行流程图如图 3-9 所示。

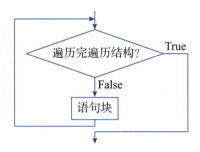

图 3-9　for 语句的执行流程图

图 3-9 中，变量取遍历结构的各值，去执行语句块。此处的语句块又称为循环体。

【例 3.6】编写程序，求 $1+2+3+\cdots+n$。

题目要求重复做加法操作，由此可以设计出如图 3-10 所示的流程图。

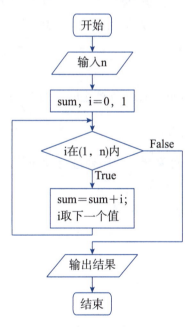

图 3-10　例 3.6 程序流程图

根据图 3-10 所示的流程图，可以使用 for 循环结构来完成累加操作。程序代码如下。

```
1  # 3.6.py
2
3  sum = 0
```

```
4  n = eval(input("请输入整数 n 的值: "))
5  for i in range(1, n + 1):
6      sum = sum + i
7  print("1 + 2 + … + {0:^5d} = {1:^5d}".format(n, sum))
```

程序的一次运行结果如下所示。

```
>>>
请输入整数 n 的值: 100
1 + 2 + … +  100  = 5050
```

变量 i 取 1～n 之间的每个值,去执行循环体 sum=sum+i。当输入 n 的值为 100 时,输出 1+2+…+100=5050。

拓展:range 是一个内置模块。通过以下形式调用,返回一个 range 对象。

　　range(stop)
　　range(start,stop[,step])

range(start,stop[,step]) 返回一个从 start(含)开始到 stop(不含)结束、以 step 作为步长的整数序列对象。序列默认的起始值是 0,默认步长是 1,序列对象不含 stop。

例如,range(4) 产生的序列是:0、1、2、3。又如,range(i,j) 产生的序列是:i、i+1、i+2……j-1。

通过以下代码,可以列出 range(1,10,3) 产生的序列 1、4、7。

```
for i in range(1,10,3):
    print(i)
```

for 语句除了可以对 range 对象产生的序列进行操作外,还可以对字符串中的各个字符进行操作。

【例 3.7】观察下面程序的运行结果。

```
1  # 3.7.py
2  s = "China!"
3  for i in s:
4      print(i)
```

程序的运行结果如下。

```
>>>
C
h
i
```

```
n
a
!
```

此程序 for 语句中的变量 i 取字符串 s 中的每个字符，并执行循环体，即输出 i 的值。

格式二：

```
for 变量 in <遍历结构>:
    <语句块 1>
else:
    <语句块 2>
```

当 for 语句正常执行并结束之后，会执行 < 语句块 2>。如果 for 语句因为执行了 break 语句而导致循环提前结束，则不执行 else 子句后的 < 语句块 2>。

【例 3.8】观察下面程序的运行结果。

```
1  # 3.8.py
2  s = "China!"
3  for i in s:
4      print(i)
5  else:
6      print(" 循环正常结束 ")
```

程序的运行结果如下：

```
>>>
C
h
i
n
a
!
循环正常结束
```

因为 i 取到了 s 字符串中的每个字符，并输出，for 语句正常结束，else 后的语句块被执行。实际中，一般在 < 语句块 2> 中放置判断循环执行情况的语句。

【例 3.9】观察下面程序的运行结果。

```
1  # 3.9.py
2
3  s = "China!"
4  for i in s:
```

```
5      if i == 'a':
6          break
7      print(i)
8  else:
9      print(" 循环正常结束 ")
```

程序的运行结果如下：

```
>>>
C
h
i
n
```

从运行结果可以看出，当变量 i 的取值为 'a' 时，执行 break 语句，该语句改变程序的执行流程，提前结束 for 语句，else 后的语句块被跳过。

3.2.2 while 语句

while 语句一般用于循环次数难以提前确定的情况。同 for 语句一样，while 语句有以下两种语句格式。

格式一：

```
while ＜条件＞:
    ＜语句块＞
```

其中，while 是语句关键字。这里＜条件＞与 if 语句中的＜条件＞概念一致，结果应为 True 或 False。冒号（:）表示一个语句块的开始，＜语句块＞中的语句序列与 while 所在的行形成缩进关系。while 语句的执行流程图如图 3-11 所示。

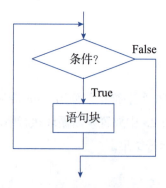

图 3-11 while 语句的执行流程图

图 3-11 中，条件为 True 时执行语句块（循环体），条件为 False 时退出循环。

【例 3.10】用 while 语句编程实现求 $1+2+3+\cdots+n$。

程序的流程图如图 3-12 所示。

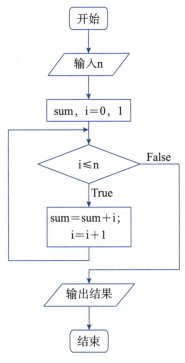

图 3-12　例 3.10 程序流程图

源代码如下：

```
1  # 3.10.py
2
3  n = eval(input("请输入 n 的值："))
4  sum, i = 0, 1
5  while i <= n:
6      sum = sum + i
7      i = i + 1
8  print("1 + 2 + … + {0:^5d}={1:^5d}".format(n,sum))
```

第 5 ～ 7 行实现求累加和，第 6 ～ 7 行是循环体；第 8 行按指定的格式输出结果。程序的运行结果与例 3.6 的输出结果相同。

【例 3.11】求两个正整数的最大公约数。

设两个正整数分别为 a 和 b，当 a 和 b 的值比较小时，可以立即观察得出其最大公约数，比如 3 和 6 的最大公约数是 3，但是当 a 和 b 的值比较大时，比如 2345671232 和 45678901234 的最大公约数就不是一般人一眼能看出来的。为此，古希腊数学家欧几里得（Euclid）提出了一个求任意两个正整数最大公约数的通用方法，称为辗转相除法。该方法的具体程序流程图如图 3-13 所示。

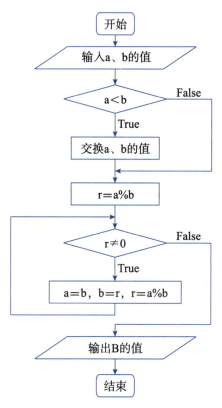

图 3-13 例 3.11 程序流程图

根据图 3-13 的程序流程图，可以写出对应的源代码如下。

```
1 # 3.11.py
2 m = eval(input("请输入第一个数："))
3 n = eval(input("请输入第二个数："))
4
5 if  m >= n:
6     a, b = m, n
7 else:
8     a, b = n, m
9 r = a%b
10 while r != 0:
11    a, b = b, r
12    r = a % b
13 print("{0:^5d} 与 {1:^5d} 的最大公约数是：{2:^5d}".format(m,n,b))
```

第 10 ~ 12 行是辗转相除算法的 Python 代码。程序的一次运行结果如下所示。

```
>>>
请输入第一个数：96
```

```
请输入第二个数：72
     96    与    72    的最大公约数是：    24
```

【例 3.12】使用以下公式求 sin$x$ 的值，要求最后一项的绝对值小于 10^{-8}。

$$\sin x = x - \frac{x^3}{3!} + \frac{x^5}{5!} - \frac{x^7}{7!} + \cdots$$

这是一个级数求和问题，第 n（$n=0,1,2,\cdots$）项的值可以表示为 item $= \frac{x^{2n+1}}{(2n+1)!}$，符号与第 $n-1$ 项的符号相反。对式中的每项分别计算，计算出一项就累加一项，直到某项的绝对值小于 10^{-8} 为止，即可得到 $\sin x$ 的值。程序流程图如图 3-14 所示。

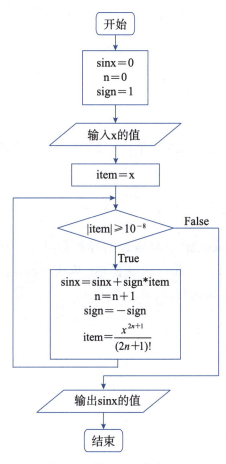

图 3-14　例 3.12 程序流程图

```
1  # 3.12.py
2  import math
3
4  sinx,n = 0, 0
```

```
5  sign = 1
6  x = eval(input("请输入 x 的值（弧度）: "))
7  item = x
8  while math.fabs(item) >= 10e-8:
9      sinx = sinx + sign * item
10     n = n + 1
11     sign = -sign
12     item = math.pow(x, 2 * n + 1)/math.factorial(2 * n + 1)
13
14 print("sin({0:3.2f})={1:3.2f}".format(x,sinx))
```

以上程序中第 9 ～ 12 行为 while 语句的循环体，实现求级数的和。程序的一次运行结果如下所示。

```
>>>
请输入 x 的值（弧度）: 3.14/6
sin(0.52)=0.50
```

像 for 语句一样，while 语句也可以带 else 子句。其语法形式为：

```
while  <条件>:
      <语句块 1>
else:
      <语句块 2>
```

如果是因为执行了 break 语句而导致循环提前结束，则不执行 else 后的 <语句块 2>；如果是因为 <条件> 为 False 而退出循环，则执行 else 后的 <语句块 2>。

【例 3.13】观察下面程序的运行结果。

```
1  # 3.13.py
2  s, i = "China!", 0
3  while i < len(s):
4      print(s[i])
5      i = i + 1
6  else:
7      print("循环正常结束")
```

以上程序中，第 4 行、第 5 行为 while 语句的循环体。当字符串 s 中的每个字符输出后，循环正常结束，将执行 else 后的 print 语句。程序的运行结果如下：

```
>>>
C
h
```

```
i
n
a
!
循环正常结束
```

【例 3.14】观察下面程序的运行结果。

```
1  # 3.14.py
2  s, i = "China!", 0
3  while i < len(s):
4      if s[i] == 'a':
5          break
6      print(s[i])
7      i = i + 1
8  else:
9      print(" 循环正常结束 ")
```

当遇到字符串 s 中的 'a' 字符时,执行第 5 行 break,退出循环,else 后的 print 语句被忽略。程序的运行结果如下:

```
>>>
C
h
i
n
```

3.2.3　break 和 continue 语句

break 和 continue 语句在 for 循环和 while 循环中都可以使用,通常与 if 语句结合使用,以达到在满足一定条件时改变程序流程的目的。

如例 3.9 和例 3.14 所示,一旦 break 语句被执行时,整个循环提前结束。

continue 语句的作用是结束本次循环,回到循环的顶端,进入下一次循环。

【例 3.15】观察下面程序的运行结果。

```
1  # 3.15.py
2  s, i = "China!", 0
3  while i < len(s):
4      if s[i] == 'a':
5          i = i + 1
6          continue
7      print(s[i])
```

```
8        i = i + 1
9 else:
10       print("循环正常结束")
```

以上程序的循环体为第 4～8 行语句,前面 4 次循环分别输出 C、h、i、n,第 5 次 s[i] 取到 'a',if 后的条件为 True,执行 continue,跳过该语句后的 print(s[i])语句,继续第 6 次循环,s[i] 取到 '!',继续输出,然后循环正常结束,执行 else 后的语句块。程序的运行结果如下:

```
>>>
C
h
i
n
!
循环正常结束
```

图 3-15 为例 3.14 和例 3.15 的程序流程图。从图 3-15(a)中可以看出,break 语句给循环增加了一个退出的路径,即执行 break 语句,也可以退出循环;从图 3.15(b)可以

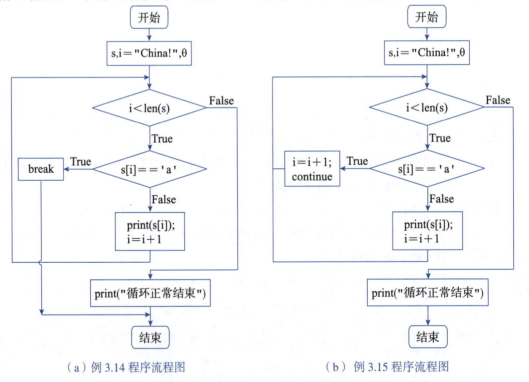

(a)例 3.14 程序流程图　　　　　　(b)例 3.15 程序流程图

图 3-15　break 语句与 continue 语句的对比

看出，执行 continue 语句并没有增加循环退出的路径，只是结束了一次循环，流程转到 while 的条件进行判断，以决定是否进入下一次循环。

3.2.4 循环的嵌套

循环嵌套是指在一个循环语句的循环体内又包含循环语句。各种循环语句可以相互嵌套。另外，内层循环语句的循环体内还可以包含循环语句，从而形成多重循环。

在嵌套循环结构里，内循环语句作为外循环语句的一个语句，外循环每执行一次循环体，内循环语句要完成全部循环。例如，外循环的循环次数为 m 次，内循环的循环次数为 n 次，如果外循环执行结束，则内循环的循环体执行次数为 $m \times n$ 次。

【例 3.16】测试循环执行次数。

源代码如下：

```
1  # 3.16.py
2  print("{0:^5}{1:^5}".format('i', 'j'))
3  for i in range(1, 3):
4      print("{0:^5d}".format(i))
5      for j in range(1, 3):
6          print("{0:^5}{1:^5d}".format(' ', j))
```

以上程序中，第 3～6 行是外层循环，第 4～6 行是外层循环的循环体；第 5～6 行是内层循环，第 6 行是内层循环的循环体。程序的运行结果如下：

```
>>>
  i    j
  1
        1
        2
  2
        1
        2
```

从运行结果可以看出，内层循环体（即代码里的第 6 行）执行了 4 次。

【例 3.17】百钱百鸡问题。已知公鸡每只 5 元，母鸡每只 3 元，小鸡 3 只 1 元。现要用 100 元买 100 只鸡，问公鸡、母鸡、小鸡各为多少只？

解决该问题无法用代数方法，但可以使用"穷举法"来求解。穷举法，就是把问题的解的各种可能组合全部罗列出来，并判断每种可能的组合是否满足给定的条件。若满足条件，就是问题的解。

假定用变量 x、y 和 z 分别表示公鸡、母鸡和小鸡的数量。当取定 x 和 y 之后，z = 100-x-y。据题意可知，x 的取值为 0～19 之间的整数，y 的取值为 0～33 之间的整数，所以我们可以用外层循环控制 x 从 0 到 19 变化，内层循环控制 y 从 0 到 33 变化，然后在内层循环体中对每一个 x 和 y，求出 z，并判别 x、y 和 z 是否满足条件：5 * x + 3 * y + z / 3 == 100，若满足就输出 x、y 和 z。

源代码如下：

```
1  # 3.17.py
2  print("{0:>6}{1:>6}{2:>6}".format("公鸡", "母鸡", "小鸡"))
3  for x in range(20):
4      for y in range(34):
5          z = 100 - x - y
6          if 5 * x + 3 * y + z / 3 == 100:
7              print("{0:>8d}{1:>8d}{2:>8d}".format(x, y, z))
```

以上程序中，第 4～7 行是外层循环的循环体，第 5～7 行是内层循环的循环体，在内层循环里还嵌套了 if 语句来判断满足条件的公鸡、母鸡和小鸡的组合。程序的运行结果如下：

```
>>>
    公鸡      母鸡      小鸡
     0       25       75
     4       18       78
     8       11       81
    12        4       84
```

从运行结果可以看出，通过两层循环的穷举，找到了 4 组符合条件的解。

【例 3.18】求一个整数区间内的所有素数。

素数，就是除 1 和它本身外没有其他约数的整数。例如，2、3、5、7、11 等都是素数，而 4、6、8、9 等都不是素数。

要判别整数 m 是否为素数，最简单的方法是根据定义进行测试，即用 2、3、4……m-1 逐个去除 m。若其中没有一个数能整除 m，则 m 为素数；否则，m 不是素数。

数学上可以证明：若所有小于或等于 $\sqrt{m}$ 的数都不能整除 m，则大于 $\sqrt{m}$ 的数也一定不能整除 m。因此，在判别一个数 m 是否为素数时，可以缩小测试范围，即只需在 2～$\sqrt{m}$ 之间检查是否存在 m 的约数。只要找到一个约数，就说明这个数不是素数，退出测试。

根据上述思路设计出的程序源代码如下：

```
1  # 3.18.py
2  import math
3  m = eval(input("请输入起始值："))
```

```
4  n = eval(input("请输入结束值："))
5  print("{0:^5d} 到 {1:^5d} 之间的素数有：".format(m, n))
6  for i in range(m, n+1):
7      k = math.floor(math.sqrt(i))
8      j = 2
9      while i % j != 0 and j <= k:
10         j = j + 1
11     if j > k:
12         print("{0:^5d}".format(i))
```

以上程序中，第6～12行是外层循环；第9～12行是内层循环，对于外层循环的每个i，内层循环都要执行完，以计算i是否有因子；第11行判断如果i没有因子，则i是素数，按格式输出。程序的一次运行结果如下。

```
>>>
请输入起始值：10
请输入结束值：20
 10  到  20  之间的素数有：
 11
 13
 17
 19
```

程序的这次运行，输出了10～20之间的所有素数。

3.3 异常处理

异常是指程序运行时引发的错误。引发错误的原因有很多，如除数为0、数据类型错误、磁盘空间不足等。如果这些错误不能及时正确地得到处理，会导致程序终止运行。异常处理是指因为程序在执行过程中出错而在正常控制流之外采取的异常处理行为。在程序中设计处理异常的代码可以增加程序的健壮性和容错性，从而不会因为用户不小心的输入错误或其他原因而导致程序终止运行。本节主要介绍异常相关的概念、Python中处理异常的有关语句及用法。

3.3.1 异常相关的概念

当Python解释器检测到一个错误时，就会指出当前程序无法执行下去，这时就会引发异常。

下面的代码演示了几种出现异常的情况。

```
1  >>> print(a)                              # 使用了未定义的变量a
2  Traceback (most recent call last):        # 异常回溯标记Traceback
```

```
 3 File "<pyshell#2>", line 1, in <module>    # 异常位置
 4 print(a)                                   # 产生异常的语句
 5 NameError: name 'a' is not defined         # 异常类型：异常内容描述
 6 >>> print(10/0)                            # 除数为 0
 7 Traceback (most recent call last):         # 回溯标记
 8 File "<pyshell#3>", line 1, in <module>    # 异常位置
 9 print(10/0)                                # 产生异常的语句
10 ZeroDivisionError: division by zero        # 异常类型：异常内容描述
11 >>> 'A' + 32                               # 使用了对象类型不支持的操作
12 Traceback (most recent call last):         # 异常回溯标记
13 File "<pyshell#4>", line 1, in <module>    # 异常位置
14 'A' + 32                                   # 产生异常的语句
15 TypeError: can only concatenate str (not "int") to str   # 异常类型：异常内容描述
```

出现异常后，Python 解释器输出了异常信息，并停止了语句的执行。第 5 行描述的异常类型是：NameError，异常内容描述：name 'a' is not defined，即 a 没有定义。第 10 行描述的异常类型是：ZeroDivisionError，异常内容描述：division by zero，即除数为 0。第 15 行描述的异常类型是：TypeError，异常内容描述：can only concatenate str（not "int"）to str，即只有字符串与字符串才能进行连接操作。

3.3.2 try…except 语句

在 Python 中，异常处理语句中最基本的是 try…except 语句，其语法格式如下：

```
try :
    <语句块 1>
except <异常类型>:
    <语句块 2>
```

其中，<语句块 1>是正常执行的语句序列，在执行过程中可能会引发异常。当出现<异常类型>指定的异常时，执行<语句块 2>。

【例 3.19】求一元二次方程 $ax^2+bx+c=0$ 的根。

考虑 $a=0$ 的情况，求根公式分母为 0，出现异常。使用 try…except 异常处理结构的源代码如下。

```
1 # 3.19.py
2 import math
3 try:
4     a = eval(input("请输入 a="))
5     b = eval(input("请输入 b="))
6     c = eval(input("请输入 c="))
7     d = b * b - 4 * a * c;
8     if (d > 0):
```

```
9          x1 = (-b + math.sqrt(d)) / 2 / a;
10         x2 = (-b -math.sqrt(d)) / 2 / a;
11         print("x1={0:3.1f}\nx2={1:3.1f}".format(x1, x2))
12     elif (d == 0):
13         x1 = -b / 2 / a;
14         print("x1 = x2 = {0:3.1f}".format(x1))
15     else:
16         x1 = -b / 2 / a;
17         x2 = math.sqrt(-d) / 2 / a;
18         print("x1={0:3.1f}+{1:3.1f}i\nx2={0:3.1f}-{1:3.1f}i".format(x1, x2))
19 except ZeroDivisionError:
20     print(" 不是一元二次方程！ ")
```

该程序中，把求一元二次方程根的代码（即第 4 ～ 18 行），放在 try 后面。程序的一次运行结果如下所示。

```
>>>
请输入 a=0
请输入 b=1
请输入 c=1
不是一元二次方程！
```

当 a 为 0 时，因为求根公式中除数为 0，即遇异常类型：ZeroDivisionError，执行 except 后面的 print 语句，输出"不是一元二次方程！"。

从以上程序中可以看出，进行异常处理，首先要了解异常类型。

Python 的异常类型是由异常类定义的。使用 help(Exception) 命令可以查看类的定义，如图 3-16 所示，Exception 类有 ArithmeticError、AssertionError 等（19 个）内置的子类。

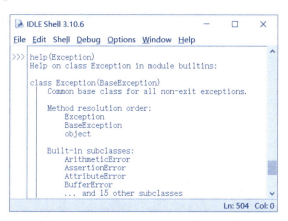

图 3-16　Exception 类的帮助信息

使用 help(ArithmeticError) 可以查看子类 ArithmeticError 的定义，如图 3-17 所示。

图 3-17　Exception 子类 ArithmeticError 的帮助信息

从图 3-17 可以看出，例 3.19 中所用的 ZeroDivisionError 是 ArithmeticError 类的子类。

除了使用 Python 内置的异常类型外，还可以通过继承 Python 内置异常类来实现自定义的异常类。篇幅所限，本书对此不做进一步的讲解。有兴趣的读者请查阅 Python 官方文档或其他参考资料。

3.3.3　带有多个 except 的 try 结构

在实际开发中，同一段代码可能会抛出多个异常，此时应针对不同的异常进行相应的处理。为了支持多个异常的捕捉和处理，Python 提供了带多个 except 的 try 结构。同分支选择结构类似，一旦某个 except 捕获了异常后，后面剩余的 except 子句就不会再执行。该结构的语句格式如下。

```
try :
    <语句块 1>
except <异常类型 1>:
    <语句块 2>
except <异常类型 2>:
    <语句块 3>
        ⋮
except <异常类型 n>:
    <语句块 n+1>
except:
    <语句块 n+2>
```

当出现的异常与所列出的异常类型都不匹配时，则执行最后的 except 后面的 <语句块 n+2>。

【例 3.20】求一元二次方程 $ax^2+bx+c=0$ 的根。

使用带有多个 except 的 try 异常处理结构的源程序代码如下。

```
1  # 3.20.py
2  import math
```

```
3  try:
4      a = eval(input(" 请输入 a="))
5      b = eval(input(" 请输入 b="))
6      c = eval(input(" 请输入 c="))
7      d = b * b - 4 * a * c;
8      if (d > 0):
9          x1 = (-b + math.sqrt(d)) / 2 / a;
10         x2 = (-b - math.sqrt(d)) / 2 / a;
11         print("x1 = {0:3.1f}\nx2 = {1:3.1f}".format(x1, x2))
12     elif (d == 0):
13         x1 = -b / 2 / a;
14         print("x1=x2={0:3.1f}".format(x1))
15     else:
16         x1 = -b / 2 / a;
17         x2 = math.sqrt(-d) / 2 / a;
18          print("x1={0:3.1f}+{1:3.1f}i\nx2={0:3.1f}-{1:3.1f}i".format(x1, x2))
19 except ZeroDivisionError:          # a 为 0 将进入的异常
20     print(" 不是一元二次方程！ ")
21 except TypeError:                  # 类型错误进入的异常
22     print("a、b、c 应为数值类型！ ")
23 except NameError:                  # 变量名不存在进入的异常
24     print(" 变量不存在！ ")
25 except:
26     print(" 其他错误！ ")
```

以上程序中，第 4～18 行是实现求一元二次方程根的代码，第 19、第 21、第 23 行捕获 3 种特定的异常，第 25 行捕获其他异常。程序的几次运行结果如下所示。

```
>>>
请输入 a=0
请输入 b=1
请输入 c=1
不是一元二次方程！
>>>
请输入 a='s'
请输入 b=2
请输入 c=1
a、b、c 应为数值类型！
>>>
请输入 a=u
变量不存在！
```

当 a 为 0 时，第 19 行所标识的异常被捕捉；当输入的是非数值数据时，第 21 行的异常类型被捕捉；当输入的是另一个未定义的变量时，第 23 行的异常被捕捉。当出现了程序中指定异常类型之外的异常时才会执行第 25 ~ 26 行的 except 子句。

对于异常处理结构，建议尽量精准捕捉可能会出现的异常，并且有针对性地编写代码进行处理，因为在实际应用开发中，很难使用同一个语句块去处理所有类型的异常。为了避免一些意想不到的异常出现而干扰程序的正常运行，在捕捉了所有可能想到的异常之后，还是可以在最后使用 except 来捕捉其他异常。

3.3.4 try…except…else…finally 结构

除了前述的两种异常处理结构外，另一种常用的异常处理结构是 try…except…else…finally…结构。其语句格式如下所示。

```
try:
    <语句块 1>
except <异常类型 1>:
    <语句块 2>
except <异常类型 2>:
    <语句块 3>
        ⋮
except <异常类型 n>:
    <语句块 n+1>
else:
    <语句块 n+2>
finally:
    <语句块 n+3>
```

在该结构中，else 子句功能与 while 和 for 循环的 else 子句功能类似，当 try 子句后的 <语句块 1> 执行过程中没有发生异常时，执行 else 子句后的 <语句块 n+2>；finally 子句中的 <语句块 n+3> 无论是否发生异常都会执行，常用来做一些 <语句块 1> 执行完后的收尾工作，例如释放 <语句块 1> 中申请的资源，或者关闭 <语句块 1> 中打开的文件等。

【例 3.21】求一元二次方程 $ax^2+bx+c=0$ 的根。

使用 try…except…else…finally 异常处理结构的程序代码如下。

```
1  # 3.21.py
2  import math
3  try:
4      a = eval(input("请输入 a="))
5      b = eval(input("请输入 b="))
6      c = eval(input("请输入 c="))
7      d = b * b - 4 * a * c;
8      if d > 0:
```

```
9          x1 = (-b + math.sqrt(d)) / 2 / a
10         x2 = (-b - math.sqrt(d)) / 2 / a
11         print("x1 = {0:3.1f}\nx2={1:3.1f}".format(x1, x2))
12     elif d == 0:
13         x1 = -b / 2 / a;
14         print("x1 = x2 = {0:3.1f}".format(x1))
15     else:
16         x1 = -b / 2 / a;
17         x2 = math.sqrt(-d) / 2 / a;
18         print("x1={0:3.1f}+{1:3.1f}i\nx2={0:3.1f}-{1:3.1f}i".format(x1, x2))
19 except ZeroDivisionError:
20     print(" 不是一元二次方程！")
21 except TypeError:
22     print("a、b、c 应为数值类型！")
23 except NameError:
24     print(" 变量不存在！")
25 except:
26     print(" 其他错误！")
27 else:
28     print(" 没有发生异常！")
29 finally:
30     print(" 不管是否发生异常，程序都已执行完毕！")
```

以上程序中，第 4 ~ 18 行是求一元二次方程根的代码。程序的两次运行结果如下。

```
>>>
请输入 a=1
请输入 b=2
请输入 c=1
x1 = x2 = -1.0
没有发生异常！
不管是否发生异常，程序都已执行完毕！
>>>
请输入 a=0
请输入 b=1
请输入 c=1
不是一元二次方程！
不管是否发生异常，程序都已执行完毕！
```

从上面运行结果可以看出，当 a=1 时，程序正常运行，求出了一元二次方程的根，第 27 ~ 28 行的 else 子句和第 29 ~ 30 行的 finally 子句都被执行；当 a = 0 时，程序出现异常，第 19 行所列的异常类型被捕捉，执行第 20 行的输出后，执行第 29 ~ 30 行的 finally 子句。

3.4 应用举例

本节通过应用实例,将前面所介绍的知识点进行具体运用。因需用到第三方库 turtle 库,下面先介绍 turtle 库,然后展示应用案例。

3.4.1 turtle 库

turtle 库是 Python 语言中一个很流行的绘制图像的函数库。想象一下,一只"小乌龟"在一个如图 3-18 所示的横轴为 x、纵轴为 y 的坐标系原点 (0,0) 位置开始,根据一组 turtle 库函数指令的控制,在这个平面坐标系中移动,从而在它爬行的路径上绘制了图形。

"小乌龟"的移动包括前进、后退、旋转一定的角度等,旋转时采用的角度坐标系如图 3-19 所示。

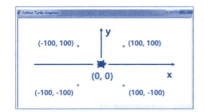

图 3-18　使用 turtle 库绘图空间坐标系

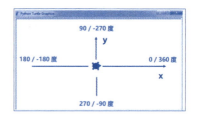

图 3-19　使用 turtle 库绘图角度坐标系

采用 turtle 库绘图,首先要了解 turtle 库里的函数指令。使用 dir(turtle) 可以列出 turtle 库的所有函数指令,如图 3-20 所示。

```
>>> dir(turtle)
['Canvas', 'Pen', 'RawPen', 'RawTurtle', 'Screen', 'ScrolledCanvas', 'Shape', 'TK', 'TNavigator', 'TPen', 'Tbuffer', 'Terminator', 'Turtle', 'TurtleGraphicsError', 'TurtleScreen', 'TurtleScreenBase', 'Vec2D', '_CFG', '_LANGUAGE', '_Root', '_Screen', '_TurtleImage', '__all__', '__builtins__', '__cached__', '__doc__', '__file__', '__forwardmethods', '__func_body__', '__loader__', '__methodDict', '__methods', '__name__', '__package__', '__spec__', '__stringBody', '_alias_list', '_make_global_funcs', '_screen_docrevise', '_tg_classes', '_tg_screen_functions', '_tg_turtle_functions', '_tg_utilities', '_turtle_docrevise', '_ver', 'addshape', 'back', 'backward', 'begin_fill', 'begin_poly', 'bgcolor', 'bgpic', 'bk', 'bye', 'circle', 'clear', 'clearscreen', 'clearstamp', 'clearstamps', 'clone', 'color', 'colormode', 'config_dict', 'deepcopy', 'degrees', 'delay', 'distance', 'done', 'dot', 'down', 'end_fill', 'end_poly', 'exitonclick', 'fd', 'fillcolor', 'filling', 'forward', 'get_poly', 'get_shapepoly', 'getcanvas', 'getmethparlist', 'getpen', 'getscreen', 'getshapes', 'getturtle', 'goto', 'heading', 'hideturtle', 'home', 'ht', 'inspect', 'isdown', 'isfile', 'isvisible', 'join', 'left', 'listen', 'lt', 'mainloop', 'math', 'mode', 'numinput', 'onclick', 'ondrag', 'onkey', 'onkeypress', 'onkeyrelease', 'onrelease', 'onscreenclick', 'ontimer', 'pd', 'pen', 'pencolor', 'pendown', 'pensize', 'penup', 'pos', 'position', 'pu', 'radians', 'read_docstrings', 'readconfig', 'register_shape', 'reset', 'resetscreen', 'resizemode', 'right', 'rt', 'screensize', 'seth', 'setheading', 'setpos', 'setposition', 'settiltangle', 'setundobuffer', 'setup', 'setworldcoordinates', 'setx', 'sety', 'shape', 'shapesize', 'shapetransform', 'shearfactor', 'showturtle', 'simpledialog', 'speed', 'split', 'st', 'stamp', 'sys', 'textinput', 'tilt', 'tiltangle', 'time', 'title', 'towards', 'tracer', 'turtles', 'turtlesize', 'types', 'undo', 'undobufferentries', 'up', 'update', 'width', 'window_height', 'window_width', 'write', 'write_docstringdict', 'xcor', 'ycor']
>>>
```

图 3-20　turtle 库的函数

下面主要介绍图 3-20 所列部分函数指令。有关其他函数的功能及用法,请读者使用 help 命令查阅 Python 3.10 的联机文档。例如,执行 help(turtle.goto) 即可查看 goto 函数的功能及用法。

1. 画布和绘图窗口设置

画布是 turtle 库用于绘图的区域,窗口是一个活动的 windows 窗口,通过绘图窗口可以查看画布上的画面。

(1) turtle.screensize(canvwidth = None,canvheight = None,bg = None)。

功能：设置画布大小和背景颜色。

可选参数如下。

canvwidth：为正整数，定义画布的宽度，单位为像素。

canvheight：为正整数，定义画布的高度，单位为像素。

bg：为颜色字符串，如"red""blue""yellow"或红绿蓝颜色三元组（见表3-1），定义画布的背景颜色。

当省略所有参数时，返回当前画布的宽度和高度。

例如：turtle.screensize()   # 返回默认画布大小 (400,300)

该函数指令不改变绘图窗口的大小。当画布超过绘图窗口的大小时，可以使用滚动条来移动窗口，观察被隐藏部分的内容。

表 3-1 部分红绿蓝（RGB）颜色三元组对照表

英文名称	R G B	十六进制	中文名称
white	255 255 255	#FFFFFF	白色
black	0 0 0	#000000	黑色
red	255 0 0	#FF0000	红色
green	0 255 0	#00FF00	绿色
blue	0 0 255	#0000FF	蓝色
gold	255 215 0	#FFD700	金色
purple	160 32 240	#A020F0	紫色

表3-1中，R、G、B分别用8位二进制数表示，取值范围为0～255。很多RGB颜色都有固定的英文名称，这些英文名称可以作为颜色字符串来设置背景颜色，也可以采用三元组的十六进制字符串形式来设置。

例如：turtle.screensize(800,600,"green") 和 turtle.screensize(800,600,"#00FF00") 都是将画布背景设置成绿色。

(2) turtle.setup(width=0.5,height=0.75,startx=None,starty=None)。

功能：设置绘图窗口大小和位置。

可选参数如下。

width：定义窗口宽度。值为整数时表示像素；值为小数时表示窗口宽度占屏幕宽度的比例，默认值为 0.5。

height：定义窗口高度。值为整数时表示像素；值为小数时表示窗口高度占屏幕高度的比例，默认值为 0.75。

startx：如果是正整数，表示窗口左侧与屏幕左侧的像素距离；如果是负整数，表示窗口右侧离屏幕右侧的距离；如果是 None，窗口位于屏幕水平中央。

starty：如果是正整数，表示窗口上侧与屏幕上侧的像素距离；如果是负整数，表示窗口下侧离屏幕下侧的距离；如果是 None，窗口位于屏幕垂直中央。

例如：

```
>>> turtle.setup(width=0.6,height=0.6)  # 将绘图窗口置于屏幕中央,与屏幕的比例为0.6
>>> turtle.setup(width=800,height=800,startx=100,starty=100)
# 绘图窗口的高和宽分别为 800 像素，左上角离屏幕左边和上边各 100 像素
```

当窗口尺寸比画布尺寸大时，系统会自动把画布放大填充满整个窗口。但当将窗口缩小到比画布的尺寸还小时，窗口就出现滚动条；拖动滚动条可以显示画布被隐藏的部分。

setup 隐含定义了画布的位置是居中占整个屏幕的一半，它同时隐含定义了画布的大小为 400×300。

2. 画笔设置

在画布上，默认有一个坐标原点为画布中心的坐标轴，坐标原点上有一只面朝 x 轴正方向的小乌龟。这里描述"小乌龟"时使用了两个词语：坐标原点（位置）、面朝 x 轴正方向（方向）。在使用 turtle 库绘图时，就是使用位置、方向描述画笔（小乌龟）的状态。画笔的属性有：宽度、颜色、移动速度，分别使用下面函数设置。

（1）turtle.pensize(width = None)。

功能：设置或返回画笔的宽度。

别名：turtle.width(width = None)。

参数：width 为正整数，省略参数时返回当前画笔的宽度，默认的画笔宽度为 1。

例如：

```
>>> turtle.pensize()        # 返回当前画笔宽度
    1                       # 当前画笔宽度为1
>>> turtle.width(10)        # 设置画笔宽度为10
>>> turtle.pensize()        # 返回当前画笔宽度
    10                      # 当前画笔宽度为10
```

（2）turtle.colormode(cmode = None)。

功能：设置或返回颜色模式。

参数：cmode 可以设置为 1.0 或 255。r、g、b 颜色三元组的取值范围为 0 ～ cmode。

例如：

```
>>> turtle.colormode()      # 返回当前颜色模式
    255                     # 颜色模式为255
```

```
>>> turtle.colormode(1.0)    # 设置颜色模式
>>> turtle.colormode()       # 返回当前颜色模式
    1.0
```

（3）turtle.pencolor(*args)。

功能：设置或返回画笔颜色。

参数：其有 4 种参数格式。

① trutle.pencolor()。

功能：以颜色字符串或十六进制形式字符串返回当前画笔颜色。

例如：

```
>>> turtle.pencolor()        # 返回当前画笔颜色
    'black'                  # 当前画笔颜色为 black
```

② turtle.pencolor(colorstring)。

功能：设置画笔颜色为 colorstring 所指定的颜色。

例如：

```
>>> turtle.pencolor("blue")  # 将画笔设置为 blue
>>> turtle.pencolor()        # 检查画笔颜色
    'blue'                   # 画笔颜色为 blue
```

③ turtle.pencolor((r,g,b)) 或 turtle.pencolor(r,g,b)。

功能：设置画笔颜色为 r、g、b 所指定的颜色。r、g、b 颜色三元组的取值范围为 0～cmode，cmode 的取值为 1.0 或 255。

例如：

```
>>> turtle.colormode()              # 返回当前颜色模式
    255                             # 颜色模式为 255
>>> turtle.pencolor((120,120,120))  # 设置画笔颜色
>>> turtle.pencolor()               # 返回画笔颜色
    (120.0, 120.0, 120.0)
>>> turtle.pencolor(255,0,0)        # 设置画笔颜色
>>> turtle.pencolor()               # 返回画笔颜色
    (255.0,0.0,0.0)
```

④ turtle.speed(speed = None)。

功能：设置或返回画笔移动速度。

可选参数：speed 是一个 0～10 的整数，或者是一个速度字符串（speedstring）。None 表示返回当前速度。当 speed 超过 10 或小于 0 时，自动设置为 0。

速度字符串与速度的映射关系如表 3-2 所示。

表 3-2　速度字符串与速度的映射关系

速度字符串	速度值	速度字符串	速度值
'fastest'	0	'slow'	3
'fast'	10	'slowest'	1
'normal'	6		

3. 操纵画笔绘图

turtle 库中提供了很多函数来操纵画笔绘图，这些函数可以划分为以下 3 种。

（1）画笔运动。画笔运动有关的函数及其说明如表 3-3 所示。

表 3-3　画笔运动有关的函数及其说明

函数名	别名	说明
turtle.forward(distance)	turtle.fd(distance)	向当前画笔方向移动 distance 像素长度
turtle.backward(distance)	turtle.bk(distance) 或 turtle.back(distance)	向当前画笔相反方向移动 distance 像素长度
turtle.right(degree)	turtle.rt(degree)	画笔顺时针移动 degree 度或弧度
turtle.left(degree)	turtle.lt(degree)	画笔逆时针移动 degree 度或弧度
turtle.pendown()	turtle.pd() 或 turtle.down()	画笔移动时绘制图形。默认状态为绘制
turtle.goto(x,y)	turtle.setpos(x,y) 或 turtle.setposition(x,y)	将画笔移动到坐标为 (x,y) 的位置
turtle.penup()	turtle.up() 或 turtle.pu()	提起笔移动，不绘制图形，用于另起一个地方绘制
turtle.circle(radius,extent =None, steps = None)	无	画圆或弧形，半径为正（负），表示圆心在画笔的左边（右边）画圆；extent 是一个角度，默认画整圆；steps 指定步长，默认由程序自动计算
turtle.setx(x)	无	将画笔的第一个坐标移到 x，第二个坐标不动
turtle.sety(y)	无	将画笔的第二个坐标移到 y，第一个坐标不动
turtle.setheading(to_angle)	turtle.seth(to_angle)	设置画笔朝向为 to_angle 角度
turtle.home()	无	设置当前画笔位置为原点，朝向东
turtle.dot(size=None,*color)	无	绘制一个直径为 size 和颜色为 color 的圆点，color 可以是颜色字符串或数字颜色三元组

（2）画笔控制。画笔控制有关的函数及其说明如表 3-4 所示。

表 3-4 画笔控制有关的函数及其说明

函 数 名	别 名	说 明
turtle.fillcolor(colorstring=None)	无	返回或设置画笔的填充颜色
turtle.color(color1=None，color2=None)	无	同时返回或设置 pencolor=color1，fillcolor=color2
turtle.filling()	无	返回当前是否在填充状态，是返回 True，否返回 False
turtle.begin_fill()	无	准备开始填充图形
turtle.end_fill()	无	结束填充
turtle.hideturtle()	turtle.ht()	隐藏画笔的乌龟形状
turtle.showturtle()	turtle.st()	显示画笔的乌龟形状

（3）全局控制。全局控制有关的函数及其说明如表 3-5 所示。

表 3-5 全局控制有关的函数及其说明

函 数 名	说 明
turtle.clear()	清空 turtle 窗口，但是 turtle 的位置和状态不会改变
turtle.reset()	清空窗口，重置 turtle 状态为起始状态
turtle.undo()	撤销上一个 turtle 动作
turtle.isvisible()	返回当前 turtle 是否可见，可见返回 True，否则返回 False
stamp()	复制当前图形
turtle.write(arg,move=False,align='left',font=('Arial',8,'normal'))	在当前位置写文本。arg 为文本内容；move 默认为 False；align 默认为 'left'；font 是字体的参数，其参数值分别为字体名称、大小和类型，可使用默认值

3.4.2 图案设计

本小节综合目前所学知识，使用 turtle 库完成矩形、五角星的设计。

【例 3.22】设计输出红色的矩形图案。

在 turtle 库坐标系里画矩形，需要给出矩形一角的坐标和矩形的长 L、宽 W，然后调用 turtle 库的函数即可完成。假定给出的是左下角的坐标，绘制矩形的过程如图 3-21 所示。

图 3-21 自左下角开始绘制矩形的过程

根据图 3-21 的绘制过程，可以设计出程序整体流程图如图 3-22 所示，绘制矩形函数的执行流程图如图 3-23 所示。

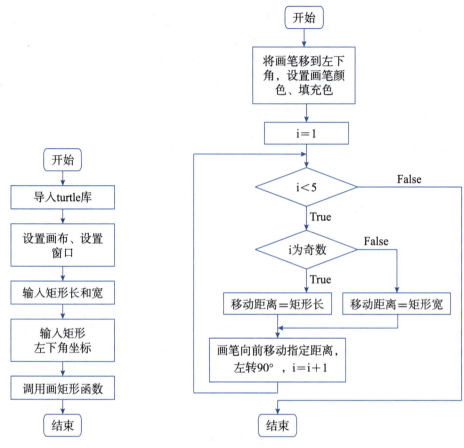

图 3-22　程序整体流程图　　　　图 3-23　绘制矩形函数的执行流程图

根据流程图设计出的代码如下。

```
1   # 3.22.py
2   import turtle as t              # 导入 turtle 库,并另命名为 t
3
4   def juxing(startx, starty, L, W):
5       # 定义画矩形函数,(startx, starty) 为矩形左下角坐标,L 为长,W 为宽
6       t.clear()
7       t.penup()
8       t.goto(startx, starty)
9       t.color('red', 'red')
10      t.pendown()
11      t.begin_fill()
12      for i in range(1, 5):       # 画矩形的四条边
13          if i % 2 == 1:
14              n = L
15          elif i % 2 == 0:
```

```
16              n = W
17          t.forward(n)
18          t.left(90)              # 左转 90°
19      t.end_fill()
20      t.penup()
21
22 # 设置画布大小、颜色
23 t.screensize(800, 600, 'white')
24
25 # 设置窗口大小
26 t.setup(800, 600)
27
28 # 准备画矩形
29 len = eval(input("请输入矩形的长："))
30 wid = eval(input("请输入矩形的宽："))
31 startx = eval(input("请输入左下角 x 坐标："))
32 starty = eval(input("请输入左下角 y 坐标："))
33
34 # 调用函数，画矩形
35 juxing(startx, starty, len, wid)
```

以上代码中，第 4～20 行是画矩形函数设计，其中 def 是定义函数的关键字，juxing 是函数名，(startx, starty) 是左下角坐标，L 和 W 分别是矩形的长和宽，第 6～22 行是完成函数功能的代码，称为函数体，函数的详细介绍参见第 4 章；第 22～26 行是设置画布和窗口；第 35 行是调用矩形函数。运行程序即可在窗口指定位置画出一个指定长度和宽度且填充红色的矩形。

【例 3.23】设计输出指定颜色的五角星。

五角星有 5 条边，每个角是 36°。起笔不同，"海龟"（笔头）首次需旋转的角度也不同，后面 4 次需旋转的角度与起始边的角度相差 144°。图 3-24 示意了一个正五角星的 5 条边的绘制顺序及笔头需要旋转的角度。

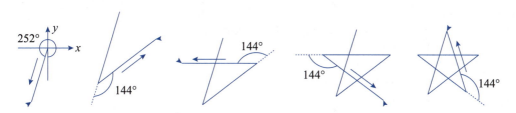

图 3-24　5 条边的绘制顺序及"海龟"旋转的角度示意图

根据图 3-24 的示意图，可以设计出程序整体流程图如图 3-25 所示，绘制五角形函数的执行流程图如图 3-26 所示。

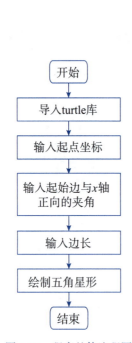
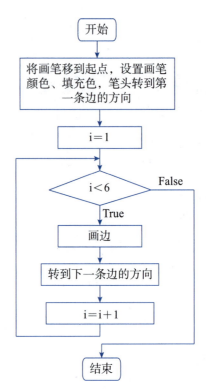

图 3-25　程序整体流程图　　　图 3-26　绘制五角星函数的执行流程图

根据流程图设计出的代码如下。

```
1  # 3.23.py
2  import turtle as t
3  #import time
4  
5  def wujiaoxing(startx1, starty1, to_angle, next_angle, line, color1):
6      # 画五角星，(startx1, starty1) 为起点角的坐标，to_angle 为起点画线的角度
7      # next_angle 为画下一条线需旋转的角度，line 为边长， color1 为五角星的颜色
8      t.penup()
9      t.goto(startx1,starty1)
10     t.pensize(2)
11     t.left(to_angle)      # 笔头转到第一条边的方向
12     # 设置画线和填充的颜色
13     t.color(color1,color1)
14     t.begin_fill()
15     t.pendown()
16     for x in range(1,6):
17         t.forward(line)
18         t.left(360 - to_angle)      # 笔头转回起始方向东方
19         t.left((to_angle + next_angle) % 360)      # 笔头转到下一条边的方向
```

```
20          # time.sleep(1)
21      t.end_fill()
22      t.penup()
23
24 # 使用默认的画布：大小为 400 * 300，颜色为白色
25 # 使用默认的窗口：宽为屏幕宽度的 50%，高为屏幕高度的 75%，位于屏幕中央
26
27 # 准备画五角星
28 startx = eval(input("请输入左下角 x 坐标："))
29 starty = eval(input("请输入左下角 y 坐标："))
30 to_angle = eval(input("请输入第一条边需旋转的角度："))
31 wid = eval(input("请输入边长："))
32 color1 = eval(input("请输入五角星的颜色："))
33
34 # 调用函数，画五角星
35 wujiaoxing(startx, starty, to_angle, 144, wid, color1)
```

以上代码中，第 5～22 行是画五角星函数，第 8～15 行依次将画笔提起、移至起点、设置画笔大小、调整海龟方向、设置画笔和填充颜色、开始填充、放下画笔，第 16～19 行是 for 循环，用于画五角星的 5 条边。没有调用 turtle 库的 screensize 和 setup 函数，此时使用默认的画布：大小为 400×300，颜色为白色；使用默认的窗口：宽为屏幕宽度的 50%，长为屏幕高度的 75%，位于屏幕中央。第 28～32 行，输入起点坐标、第一条边与 x 轴正向的夹角、边长、颜色。第 35 行调用画五角星的函数画一个五角星。

程序的一次运行输入如下所示。

```
>>>
请输入左下角x坐标：0
请输入左下角y坐标：150
请输入第一条边需旋转的角度：252
请输入边长：270
请输入五角星的颜色：'blue'
```

程序在窗口指定位置画出一个如图 3-27 所示的蓝色五角星。

图 3-27　例 3.23 程序的一次运行结果

3.5 本章小节

本章介绍选择控制结构和循环结构。Python 语言中实现选择控制结构的语句有单分支的 if 语句、二分支的 if…else 语句和多分支的 if…elif…else 语句；实现循环结构的语句有 for 语句和 while 语句。Python 语言中 break 和 continue 语句可以改变循环结构的执行流程。

异常处理是指因为程序在执行过程中出错而在正常控制流之外采取的行为。在程序中设计处理异常的代码可以增加程序的健壮性和容错性。Python 语言中实现异常处理的语句是 try…except…语句、带多个 except 的 try 语句和 try…except…else…finally…语句。

turtle 库是 Python 语言中一个很流行的绘制图像的函数库，使用该函数库编程可以绘出各种常见的图形。

习题

1. 闰年判断。如果年份能被 400 整除，或者年份能被 4 整除但不能被 100 整除，则为闰年。编写程序，由用户输入年份，程序能判断出是否为闰年。

2. 计算奇数和。编写程序，计算 100 之内所有奇数之和，并输出。

3. 找出具有某种特点的整数。编写程序，找出 1～100 之间能被 7 整除，但不能同时被 5 整除的所有整数。

4. 求 100～999 之间的水仙花数。水仙花数是指一个三位数，它的每位数字的立方和等于该数。例如，$153 = 1^3 + 3^3 + 5^3$，所以 153 是水仙花数。

5. 输出整数的素数因子。编写程序，由用户输入一个整数，程序能输出该整数的所有素数因子。例如，用户输入 120，程序输出应为：2、2、2、3、5。

6. 求 1000 之内的所有完数。完数是指一个数恰好等于它的所有因子之和。例如，6 = 1 + 2 + 3，所以 6 是完数。

7. 统计输出三位数。编写程序，输出由 1、2、3、4 这 4 个数字组成且每位数字各不相同的三位数。

8. 使用 Turtle 库绘制奥运五环标志。

第 4 章 函数

程序中有些代码需要反复执行,例如画 100 个五环,一个五环至少需要 5 条 turtle.circle() 语句,那么 100 个五环需要 500 条这样的语句来完成任务;如果把 5 条语句定义为一个函数,则只需要调用 100 次函数即可;语句的数量得到了大幅度缩减,通过函数实现了代码的重用;同时,对于函数使用者(调用者)来说,函数的实现是透明的,无须了解其实现的具体过程,所以函数也降低了编程的难度。

本章将学习到如下内容:
(1)函数的定义与调用;
(2)函数的参数传递;
(3)函数变量的作用范围;
(4)特殊的匿名(lambda)函数;
(5)递归函数;
(6)内置函数;
(7)函数的文档。

学习了上述基础知识后,还将通过两个实例,让读者了解是否需要定义函数、怎样定义函数以及怎样使用函数。

4.1 函数定义与调用

4.1.1 函数的定义

函数指的是实现某个特定的功能,且可以反复执行的一组语句。定义函数的语法格式如下:

```
def 函数名(参数1,参数2,…):
    语句块
    return 返回值
```

上面的函数定义以关键字 def 开头,"函数名"是函数的名字,遵循 Python 变量取名的规则;"函数名"后面紧跟着一个小括号"()",括号内是函数的参数列表;参数可以是0个、1个或多个,还可以是变化的。语句块可以是一行语句,也可以是由多行语句构成的语句块,用以实现函数的特定功能。语句块内通常是对函数参数的一些操作。语句块的最后一句通常是 return 语句,用来返回0个、1个或多个值。return 语句和语句块一起构成函数主体,简称函数体。

return 语句表示函数的中断和结束。函数被调用运行到 return 语句的时候,结束函数的运行,并返回关键字 return 后面的值;如果 return 后面没有跟任何值或变量,它相当于 return None,即返回一个称为"None"的值。None 是 Python 的一个特殊类型"NoneType",表示什么都没有。

如果定义的函数体中并没有自己写的 return 语句,那么,它在函数体末尾隐含着一条语句:return None。如果不想让函数返回 None 值,那就必须编写自己的 return 语句。

举一个简单的例子:函数 testFunc() 的函数体只有一条语句 pass,它表示函数体内什么都不做,但是其下面有一条隐含的语句 return None,所以当 print() 调用函数 testFunc() 后,返回值是 None,即下面的程序运行结果是输出 None。

```
def testFunc():
  pass
        ←————————  隐含语句: return None
print(testFunc())
```

【例 4.1】定义一个函数,计算某个数的平方,并输出这个数和它的平方值。

源代码如下:

```
1  # this is the example 4.1 of chapter 4
2
3  def square(n):
4      squa = pow(n, 2)
5      return squa
6
7  m = 10
8  print("一个数 m={},它的平方是:{}".format(m, square(m)))
```

例 4.1 定义了一个函数,函数名为 square,括号内只有一个参数 n。函数体内有两条语句:语句 squa = pow(n,2) 的功能是计算 n 的平方,并将计算结果赋值给 squa(其实 pow() 也是一个函数,它是 Python 解释器自带的内置函数,这里只是调用了它);语句 return squa 将计算结果返回给程序调用处。

定义的函数如果不被调用,它是不会执行的。就像积木,它可以成为房屋的一块砖,也可以是火车的一节车厢,但是如果不被选用,它就永远是一块积木;函数可以被很多不同的程序所调用,形成更多的功能程序,但如果不被调用,它只能静静地"躺"在那里,不会被执行,也就没有任何用处。例 4.1 中,对函数 square() 的调用出现在程序的最后一句中,即 square(m)。

运行例 4.1 的源代码,执行结果如下所示。

```
>>>
一个数 m=10,它的平方是:100
```

为什么会产生这样的运行结果呢?下面就来了解函数的执行逻辑,即函数的调用。

4.1.2 函数的调用

要运行函数,必须调用它。调用函数的语法格式如下:

函数名(参数 1,参数 2,…)

实际上,调用就是使用函数定义时取的函数名,且参数列表不再是定义的参数列表(形式参数),而是实际参数。

例 4.1 的程序执行时,第一条被执行的语句是 m=10;函数调用的执行步骤示意图如图 4-1 所示,可分解为 5 步。

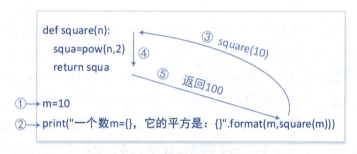

图 4-1 函数调用的执行步骤示意图

第①步:执行赋值语句,变量 m 被赋值为 10。

第②步:执行输出语句,该语句需要调用自定义函数 square(m)。

第③步:调用时,将变量 m 的值 10 传递给函数的形式参数 n。

第④步:进入函数体,开始逐句执行,此时参数 n 以值 10 参与运算。

第⑤步:执行的结果返回到程序的调用处,继续执行相应语句。

当函数被调用之前,函数是不会被执行的,此时的参数并没有实际的值,被称为形式参数或虚参、占位符。调用时,调用程序将值传递给函数的形式参数,函数体的执行会使用这些传入的值,此时函数参数已经具备了特定的值,被称为实际参数。函数体执行完后,结果返回给程序调用的地方,继续往下执行。

例如例 4.1 中,函数 square(n) 的参数 n 是形式参数,并没有实际参与运算,它只是在函数体中占了一个"坑儿",虚位以待实际参数的到来。调用 square(m) 的时候,将变量

m 的值传递给了 n，函数体执行时，用 m 的值取代所有形式参数 n 所在的位置。

Python 程序的运行是解释性地逐句执行，所以函数的定义和调用是有顺序的，函数的调用必须发生在函数定义之后。

那么，实际参数是怎么传递给形式参数的呢？

4.2 函数的参数传递

在 4.1 节，读者已经了解到函数未被调用则不会被执行，而调用函数的开始则是将实际参数传递给函数中的形式参数，这个过程叫参数传递。这种传递可以按照位置进行传递，也可以按照关键字进行传递，还可以同时按照位置和关键字来传递。

4.2.1 按照位置和按照关键字传递

按照参数在参数列表中的位置来传递参数是默认的参数传递方式。

如果有一个函数 sum，它实现了求和的功能，其定义如下：

```
1  def sum(m,n,i,j,k):
2      s=m+n+i+j+k
3      return s
```

有一个程序调用了这个函数，其调用语句是：sum（1,2,3,4,5）。执行该函数时，1、2、3、4、5 这 5 个实实在在的值作为实际参数分别传递给了 m、n、i、j、k 这 5 个形式参数，实际参数取代了形式参数参与函数体的执行：s=1+2+3+4+5，最后一句 return s 将执行结果返回给调用者。这里，按照参数列表中参数所在的位置进行一对一的传递，即"一个萝卜一个坑"。试想，实际参数就是"萝卜"，形式参数就是"坑儿"，第 1 个实际参数 1 传递给了第 1 个形式参数 m，第 2 个实际参数 2 传递给了第 2 个形式参数 n……在函数内部逐句执行函数体之前，参数传递相当于为各个形式参数进行了如下赋值。

m,n,i,j,k=1,2,3,4,5

按照位置传递参数简单明了。但是，如果参数比较多，实际参数这个"萝卜"落到了哪个"坑儿"还得掰起手指算一算，导致程序的可读性变差；好在 Python 还提供了另外一种参数传递的方法：按照关键字传递。仍然是刚才这个例子，按照关键字调用是以下这样书写。

sum(m=1,n=2,i=3,j=4,k=5)

可见，实际参数和形式参数一一对应，一目了然。

此外，还可以同时按照位置和关键字来传递，即混合传递。例如：

sum(1,2,i=3,j=4,k=5)

前面两个参数按照位置进行传递，后面 3 个参数按照关键字传递。在混合位置和关键字传递参数的时候,不能将关键字参数放到位置参数之前。例如:sum(1,2,i=3,4,k=5) 调用中,有 3 个位置参数、两个关键字参数,其中位置参数 j 位于关键字参数 i 之后,所以程序执行到这里时,会弹框报语法错误(SyntaxError),如图 4-2 所示。

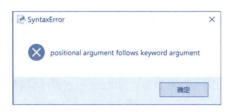

图 4-2　参数传递时关键字参数置于位置参数前报错

4.2.2　可选参数和可变参数

函数是供不同的程序调用的,不同的程序调用函数的时候传入的实际参数值可能不同。但如果某个函数被大多数程序调用的时候,其参数取值都相同,这种情况下,我们可以在函数定义时为这个参数赋予一个默认值,该参数就称为可选参数。调用时,可以传递实际参数,也可以不传递;如果不传递实际参数给形式参数,此时形式参数取默认值参与函数体的执行。这里默认值应该是常数,更确切地说,应该是不变的量。

【例 4.2】定义一个函数 sayHello,只有一个可选参数,参数名为 name,其默认值为字符串"老师"。

源代码如下:

```
1  def sayHello(name = " 老师 "):
2      print(" 你好啊, ",name)
3  sayHello()
4  sayHello(" 华南理工大学 ")
```

例 4.2 的代码中,对该函数进行了两次调用:第一次调用 sayHello() 时,未传入任何实际参数,所以执行时,用了默认值"老师",输出"你好啊,老师";第二次调用时,传入实际参数"华南理工大学"给形式参数 name,所以输出"你好啊,华南理工大学"。

代码运行结果如下:

```
>>>
    你好啊,老师
    你好啊,华南理工大学
```

使用可选参数有以下两个明显的好处。

(1)调用时,可以完全不传入可选参数。此时,采用默认值即可。

(2)调用时,可以不关心参数的顺序。可选参数总是按照关键字传递,如果有很多个可选参数，传入参数时，我们不必关注它们的顺序，按照关键字传入正确即可。

如果参数的个数并不确定，我们可以使用可变数量参数，又称为可变参数。其变的是参数个数，而且可以是任意数量的参数。其定义语法如下：

```
def varArg(a,*b):
```

函数 varArg 中包含两个参数：第 1 个参数 a 是普通的参数；第 2 个参数 b 的前面带有一个"*"，表示 b 是一个可变参数。调用时，第 2 个实际参数之后的所有参数构成一个元组的元素，整个元组传递给可变参数 b。元组是一种组合数据类型，将在第 5 章学习。

【例 4.3】定义一个函数，实现分享糖果的功能。糖果的默认数量为 100 个，分享的人待定，函数名为 shareCandy。

源代码如下：

```
1  def shareCandy(m = 100, *b):
2      print("待分享的糖果个数为：{}".format(m))
3      print("有 {} 人分享这些糖果".format(len(b)))
4      for name in b:
5          print("{}参与了分享，分到了 {} 个糖果".format(name, m / len(b)))
6
7  shareCandy(200, "小明", "李梅", "Tom", "Jerry")
```

函数 shareCandy 的第 1 个参数是可选参数，默认值为 100；第 2 个参数 b 是可变参数，可传入任意数量的人名。调用时，第 1 个参数传入了糖果个数 200，第 2 个参数 b 被传入了 4 个人名构成的元组，函数执行时，4 个人名构成的元组 ("小明","李梅","Tom","Jerry") 参与运行，作为 for 循环的迭代结构。函数定义中使用了一个 len() 函数获得元组的长度，即元组元素的个数，也就是参加分享的人数。

代码运行结果如下：

```
>>>
待分享的糖果个数为：200
有 4 人分享这些糖果
小明参与了分享，分到了 50.0 个糖果
李梅参与了分享，分到了 50.0 个糖果
Tom参与了分享，分到了 50.0 个糖果
Jerry参与了分享，分到了 50.0 个糖果
```

4.2.3 返回多个值

函数体的最后一条语句通常是 return，即使没有，也隐含了一条 return None 语句；return 表示函数执行到这里就结束了，并且可以在 return 语句中返回结果，语法如下：

```
return a, b, c, …
```

如果没有返回值，此时返回 None；返回值可以是 1 个、2 个或更多个值，当返回值大于或等于 2 个时，以元组的形式返回，返回值是元组的元素。

【例 4.4】定义一个函数 myReturn，其含有 3 个参数，要求计算这 3 个数的和、积和平均值，并返回 3 个计算结果。

源代码如下：

```
1  def myReturn(m, n, k):
2      sum = m + n + k
3      product = m * n * k
4      average = sum / 3
5      return sum, product, average
6
7  print(myReturn(6, 9, 11))
```

源代码的最后一行是对 myReturn 的调用，按位置传入 3 个实际参数，输出返回的 3 个计算结果。

代码运行结果是和、积、平均值构成的元组，如下所示。

```
>>>
(26,594,8.666666666666666)
```

在一个函数体中也可以有多条 return 语句。但是函数执行时，只有一条（最先执行的那一条）return 语句会生效，因为 return 语句表示的是函数的中断和结束。

4.3　函数变量的作用范围

根据作用范围不同，Python 中的变量分为全局变量和局部变量两种。全局变量指在函数之外的程序中定义的变量，其在程序执行过程中一直有效。局部变量指在函数体中定义的变量，其作用范围在函数内部。一旦函数执行终止，局部变量就不存在了。

【例 4.5】定义一个函数 mySum，实现求和：$0+1+\cdots+n$。

源代码及执行流程、局部变量和全局变量的作用范围示意图如图 4-3 所示。

图 4-3 中函数 mySum 有两个形式参数 n 和 s。在函数体内，对形式参数 s 进行了赋值 s=0，用来存储 $0+1+\cdots+n$ 的计算结果。在调用函数 mySum 的主代码中也有两个变量 n 和 s，被作为实际参数传递给了函数的两个同名形式参数。主代码中的两个变量 n 和 s 是全局变量，全程有效。主代码从图 4-3 中"开始"所指位置开始执行，为全局变量 n 赋值 10，接着为全局变量 s 赋值 10，接下来执行语句③时调用函数 mySum，传入实际参数，开始执行函数。

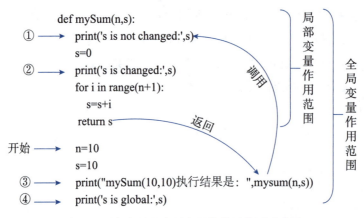

图 4-3 局部变量和全局变量的作用范围示意图

函数体的语句①输出变量 s，此时的形式参数 s 是全局变量 s 传入的值，所以输出的是传入的实际值 10；接下来"s = 0"定义了一个变量 s 并被赋值，此时的这个 s 是局部变量，就从此时此地开始生效，并在整个函数的后续过程中有效，直到函数执行结束；虽然这个 s 的名字跟主代码中全局变量 s 的名字一样，但是两者已经没有任何关系，所以语句②输出的 s 是局部变量 s 的值 0；然后通过 for 循环的 11 次累加，计算出 s=0+1+2+…+10 的值为 55，语句 return s 将计算结果返回给调用者，同时局部变量 s 被销毁了。

语句③收到函数返回的结果，输出返回值 55。

主代码的最后一句，也是第④条语句，输出全局变量 s 的值，其值仍然是 10，未曾发生任何改变。

代码运行结果如下：

```
>>>
s is not changed: 10
s is changed: 0
mySum(10,10) 执行结果是: 55
s is global: 10
```

例 4.5 清晰地表示了全局变量和局部变量的作用范围，请读者思考一个问题：如果函数体的第 2 条语句"s=0"被注释掉，代码还能够运行吗？函数执行的结果发生变化了吗？答案是代码可以运行，但是函数执行的结果变成了 65。因为未在函数体内部定义过 s，for 循环进行累加之前，s 就已经有了值 10，所以计算结果就变成了 s=10+0+1+2+…+10=65。这种函数体内使用全局变量的方法不被鼓励，而且应当避免，以免让程序的逻辑变得复杂和凌乱。如果希望函数体内使用全局变量，我们可以使用 global 关键字去声明，表示函数体内要使用一个主代码定义的全局变量，并可对其进行操作，操作结果会延续到主代码。

【例4.6】对例4.5稍加修改,在函数体内使用关键字global声明s,表示使用主代码中的全局变量s。

源代码如下:

```
1  n = 10
2  s = 10
3
4  def mySum(n):
5      global s
6      print('s 现在为 :', s)
7      for i in range(n+1):
8          s = s + i
9      print('s 已被改变 :', s)
10     return s
11
12 print("mySum(10,10) 执行结果是 :", mySum(n))
13 print('s 为全局变量 :', s)
```

代码运行结果如下:

```
>>>
s 现在为: 10
s 已被改变: 65
mySum(10,10) 执行结果是: 65
s 为全局变量: 65
```

必须注意:全局变量s不能作为函数的参数,否则会出现语法错误;被声明的变量必须出现在函数调用之前,否则会出现语法错误。

从运行结果发现,在函数中被关键字global声明的全局变量使用了全局变量的初值,且在函数执行时,对变量所进行的任何操作和修改不会随着函数执行的终止而释放,操作结果会继续在主代码中生效。

如果变量是组合数据类型,其作用范围有所不同。下面举例说明,读者可在学习完组合数据类型再回来看这两个例子。

【例4.7】主代码中定义一个全局变量的列表ls,它包含4个字符串元素,并定义一个函数myList,在函数体中对列表ls进行操作,追加一个元素。

源代码如下:

```
1  def myList():
2      print(" 列表 ls 是 :",ls)
```

```
3       ls.append("成都")
4       return
5
6  ls=["广州","北京","上海","深圳"]
7  myList()
8  print("列表ls是:",ls)
```

主代码定义了一个列表 ls，调用函数 myList()，开始执行函数体，首先输出了 ls，此时 ls 的值应该是全局变量 ls 的值；函数体内对列表 ls 追加了一个元素"成都"，return 终止了函数的执行，回到主代码，输出 ls，读者惊奇地发现，输出的 ls 被追加了一个元素。本来，函数体内部对全局变量的操作等同于对局部变量的操作，函数终止执行后，将被销毁和释放，不会将执行的结果延续到主代码，这是怎么回事呢？

原来，主代码定义的列表 ls 在内存中开辟了一个存储空间，且以 ls 的名称查找即可找到它；函数 myList 调用时，并没有创建过一个新的列表，它找到全局变量 ls，执行了语句 ls.append("成都")，为 ls 追加了一个元素；当函数执行结束，修改过的 ls 并没有被销毁，而是保留了下来，所以主代码输出的结果是追加了一个元素的列表。这一点跟普通的数据类型完全不同，虽然在函数体中并没有使用 global 声明这个列表，但跟例 4.6 中使用 global 声明的效果是一样的。

代码运行结果如下：

```
>>>
列表ls是: ['广州','北京','上海','深圳']
列表ls是: ['广州','北京','上海','深圳','成都']
```

【例 4.8】对例 4.7 代码稍做修改。

源代码如下：

```
1  ls=["广州","北京","上海","深圳"]
2
3  def myList():
4       ls=[]
5       ls.append("成都")
6       print("列表ls是:",ls)
7       return
8
9  myList()
10 print("列表ls是:",ls)
```

主代码仍然定义了一个有 4 个元素的列表；但是函数第 1 条语句定义了一个空列表

ls，接下来为 ls 追加了一个元素。

代码运行结果如下：

```
>>>
列表 ls 是：[' 成都 ']
列表 ls 是：[' 广州 ', ' 北京 ', ' 上海 ', ' 深圳 ']
```

主代码调用函数 myList 后，开始执行函数体，创建一个空列表 ls，ls 相当于一个局部变量，为它追加了一个元素"成都"，接着输出这个列表，遇到 return，函数执行结束，同时销毁局部变量 ls；返回主代码，输出列表 ls，此时的 ls 是全局变量，含有 4 个元素的那个。

全局变量和局部变量的作用范围不同，基本数据类型及组合数据类型的全局变量和局部变量的作用范围情况也有所不同。

（1）全局变量的作用范围是全部的主代码范围。

（2）局部变量的作用范围是所在的函数体范围，且从变量定义的地方开始生效；函数执行结束后，局部变量被销毁和释放。

（3）如果需要在函数体中使用和改变全局变量，则在函数体中用关键字 global 声明。

（4）如果全局变量是组合数据类型，且并未在函数体内定义，则在主代码和函数体内的操作都有效。

（5）如果全局变量是组合数据类型，但在函数体内被重新定义，则重新定义的变量是局部变量。不管跟全局变量是否同名，局部变量只在函数体内生效，函数执行后，将被销毁和释放。

4.4 匿名函数

用 def 定义的函数有一个显著的特征，那就是必须为函数取一个名字，以便通过函数名去调用它。而匿名函数是没有名字的函数。它的定义语法如下：

```
lambda 参数1, 参数2, ……: 表达式
```

匿名函数没有名字，以关键字 lambda 开始，可以有 1 个或 1 个以上的参数，也可以没有参数；冒号后的表达式是函数的主体。可见，匿名函数只有一行；匿名函数不会被反复调用，通常，定义即调用，所以匿名函数的应用场景有限。

匿名函数创建了一个函数对象，可以对其赋予一个变量，此时这个变量可以被当作普通函数名来使用，例如：

```
1  fu = lambda x = 6:x**2
2
```

```
3  print("6**2=", fu())
4  print("8**2=", fu(8))
```

代码运行结果如下:

```
>>>
6**2= 36
8**2= 64
```

这个例子中,定义了一个匿名函数,参数只有 x,其默认值为 6,表达式是 x**2,即求 x 的平方,创建的函数对象被赋予了变量 fu,第 1 条输出语句传入了 fu(),此时使用 fu 的默认参数,运算结果是 36;而第 2 条输出语句中传入的是 fu(8),此时 fu 的参数 x 取值为 8,运算结果是 64。

上例并不是匿名函数通用的应用场景,更常见的应用是:只定义和使用一次,且与一些场景搭配使用。下面介绍 3 种应用场景。

4.4.1 在列表的排序函数 sort() 中的使用

在列表的排序函数 sort() 中的应用示例代码如下所示。

```
1  ls=['tiger', 'lion', 'kangroo', 'dog', 'elephant']
2  print("排序前的列表: ", ls)
3
4  ls.sort(key=lambda x:len(x))        # 对列表中的元素取长度,并按照长度排序
5  print("排序后的列表: ", ls)
```

列表排序函数 sort(key=lambda x:len(x)) 中,参数 key 使用了匿名函数。列表 ls 中有 5 个字符串元素,上例指定了排序关键词 key,通过创建一个匿名函数对象并赋值给 key,匿名函数对列表的每个字符串元素调用 len() 来计算其长度,所以这里排序函数实现的功能是按照列表元素的长度来进行排序(默认为升序)。

代码运行结果如下:

```
1  >>>
2  排序前的列表:['tiger','lion','kangroo','dog','elephant']
3  排序后的列表:['dog','lion','tiger','kangroo','elephant']
```

4.4.2 在映射函数 map() 中的使用

有时需要将某个组合数据类型中的每个元素做一个共同的操作,可使用函数 map(func, *iterables) 实现。map() 函数的第 1 个参数 func 可以使用匿名函数来实现对迭代结构 iterables 的所有元素做同样操作或运算。下面是一个 map() 函数使用匿名函数的例子。

```
1  ls=[50,20,30,70,80]
2  ls=list(map(lambda x:x+10,ls))
3  print("为每个元素加 10 后的列表是: ",ls)
```

其中，ls 是一个数字列表，匿名函数的参数为 x，表达式是 x+10，匿名函数对象传入 map 函数作为第 1 个参数 func，对第 2 个参数 ls 的每个元素 x 做 x+10 运算，map 函数返回 map 对象，对其调用 list() 转换为列表。

代码运行结果如下：

```
>>>
为每个元素加 10 后的列表是: [60,30,40,80,90]
```

4.4.3　在过滤函数 filter() 中的使用

filter 函数可以设置过滤规则，按照规则逐一比对元素，滤除不符合条件的元素。其语法如下：

```
filter(function | None,iterable)
```

函数中的第 1 个参数可以用匿名函数，对第 2 个参数 iterable 的每个元素施加作用，满足的保留，不满足的滤除。示例代码如下：

```
1  ls = [8, -1, 4, 2, -9, -2]
2
3  ls = list(filter(lambda x:x>0, ls))
4  print("滤除小于或等于 0 的元素后的列表是: ", ls)
```

上面例子中，数字列表有 6 个元素，有正有负；filter 函数的第 1 个参数是匿名函数，其参数为 x，表达式为 x > 0，匿名函数对 filter 函数的第 2 个参数 ls 的各个元素施加作用，满足 x > 0 的保留，否则删除；返回的 filter 对象调用 list() 转换为列表，最后输出滤除非正元素后的列表。

代码运行结果如下：

```
>>>
滤除小于或等于 0 的元素后的列表是: [8,4,2]
```

综上所述，匿名函数具有如下特点：

（1）匿名函数以关键字 lambda 标识，一行内完成，通常仅使用一次；

（2）匿名函数在一行内完成，它的使用使程序简洁，可读性强；

（3）匿名函数没有返回语句 return，但是可以返回一个函数对象并赋予一个变量；

（4）匿名函数有一些常见的搭配应用场景，例如用于 sort()、map()、filter() 等函数中，程序执行时，创建的匿名函数对象传入这些函数，成为这些函数的实际参数。

4.5 递归函数

定义好的函数，总是希望被调用，以便能够重复使用代码。如果一个函数在其函数体中调用了自己，这个函数就是递归函数。简言之，递归函数就是自己调用自己的函数。读者可能马上想到了一个故事：从前有座山，山上有座庙，庙里有个老和尚，正在讲故事；讲的是，从前有座山，山上有座庙，……。

数学中的阶乘很好地诠释了递归的思想：想求出 $n!$，只需要求出 $(n-1)!$，而要求出 $(n-1)!$，只需要求出 $(n-2)!$……，用公式归纳如下：

$$n! = \begin{cases} 1 & n=0 \\ n \times (n-1)! & n > 0 \end{cases}$$

完成求阶乘的源代码如下：

```
def fact(n):
    if n==0:            ← 基例
        return 1
    else:               ← 递归链条
        return n*fact(n-1)
print("5! 的计算结果是: ",fact(5))
```

其中定义了一个递归函数 fact(n)，其在函数体中调用了自己。通过调用 fact(5)，计算了 5 的阶乘值，运行结果输出是 120。

代码运行结果如下：

```
>>>
5! 的计算结果是: 120
```

在上述递归函数 fact 的定义中，有一个二分支结构，展示了递归函数的以下两个重要特征：

（1）递归函数通过一条递归链条，调用自身；

（2）递归链条一定有 1 个或多个基例，成为链条的终结者，所以基例不再递归，它是明确的表达式，链条到此为止。

上述的递归函数是怎么工作的呢？图 4-4 示意了阶乘递归函数执行的过程。

调用 fact(5) 时，传入实际参数 5，进入函数体，因为 5 不等于 0，进入 else 分支，执行 5×fact(4)，调用了 fact 自身，进入递归链条，直至遇到调用 fact(0)，此时，传入的实际参数 0 满足 if 条件，进入 if 分支，返回明确的 0 值，递归链条终结；特别需要注意的是，递归链条产生的中间调用都存放于内存中，当遇到基例，往回传的时候，实际是在内存中进行，顺着回传通道，明确的值被逐一传递给对应的函数，直到最外层的调用者获得 fact(5)=120。

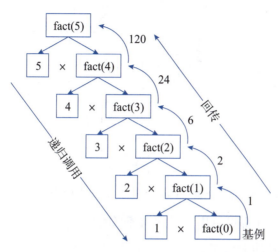

图 4-4　阶乘递归函数执行的过程

假如要计算一个较大的自然数的阶乘，例如调用 fact(10000)，那么就需要一个很大的内存空间来存储递归链条的中间值。为了避免内存溢出，递归的层数不宜过多。

再举一个非计算的例子，如果有一个字符串"温故而知新"，我们需要将它逆序输出为"新知而故温"，定义一个递归函数 revStr 来实现字符串的逆序。源代码如下：

```
def revStr(s):
    if len(s)==0:           ←── 基例：s=""
        return s
    else:                   ←── 递归链条
        return revStr(s[1:])+s[0]
    print(" 温故而知新 " 的逆序输出为：',revStr(" 温故而知新 "))
```

运行结果如下：

```
>>>
" 温故而知新 " 的逆序输出为：新知而故温
```

递归函数 revStr(" 温故而知新 ") 执行的过程如图 4-5 所示。"温故而知新"作为实际参数传入函数后，因其长度为 5，执行 else 分支，调用自身 revStr(" 故而知新 ")，将首字符"温"拼接到返回值的末尾，进入递归链条，直至遇到基例 s=""，即 len(s)==0，进入 if 分支，终止递归链条，开始回传，最终得到逆序后的字符串"新知而故温"。

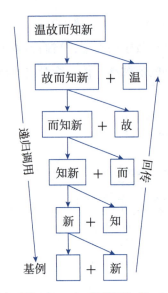

图 4-5 递归函数 revStr（"温故而知新"）执行的过程

递归函数实现的功能都可以用普通的循环来实现，例如，上面求阶乘的程序可以用 for 循环来实现。源代码如下：

```
1  def fact(n):
2      f=1
3      for i in range(n):
4          f=f*(i+1)
5      return f
6
7  print("5!的计算结果是：",fact(5))
```

以上程序的运行结果与使用递归函数的运行结果完全一样，所不同的是递归函数的效率会差一些，且占用内存很大；读者可以尝试运行递归次数超过 1000 的阶乘运算，程序将无法运行，报 RecursionError，因为递归函数太耗内存，默认递归深度是 1000；当然可以修改这个递归深度，但是不建议使用深度过大的递归函数。

使用递归函数可以让程序简洁且结构清晰。如果递归深度不大，我们可以使用递归函数。设计递归函数的时候，需注意以下两点：

（1）设计递归链条，形成递进调用；

（2）设计合适的基例，终结递归链条，开始回传，向最外层调用者返回结果。

4.6 内置函数及使用

Python 3.10 版本提供了 71 个内置函数，如表 4-1 所示。这些函数无须引用任何库，可直接拿来使用。其中高亮标色的 37 个函数是本书常用的，建议掌握。

表 4-1　Python 3.10 提供的内置函数

abs()	chr()	float()	isinstance()	oct()	slice()
aiter()	classmethod()	format()	issubclass()	open()	sorted()
all()	compile()	frozenset()	iter()	ord()	staticmethod()
any()	complex()	getattr()	len()	pow()	str()
anext()	delattr()	globals()	list()	print()	sum()
ascii()	dict()	hasattr()	locals()	property()	super()
bin()	dir()	hash()	map()	range()	tuple()
bool()	divmod()	help()	max()	repr()	type()
breakpoint()	enumerate()	hex()	min()	reversed()	vars()
bytearray()	eval()	id()	memoryview()	round()	zip()
bytes()	exec()	input()	next()	set()	__import__()
callable()	filter()	int()	object()	setattr()	

　　初学 Python 时，对有些模块和函数的功能不清楚，仅从名称能猜到一点；或者知道某个功能可能调用某个函数，但并不清楚这个函数具体应该怎么使用。此时可使用函数 help() 来获得帮助。

　　Python 提供了一些标准模块处理某些专门问题，例如处理操作系统级别问题（文件和目录）的"os"模块、解释器相关操作的"sys"模块、随机数产生的 random 模块等。这些模块下面有些什么方法可用？我们可以调用 help() 函数来查看，如在 IDLE 互动模式下输入 help('random')，系统会将该模块的出处、主要作用、可供使用的方法及用法等罗列出来，多达几百行。如果想要查看内置模块下某个方法的使用，我们也可以调用 help 函数，如 help('random.random')。

　　在程序中，常常要操作各种数据类型，可以调用 help() 获取数据类型的操作方法及使用说明，例如 help('list') 的输出，如图 4-6 所示。

```
>>> help('list')
...
Help on class list in module builtins:

class list(object)
 |  list(iterable=(), /)
 |  
 |  Built-in mutable sequence.
 |  
 |  If no argument is given, the constructor creates a new empty list.
 |  The argument must be an iterable if specified.
 |  
 |  Methods defined here:
 |  
 |  __add__(self, value, /)
 |      Return self+value.
```

图 4-6　调用 help() 获得列表类型的可用方法部分截图（后面截断）

还有一个有用的帮助函数 dir()，它提供了某个模块、某个函数或数据类型的方法列表，例如 dir('list') 获得列表的所有方法，如图 4-7 所示。

```
>>> dir('list')
['__add__', '__class__', '__contains__', '__delattr__', '__dir__', '__doc__', '__eq__', '__format__', '__ge__', '__getattribute__', '__getitem__', '__getnewargs__', '__gt__', '__hash__', '__init__', '__init_subclass__', '__iter__', '__le__', '__len__', '__lt__', '__mod__', '__mul__', '__ne__', '__new__', '__reduce__', '__reduce_ex__', '__repr__', '__rmod__', '__rmul__', '__setattr__', '__sizeof__', '__str__', '__subclasshook__', 'capitalize', 'casefold', 'center', 'count', 'encode', 'endswith', 'expandtabs', 'find', 'format', 'format_map', 'index', 'isalnum', 'isalpha', 'isascii', 'isdecimal', 'isdigit', 'isidentifier', 'islower', 'isnumeric', 'isprintable', 'isspace', 'istitle', 'isupper', 'join', 'ljust', 'lower', 'lstrip', 'maketrans', 'partition', 'removeprefix', 'removesuffix', 'replace', 'rfind', 'rindex', 'rjust', 'rpartition', 'rsplit', 'rstrip', 'split', 'splitlines', 'startswith', 'strip', 'swapcase', 'title', 'translate', 'upper', 'zfill']
```

图 4-7　调用 dir() 获取列表的所有操作方法截图

如果从输出中浏览到了想使用的方法，但对具体的使用方法不清楚，此时可以再调用 help 函数获取进一步的详细使用说明，例如 help('list'.split)。

其余常见的内置函数在学习到相关内容时都有介绍，这里不一一赘述。

4.7　函数的文档

Python 有个优美的工具：文档字符串（Documentation Strings），简称 DocStrings。在函数中，使用文档字符串可以给使用这个函数的程序员一些有益的提示，帮助程序员正确地理解和使用函数。如果函数编写者希望别的程序员能使用自己的函数，这个工具尤其有用。

函数的第一逻辑行中的字符串就是函数的文档字符串。一个逻辑行是一个多行字符串，建议多行字符串的第 1 行是函数功能的简洁描述，第 2 行是空行，第 3 行是详细描述。

例如：

```
1  def maxim(i,j,k):
2      '''
3      该函数是找 3 个数中的最大数。
4
5      3 个数作为函数输入，必须是实数。
6      3 个数中的最大数作为函数返回值。
7      '''
8      if i>=j:
9          if i>=k:
10             return i
11         else:
12             return k
```

（第 2-7 行为 DocStrings）

```
13      else:
14          if j<=k:
15              return k
16          else:
17              return j
```

上面示例中定义了一个函数,输入 3 个数,输出 3 个数中的最大一个。函数的一个逻辑行就是一个多行文档字符串,由三引号引起来。

文档字符串作为函数的属性而存在,我们可以直接通过调用函数的文档字符串属性 __doc__ 来获取文档字符串。上述这个例子,执行 print(maxim.__doc__),即可输出文档字符串,如图 4-8 所示。

还有一种输出文档字符串的方法,就是使用上一节介绍的内置函数 help()。其功能就是输出函数的文档字符串属性,例如使用 help(maxim),输出文档字符串如图 4-9 所示。

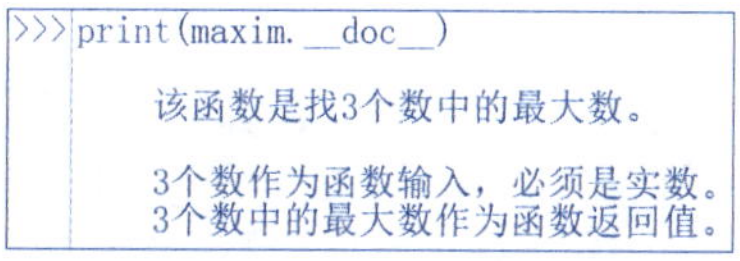

图 4-8　使用 __doc__ 属性获取文档字符串的示例截图 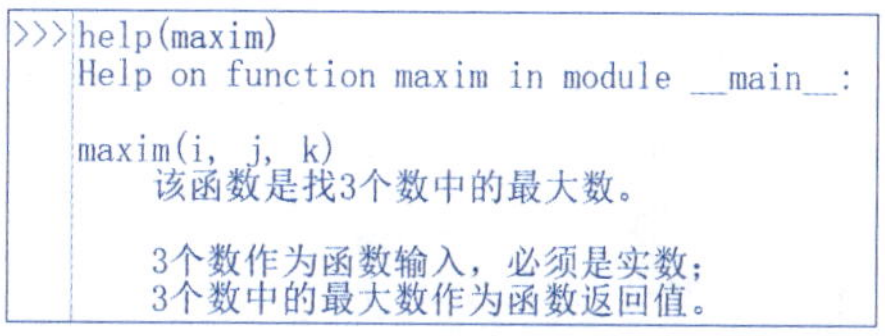　　图 4-9　使用 help() 获取文档字符串的示例截图

4.8　应用举例

恰当的自定义函数可以使程序结构清晰,易于理解和维护。本节介绍两个简单的函数应用实例。

4.8.1　使用的库

1. 随机数标准库 random

Pyhton 提供了标准库 random,可用于产生和处理随机数。随机数是不具备确定性、无法预测的数。random 库的随机数生成器采用梅森旋转(Mersenne Twister)算法生成的随机数并不是真正意义的随机数,而是伪随机数。如果使用相同的种子,生成的伪随机数就是一定的。

本节的应用实例用到 random 库中的函数来为用户生成含验证码的随机字符串。random 库中的常用函数如表 4-2 所示。

表 4-2　random 库中的常用函数

功　　能	常 见 函 数	说　　明
种子	seed(x)	初始化随机数生成器的种子,默认为当前系统时间
随机小数	random()	产生半开区间 [0,1) 中的一个随机小数
	uniform(a,b)	产生闭区间 [a,b] 中的一个随机小数

续表

功　能	常见函数	说　　明
随机整数	randint(a,b)	产生闭区间 [a,b] 中的一个随机整数
	randrange(a,b,s)	产生闭区间 [a,b] 中且步长为 s 的一个随机整数
序列操作	choice(seq)	从序列类型中随机并返回一个元素
	shuffle(seq)	将序列类型的元素随机排列，并返回随机排序的序列

下面是其中一些函数使用的例子。

```
>>>import random
>>>random.seed(100)              # 初始化种子
>>>random.randint(1,100)         # 产生闭区间 [1,100] 中的随机整数
19
>>>random.randint(1,100)
99
>>>random.seed(100)              # 重新初始化种子
>>>random.randint(1,100)
19
>>>ls=[1,2,3,4,5,6,7]
>>>random.shuffle(ls)            # 对列表 ls 进行随机排序
>>>ls
[1, 5, 3, 6, 2, 7, 4]
```

尤其值得注意的是，当两次初始化种子 seed(100) 之后，生成的随机整数是一样的。shuffle(ls) 是对列表 ls 打乱顺序，随机重新排列，起到的作用类似于丢骰子。

2. 日期和时间标准库 datetime

时间是一个相对的概念。早期的世界标准时间是格林威治时间（Greenwich Mean Time，GMT），本初子午线是穿过伦敦格林威治天文台的零度经线，太阳横穿本初子午线时就是格林威治时间的正午。由于地球自转不是绝对规则的，且转速缓缓放慢，基于天文观测的 GMT 逐渐被原子钟报时的协调统一时间（Coordinated Universal Time，UTC）所取代。UTC 与 GMT 时间基本一致，但 UTC 原子时更加精确。现在，世界标准时间都基于 UTC 时间，例如，中国北京时间比 UTC 时间快 8 小时，即 UTC+8，东八区时间。

Python 提供了获取、处理、显示日期和时间的标准库 datetime。datetime 库提供了两个常量 MINYEAR=1 和 MAXYEAR=9999，代表能够表达的最小年份和最大年份。datetime 库还提供了 6 个类：date、time、datetime、timedelta、tzinfo、timezone，分别实现了日期、时间、日期和时间、时间间隔、时区、时区偏移等相关数据的获取、处理和显示。下面介绍最常使用的一个类 datatime。

datetime 类中含有 8 个属性，分别是 year、month、day、hour、minute、second、

microsecond 和 tzinfo，分别对应年、月、日、时、分、秒、微妙和时区信息。应用程序常常使用前面 6 个属性，当创建了 datetime 对象时，就可以获取相应的属性。

怎么创建 datetime 对象呢？有以下 3 种方法。

（1）获取当前的日期和时间：now()。

（2）获取当前的 UTC 日期和时间：utcnow()。

（3）构造一个 datetime 对象表示日期和时间：datetime()。

构造 datetime 对象的具体语法如下：

datetime(year,month,day[,hour[,minute[,second[,microsecond[,tzinfo]]]]])

其中的 year、month、day 这 3 个参数是必需的，其余 5 个参数可选。

下面是这 3 种方法创建 datetime 对象的例子。

```
>>>import datetime as dt
>>>dt.datetime.now()         # 获取当前日期和时间
datetime.datetime(2023, 1, 16, 16, 9, 1, 923344)
>>>dt.datetime.utcnow()      # 获取当前的 UTC 日期和时间
datetime.datetime(2023, 1, 16, 8, 9, 12, 195090)
>>>SpringFestival=dt.datetime(2023, 1, 22, 23, 59, 59) # 构造对象
>>>print(SpringFestival.day)
22
>>>SpringFestival.day = 23   # 不允许修改 datetime 对象的属性
Traceback (most recent call last):
    File "<pyshell#18>", line 1, in <module>
        SpringFestival.day=23
AttributeError: attribute 'day' of 'datetime.date' objects is not writable
```

有了对象，可以直接获取其属性，例如 dt.datetime(2023,1,22,23,59,59) 语句创建的 datetime 对象被赋值给了 SpringFestival，那么 SpringFestival 成为了这个对象的引用，使用 SpringFestival.属性名即可访问到对象中的属性值。

datetime 对象是不可变的，所以不可以更改对象中任何属性，例如上例中不允许这样的赋值操作：SpringFestival.day = 23。

datetime 对象中提供了一些方法，完成不同的功能，例如返回与本地时间兼容的 UTC 时间元组、星期几的信息、返回时区偏移量等。这里介绍一个功能强大的格式化输出方法：strftime(format)，使用格式化字符串控制输出的样式。例如：

```
>>>import datetime as dt
>>> dt.datetime.now()
```

```
datetime.datetime(2023, 1, 16, 19, 35, 7, 678670)
>>>today=dt.datetime.now()   # 创建 datetime 对象，并赋予 today 变量
>>>today.strftime("today is %Y年 %m月 %d日, %A")  # 格式化输出
'today is 2023年 01月 16日, Monday'
>>> today.strftime("%X %x")
'19:35:59 01/16/23'
```

从上例看出，格式化控制字符中最重要的是控制符：% 字母。除了上例中用到的控制符外，表 4-3 所示这些字符可能也会用到。

表 4-3　strftime 的格式化控制符

属　性	控　制　符	说　　明
年	%Y	输出年份，范围为 0001～9999
月	%m	输出月份，范围为 01～12
	%B	输出英文月名称，范围为 January～December
	%b	输出英文月名称缩写，范围为 Jan～Dec
天	%d	输出天数，范围为 01～31
时	%H	输出 24 小时制小时，范围为 00～23
分	%M	输出分钟，范围为 00～59
秒	%S	输出秒，范围为 00～59
星期	%A	输出英文星期名称，范围为 Monday～Sunday
	%a	输出英文星期名称缩写，范围为 Mon～Sun
	%W	输出当天是当年的第几周，范围为 0～52
	%w	输出当天是当周的周几，范围为 0～6，0 表示周日
日期	%x	输出年、月、日，格式：年/月/日
时间	%X	输出时、分、秒，格式：时:分:秒
时段	%p	输出是上午还是下午，AM 或 PM

4.8.2　验证码生成和验证

网站为了安全，通常会在用户登录的时候生成验证码。用户不仅要输入正确的账号密码，还要输入正确的验证码，才能进入网站。

【例 4-9】编写一个应用程序，随机生成含字母和数字的字符串，长度为 18；再从中寻找 5 个连续的数字作为验证码。用户输入正确的验证码即可通过登录验证；用户可以重试 5 次，5 次都没有输入正确的验证码，显示登录失败。

为了让程序结构清晰，我们可以恰当地分解整个程序，采用模块化设计，定义多个函数，每个函数提供单一功能。52 个大小写英文字母用列表 ls 存储，10 个数字也用列表 n_ ls 存储。为了方便处理，字母和数字都用字符表示。

首先，定义一个函数 getCh()：使用 for i in range(13) 循环产生 13 个随机字符串，每一次循环，调用一次函数 random.randint(0,51)，产生区间 [0,51] 中的一个随机整数，该整数作为列表 ls 的序号，通过 ls[random.randint(0,51)] 从列表中随机取出一个字母；每一次循环随机取出一个字母，13 次循环共随机取出 13 个字母，通过拼接操作符号 "+" 拼接成了一个字符串 s，返回 s。

定义一个函数 getNum()：通过一个 for 循环，循环 5 次，每次使用 random.choice(n_ls) 从数字列表中取出一个数字字符，拼接成了一个连续的数字字符串 s1 并返回。

定义一个函数 getVer(Num,Ch)：函数有两个参数 Num 和 Ch，分别对应 5 位数字验证码和 13 位字符串，用 random.randint(1,13) 生成 5 位数字验证码在 13 个字符串中的位置信息，这是随机的，再将 5 个连续数字验证码拼接到 13 位字符串对应的随机位置上。

调用上面 3 个函数，可以产生一个 18 位的字符串，里面一定包含一个 5 位连续数字的验证码，用户用肉眼找到这个验证码后，即可从控制台输入。

接下来，定义一个函数 isNumCode(userIn,Ver)：两个参数 userIn 和 Ver，前者表示用户输入，后者表示 18 位含验证码的字符串，从 Ver 中找到 5 位数字验证码并与 userIn 比较，相同则返回 True，否则返回 False。实现的流程是采用了一个 for 循环，从 18 位字符串中切片，切下 5 个连续的字符，再通过 isdigit() 判断这个 5 位切片是否是数字，如果是，再判断是否与用户输入的 userIn 相等。

主代码中，使用 tr 变量存储用户尝试输入的次数，while 循环条件判断设置为 tr > 0，初值设置为 5，给用户 5 次尝试输入的机会。主代码流程图如图 4-10 所示。

源代码如下：

```
1  import random
2
3  # 自定义函数 getCh()，产生其中的 13 位字符
4  def getCh():
5      ls=['a','b','c','d','e','f','g','h','i','j','k','l',\
6      'm','n','o','p','q','r','s','t','u','v','w','x',\
7      'y','z','A','B','C','D','E','F','G','H','I','J',\
8      'K','L','M','N','O','P','Q','R','S','T','U','V',\
9      'W','X','Y','Z']
10     s=''
11     for i in range(13):
12         s+=ls[random.randint(0,51)]
13     return s
14 # 自定义函数 getNum()，产生 5 位连续数字作为验证码
```

```
15  def getNum():
16      n_ls=['1','2','3','4','5','6','7','8','9','0']
17      s1=''
18      for i in range(5):
19          s1+=random.choice(n_ls)
20      return s1
21
22  # 自定义函数getVer(Num,Ch)，将5位数字随机插入13位字符串，生成18位字符串
23  def getVer(Num,Ch):
24      pos=random.randint(1,13)
25      tmp=Ch[0:pos]+Num+Ch[pos:]
26      return tmp
27
28  # 自定义函数isNumCode(userIn,Ver)，判断字符串userIn是否是找到的验证码
29  def isNumCode(userIn,Ver):
30      for i in range(13):
31          if Ver[i:i+5].isdigit()==True:
32              if Ver[i:i+5]==userIn:
33                  return True
34              else:
35                  return False
36
37
38  # 主代码从这个开始
39  # 生成随机混入5位数字验证码的18位字符串s，并输出给用户
40  s=getVer(getNum(),getCh())
41  print("请找出字符串'{}'中的验证码:5位连续数字！ ".format(s))
42
43  # 给用户5次输入验证码的机会
44  userIn=input("请输入字符串中的验证码：")
45  tr=5
46  while tr>0:  # 判断是否使用完5次输入机会
47      if isNumCode(userIn,s)==True:
48          print("输入的验证码正确！ ")
49          tr=0
50      else:
51          tr-=1
52          if tr>0:
53              userIn=input("输入的验证码不正确，请重新输入：")
54          if tr==0:
55              print("对不起，已经用完5次尝试机会，登录失败！ ")
```

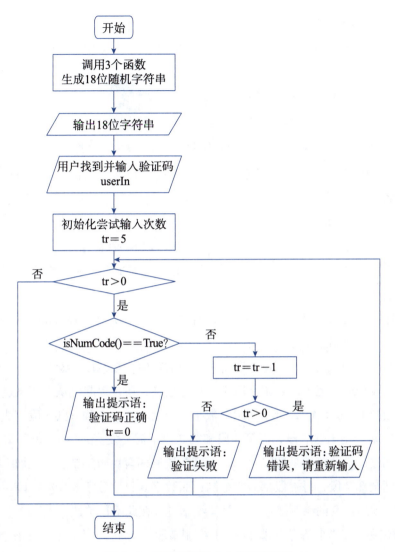

图 4-10 验证码实例之主代码流程图

运行上述源代码,其中一次的运行结果如下:

```
>>>
请找出字符串 'yyfapTWQmw61166mwE' 中的验证码:5位连续数字!
请输入字符串中的验证码:9439
输入的验证码不正确,请重新输入:3993
输入的验证码不正确,请重新输入:3939
输入的验证码不正确,请重新输入:3939
输入的验证码不正确,请重新输入:61166
输入的验证码正确!
```

4.8.3 简易数码时钟

在一些公共场所，偶尔还能看到如图 4-11 所示的 LED 数码管时钟。

图 4-11　LED 数码管时钟样例和单个数码管实物

最常见的 LED 数码管由 7 段构成，每一段可被控制为发光和不发光两种状态，不同的数字可以通过每一段是发光还是不发光来显示；除了数字，还可以显示字母等简单信息。理论上，7 段可以形成 $2^7=128$ 种组合。

【例 4-10】编写一个应用程序，构建一个用 LED 数码管显示的电子时钟。从 datetime 库中获取当前的时间：时、分和秒，并使用 turtle 库绘制时间的每个数码数字，形成数码时钟，每秒刷新一次时间。

这个程序的关键部分是绘制单个数字，所以定义一个函数 drawNumber(num)，传入数字参数 num，实现绘制这个数字的功能。

如图 4-12（a）所示，"小海龟"顺着 1～7 的顺序，在每段上绘制直线，但是要根据数字决定这一段是放下笔来画，留下笔迹，真的绘制，还是提起笔从上面飞过，并不留下笔迹（假的绘制）。如图 4-12（b）所示，数字 2 由第 1、2、3、5 和 6 共 5 段构成，"小海龟"需要落笔真实地绘制出这 5 段，而第 4 段和第 7 段不需要发光，"小海龟"只需要提起笔从这两段上飞过；最简单的是数字"1"，只需要绘制两段；数字 7 在 1 上加一段即可；而数字 8 要用到全部 7 段，每一段都需要绘制；而数字 0 只比数字 8 少第一段。图 4-12（c）示意了 3、4、5、6、9 的绘制顺序，其具体绘制过程在此不再赘述。

为了画出数字，"小海龟"要按顺序绘制 7 段，为此，定义了一个函数 drawSegent(seg) 来绘制一段。传入的参数 seg 是布尔变量，如果 seg 是 True，真的绘制这一段；如果 seg 是 False，这一段不需要绘制，只是提笔掠过。

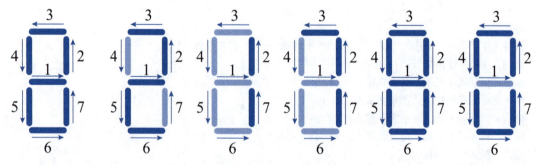

（a）绘制顺序说明　　　　　　（b）数字 2、1、7、8、0 的绘制顺序

图 4-12　各数字的绘制顺序

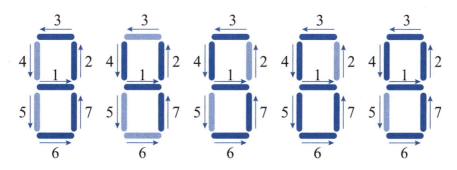

（c）数字 3、4、5、6、9 的绘制顺序

图 4-12 （续）

再回到函数 drawNumber(num)，参数 num 可以是 0～9 范围中的任何一个，我们希望在该函数中，"小海龟"只飞一次，对于不同的数字，某一段是否落笔绘制，只跟传入的实际参数（具体的数字）有关。所以在函数体内，使用分支语句判断某段是否需要真正地被绘制。例如，判断第 1 段是否绘制，需要判断待绘制的数字是否是 2、3、4、5、6、8、9 中的任何一个，只要是，就需要落笔绘制这第 1 段。所以函数体内绘制第 1 段的语句如下：

```
drawSegment(True) if num in [2,3,4,5,6,8,9] else drawSegment(False)
```

这条语句调用了函数 drawSegent(seg)，传入的实际参数到底是 True 还是 False 取决于具体的 num，如果 num 是数字列表 [2,3,4,5,6,8,9] 中的任何一个，就应该真正绘制这 1 段，所以传入 True 实际参数；如果 num 不在这个列表，则传入 False 实际参数。这条语句使用了紧凑二分支语句，在一条语句中完成判断和分开调用，让整个函数看起来非常简洁。

同理，第 2 段是否绘制，需要判断数字是否是 0、1、2、3、4、7、8、9 中的任何一个，如果是就需要绘制。同样地，其他 5 段也做类似的判断。

我们还定义了一个函数 drawClock(clock) 绘制时、分、秒等时钟信息。参数 clock 是 datetime 对象的方法 strftime() 返回的时、分、秒字符串。

主代码也定义成了一个函数 main()，函数体对画布做了初始化工作，采用 1 个无限循环 while(True)，约 1 s 时间绘制一次当前时间。

全部的程序使用函数搭建了总体框架，程序主框架和函数调用的关系如图 4-13 所示。

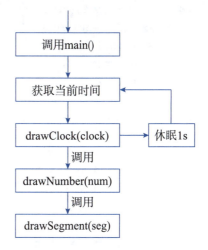

图 4-13 程序主框架和函数调用的关系

下面是程序代码，带有注释，以帮助读者理解。

```
1  import turtle as t
2  import datetime as dt
3  import time
4
5  # 让笔头飞一小段距离
6  def fly():
7      t.penup()      # 提笔
8      t.fd(8)        # 飞过
9      t.pendown()    # 放下笔
10
11 # 绘制数码管的某一段
12 def drawSegment(seg):
13     fly()          # 绘制前，飞一小段距离
14     # seg 为 True，则放下笔，真画；否则提起笔，从上面飞过，不画
15     t.pendown() if seg else t.penup()
16     t.fd(40)
17     fly()          # 绘制后，飞一小段距离
18     t.left(90)     # 绘制后，右转，准备画下一段
19
20 # 根据数字绘制 7 段数码管，数字 num 作为传入参数
21 def drawNumber(num):
22     drawSegment(True) if num in [2,3,4,5,6,8,9] else drawSegment(False)
23     drawSegment(True) if num in [0,1,2,3,4,7,8,9] else drawSegment(False)
24     drawSegment(True) if num in [0,2,3,5,6,7,8,9] else drawSegment(False)
25     drawSegment(True) if num in [0,4,5,6,8,9] else drawSegment(False)
26     t.right(90)
27     drawSegment(True) if num in [0,2,6,8] else drawSegment(False)
28     drawSegment(True) if num in [0,2,3,5,6,8,9] else drawSegment(False)
29     drawSegment(True) if num in [0,1,3,4,5,6,7,8,9] else drawSegment(False)
30     t.right(180)
31     t.penup()
32     t.fd(25)       # 与下一个数字之间留一点空间
33
34 def drawClock(clock):      # 显示小时、分钟和秒
35     for i in clock:
36         if i == '时':     # 在小时数字后插入"时"
37             t.write('时',font = ('微软雅黑',25,'normal'))
38             t.pencolor('purple')
39             t.fd(40)
40             fly()
41         elif i == '分':   # 在分钟数字后插入"分"
42             t.write('分',font = ('微软雅黑',25,'normal'))
43             t.pencolor('blue')
```

```
44              t.fd(40)
45              fly()
46          elif i == '秒':    # 在秒数字后插入"秒"
47              t.write('秒',font = ('微软雅黑',25,'normal'))
48          else:              # 读到时间,更新时间
49              drawNumber(eval(i))
50
51 def main():
52     t.setup(800,350,200,200)
53     t.speed(0)              # 绘画速度调到最高
54     t.color('Green')
55     t.hideturtle()          # 隐藏画笔
56     t.penup()
57     t.fd(-360)
58     t.pensize(10)
59
60     while(True):
61         t.penup()
62         t.goto(-300,100)   # 移动到(-300,0)的位置
63         t.pendown()
64         t.write('北京时间现在是: ',font = ('微软雅黑',25,'normal'))
65         t.penup()
66         t.goto(-300,0)     # 移动到(-300,0)的位置
67         t.pendown()
68         t.tracer(False)    # 关闭轨迹
69         t.pencolor('black')
70         now=dt.datetime.now()
71         drawClock(now.strftime('%H时%M分%S秒'))
72         time.sleep(1)
73         t.update()
74         t.clear()          # 清屏
75     t.done()
76 main()
```

上述代码运行时的截图如图4-14所示。

图4-14 数码时钟运行截图

4.9 本章小结

本章探讨了使用关键字 def 自定义函数的方法。一个函数包括函数名、参数、函数体和返回值等构成要素。

函数的参数有普通参数、可选参数和可变参数几种，可以根据需要灵活定义参数；函数体通过 return 语句返回 0 至多个值。

函数通过函数名进行调用，调用的关键是通过传入实际参数取代形式参数；可以使用位置传递参数，也可以使用关键字传递，还可以既使用位置又使用关键字传递参数，但关键字传递参数务必位于位置参数之后。

局部变量在函数内定义，只在函数执行时生效，即函数执行结束后，局部变量不再存在。而全局变量在整个程序都生效。如果在函数内部要使用全局变量，此时可以使用 global 进行声明，但是应该尽量避免这种使用方法，以免程序逻辑不清晰。比较特殊的是：全局变量是组合数据类型，且并未在函数体内被定义，则在主代码和函数体内的操作都有效；如果全局变量组合数据类型且在函数体内被定义，则这个变量被当作局部变量使用。

采用关键字 lambda 定义的匿名函数只有一行，它的应用场景有限。读者只需要记住一些特殊的使用方法，如在 sort()、map()、filter() 等函数中的使用。

递归函数的两个主要构成要素是基例和递归链条。使用递归函数可以让函数的逻辑结构非常简洁，但是递归函数的执行效率不如普通函数。编写递归函数时，递归深度不宜过大。

Python 提供了一些内置函数，以方便随时使用。读者可慢慢熟悉和尝试使用 4.6 节中比较常见的 37 个内置函数。

最后，本章还介绍了文档字符串工具。自定义函数时，在函数体增加文档字符串工具，介绍函数的功能和使用方法，可以方便第三方使用者理解和使用自定义函数。

第 4 章
补充习题

习题

1. 定义一个函数，该函数返回参数字符串中包含多少个数字、多少个英文字母。在主代码中输入字符串，并输出字符串中数字和英文字母的个数。

2. 编写一个程序，计算三维空间某点距原点的欧氏距离。如果三维空间里的点 A 坐标为 (x,y,z)，则 A 点距原点的欧氏距离计算公式为

$$D(A) = \sqrt{x^2 + y^2 + z^2}$$

要求：（1）用户输入一个点 A 的三维坐标，以逗号分隔，形如 x,y,z，其中 x,y,z 都是非负实数；（2）输出距离值，保留两位小数。

3. 编写一个货币转换程序。假定美元与人民币的换算汇率为 1 美元等于 6.8 元人民

币，自定义两个函数：D_to_Y(x) 将参数 x 转换成人民币；Y_to_D(x) 将参数 x 转换成美元。用户输入一个带有符号 $ 或者 ¥ 起始的货币值，要求通过判断调用自定义函数 D_to_Y 或者 Y_to_D，自己设计清晰的格式输出转换结果，保留小数点后两位。

4. 一个不含 0 的数，如果它能被它的每一位除尽，则它是一个自除数。例如，128 是一个自除数，因为 128 能被 1、2、8 整除。编写函数 is_self_Divisor(num)，判断 num 是否为自除数。要求用户输入一个数 n，调用自定义函数，实现输出不大于 n 的所有自除数。（注意，含有数字 0 的数不是自除数）

5. 哥德巴赫猜想是这样描述的：任何一个大于 2 的偶数总能表示为两个素数之和。例如，24=5+19。输入一个大于 2 的正整数，当输入为偶数时，在一行中按照格式 "N = p + q" 输出 N 的素数分解，其中 p、q 均为素数且 $p \leq q$。因为这样的分解可能不唯一（例如 24 还可以分解为 7+17），要求必须输出所有解中 p 最小的解。当输入为奇数时，输出 "Data error!"。要求自定义一个函数：is_prime(k)，判断 k 是否为素数。

6. 编写一个程序找出所有的 4 叶玫瑰数。一个 n 位自然数等于自身各个数位上数字的 n 次幂之和，则称此数为自幂数。n 取值不同，自幂数的称呼也不同，例如，n=3 的自幂数被称为水仙花数，n=4 的自幂数被称为 4 叶玫瑰花数。1634 是一个 4 叶玫瑰数，因为 $1634=1^4+6^4+3^4+4^4$。要求：自定义一个函数 is_self_power(k)，判断 k 是否是自幂数；调用这个自定义函数寻找所有的 4 叶玫瑰数，自己设计输出格式。

7. 如果一个数恰好等于它的真因子之和（不包含它自身），这个数就称为"完数"。例如，28=1+2+4+7+14。则 28 就是一个完数。要求：（1）定义一个函数 isPerfect(n)，判断一个数 n 是否是完数；编写程序，调用函数输出 10000 以内的所有完数的个数和完数本身，自己设计输出格式。

8. 回文数是指若将 n 的各位数字反向排列所得自然数 n1 与 n 相等，则称 n 为一回文数。例如，n=1234321 为一回文数；个位数都是回文数，如 1、2 等，每位数字相同的数是回文数，如 222、33333 等。要求：（1）定义一个函数 isPalindromic(n)，判断一个数 n 是否是回文数；（2）定义一个函数 getInputs()，获取区间的上边界和下边界，捕获异常并处理异常，最多输入 3 次；（3）调用上述函数，寻找区间中的所有回文数，并计算它们的和，自定义格式输出。

9. 编写一个函数 drawPic(n,char)，它的功能是显示由字符 char 组成的图形，图形上半部分共 n 行，参考下面的图例，在主程序中调用函数。提示：如果使用中文字符，空格需要全角空格（相当于两个半角空格）才能对齐。

10. 一只青蛙一次可以跳上 1 级台阶，也可以跳上 2 级台阶。编写程序，求青蛙跳上一个 n 级的台阶总共有多少种跳法？n 由用户输入；要求使用递归函数，假定台阶数＜100。

```
>>>
请输入行数 n: 5
请输入打印字符：中
        中
       中中中
      中中中中中         ⎫
     中中中中中中         ⎬ 5 行
    中中中中中中中        ⎭
     中中中中中           ⎫
      中中中中            ⎪
       中中中             ⎬ 4 行
        中                ⎭
```

11. 计算斐波那契数列的第 N 项的值，具体功能如下：获取用户输入的整数 N，其中，N 为正整数，计算斐波那契数列的第 N 项的值；分别用递归函数和非递归方法实现，比较执行效率。

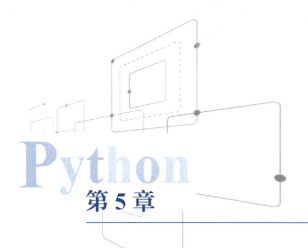

第 5 章 组合数据类型

前面学习的数据类型、字符串类型是用来管理单个数据的。而在生活中,更多的时候需要处理的不是单个数据,而是很多个数据。例如,计算全班同学的绩点、统计文章中的关键词词频、按照某种数据特性对全班同学进行排序等。用来表示多个数据的就是组合数据类型。有了组合数据类型,可以方便地表示和处理多个数据。本章将主要学习如下内容:

(1)集合类型的表示、基本操作以及应用;
(2)序列类型的本质和共性操作;
(3)元组类型的表示、基本操作以及应用;
(4)列表类型的表示、基本操作(切片、排序、赋值等)以及应用;
(5)字典类型的表示、基本操作以及应用;
(6)通过应用实例,理解组合数据类型的使用。

5.1 集合

5.1.1 集合的定义

集合是一组数据元素(item)的无序组合。集合元素个数不限,0个元素的集合叫空集合。Python 语言中的集合内涵几乎与数学上的集合内涵一致。

可以用以下两种方法来定义集合。

一种是使用大括号,其定义语法如下:

{元素 1, 元素 2, 元素 3, 元素 4, ……}

元素必须是固定的数据类型,例如整数类型、浮点数类型、字符串类型、元组类型等,而不能是列表、集合、字典等可变数据类型。

例如,S={2,5,3,1,8},定义了有 5 个元素的集合,并赋值给 S。

集合中的元素必须是唯一的。例如:

```
>>>S1 = {1, 1, 5, 5, 8, 8, 9, 9}
>>>S1
{8, 1, 5, 9}
```

大括号中,看起来有 8 个元素,把这个由 8 个元素构成的集合赋值给 S1,再输出集合 S1,我们惊奇地发现,集合 S1 中只有 4 个元素,重复的元素已经被自动剔除了。

另外一种定义集合的方法是使用函数 set()。任何组合类型或字符串类型都可以作为 set 函数的参数,由此创建一个集合。例如:

```
>>>s = set('South China')              # 字符串作为 set() 的输入参数
>>>s
{'a', 'o', 'n', 'h', 'u', 'i', 't', ' ', 'S', 'C'}
>>>s1=set(['羊','马','牛','鹿'])       # 列表作为 set() 的输入参数
>>>s1
{'牛', '马', '鹿', '羊'}
>>>s2 = set()                          # 创建一个空集合
>>>s2
set()
```

字符串"South China"作为函数 set() 的输入时,函数生成了一个集合,元素是字符串拆开后的每个字符,其中的空格也成为集合的元素之一。

['羊','马','牛','鹿'] 是一个有 4 个元素的列表,它作为 set() 的输入时,函数生成了一个有 4 个元素的集合,这 4 个元素正是列表的 4 个元素。

值得注意的是,如果要创建一个空集合,不能使用 {},而只能使用 set() 来进行创建,如上例所示。

简言之,集合具有如下特点。

(1)独特性:集合中的每个元素都是独一无二的,不会有重复的元素。

(2)无序性:集合中的元素没有顺序,且元素在集合中的位置不固定。

(3)确定性:一个元素要么属于一个集合,要么不属于这个集合,二者必居其一。

5.1.2 集合的运算和基本操作

集合可以进行交、并、补、差运算,其运算定义与数学上的交、并、补、差一致,如图 5-1 所示。

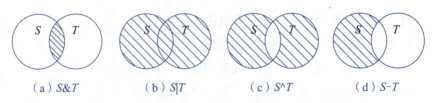

图 5-1 集合的交、并、补、差 4 个运算结果示意图

这 4 个运算结果都会产生新的集合，并不会影响原集合。例如：

```
1  S={'中国','印度','俄罗斯'}
2  T={'美国','新西兰','英国'}
3  print("S 和 T 并运算的结果是：",S|T)
4  print(" 并运算后 S=",S)
5  print(" 并运算后 T=",T)
6  S|=T
7  print(" 增强并运算后的 S=",S)
8  print(" 增强并运算后的 T=",T)
```

上面的例子创建了两个集合 S 和 T，然后将 S 和 T 进行并操作（$S|T$），产生了一个新的集合，该集合的元素是 S 和 T 中元素的整合，原集合 S 和 T 不受任何影响。接着进行了增强并运算：$S|=T$。这个运算之后，并不产生新的集合，而是直接在原集合 S 上更新，T 则不受影响。

代码运行结果如下：

```
>>>
S 和 T 并运算的结果是：{'中国','英国','俄罗斯','美国','印度','新西兰'}
并运算后 S={'中国','印度','俄罗斯'}
并运算后 T={'新西兰','英国','美国'}
增强并运算后的 S={'中国','英国','俄罗斯','美国','印度','新西兰'}
增强并运算后的 T={'新西兰','英国','美国'}
```

这 4 个运算符都可以与等号一起形成增强型运算符；增强型运算符运算之后并不产生新的集合，而是在运算符号左侧的集合上进行更新，类似上例。

集合之间除了交、并、补、差运算之外，还可以进行关系判断。如果集合 S 包含集合 T，则 $S > T$ 返回 True，否则返回 False；如果集合 S 是 T 的子集，则 $S < T$ 返回 True，否则返回 False；如果集合 S 和集合 T 中的元素一样，则这两个集合相等，$S==T$ 返回 True。下面是集合之间的关系判断例子。

```
>>>S={'亚洲','欧洲','非洲','中国','美国'}
>>>T={'中国','美国'}
>>>S>T
        True
>>>S<T
        False
>>>S==T
        False
```

对集合的元素也可以进行一些增加、删除、判断等基本操作，如表 5-1 所示。该表最后一列给出了简单的实例，帮助读者理解。

表 5-1 对集合元素的基本操作函数

操作函数	功能描述	实 例
S.add(x)	将元素 x 加入到集合 S 中	>>>S={'华工','清华'} >>>S.add('川大') >>>S {'清华','华工','川大'}
S.clear()	将集合 S 中的元素全部删掉	>>>S.clear() >>>S set()
S.copy()	生成一个新的集合，它是集合 S 的副本	>>>S={'川大','清华','华工'} >>>S1=S.copy() >>>S1.add('北大') >>>S1 {'清华','华工','川大','北大'} >>>S {'清华','华工','川大'}
S.pop()	随机删除并返回集合 S 中的一个元素，如果集合 S 为空，则抛出异常 KeyError	>>>S {'清华','华工','川大'} >>>S.pop() '清华' >>>S {'华工','川大'}
S.discard(x)	从集合 S 中删除元素 x，如果 x 不在 S 中，不报错	>>>S {'华工','川大'} >>>S.discard('川大') >>>S {'华工'}
S.remove(x)	从集合 S 中删除元素 x，如果 x 不在 S 中，则抛出异常 KeyError	>>>S.remove('华工') >>>S set()
len(S)	返回集合 S 的元素个数。如果返回 0，表示空集合	>>>S={'川大','清华','华工'} >>>len(S) 3
x in S	判断元素 x 是否在集合 S 中	>>>'华工' in S True
x not in S	判断元素 x 是否不在集合 S 中	>>>'华工' not in S False

续表

操作函数	功能描述	实 例
S.update(*O)	向集合 S 中添加元素，元素可来自可迭代对象的每一个元素	>>>S={'华工','华农'} >>>S.update('紫荆花') >>>S 　　{'华农','华工','荆','紫','花'}

5.1.3 集合的使用

集合的元素具有独特性，可以利用集合的这个特性完成一些特别的功能。

【例5.1】有个名单 names，包括很多人的名字，有些名字是重复的，现在需要统计这些名字中，无重复的独特名字个数。例如，"李梅"只出现了一次，是一个独特名字。

编程序之前，仔细思考怎么通过编程来完成这个统计任务。程序需要输入名字，转换成名字列表（里面有重复名字），再转换成名字集合（无重复名字）；通过遍历名字集合，删除列表中的对应名字元素，可以想象，独特名字（只出现一次的名字）被从列表中删除了；遍历完集合之后，列表中只剩下出现两次或两次以上的名字了，再将其转换成集合，其长度就是去掉了独特名字之后剩下的名字的个数，从全部名字的集合长度中减去这个长度，就得到独特名字的个数。

统计独特名字个数的程序流程图如图 5-2 所示。

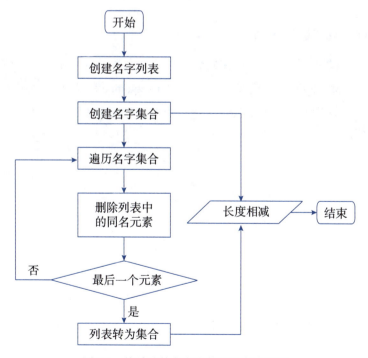

图 5-2　统计独特名字个数的程序流程图

根据上述流程图编写代码如下所示。代码中的 print 语句不是必需的，只是为了帮助读者理解中间输出。代码中的"\"表示一行语句没有结束。

```
1  names=" 李梅 , 王伟 , 李明 , 赵威 , 郭勇 , 孙俪 ,\
2  柳梧儿 , 王宇 , 王伟 , 赵薇 , 孙俪 ,\
3  李明 , 赵威 , 王宇 , 李明 , 赵红 , 郭勇 "
4  ls_names=names.split(',')
5  print(" 总共的名字个数是： ",len(ls_names))
6  set_names=set(ls_names)
7  print(" 去重后的名字个数是： ",len(set_names))
8  for i in set_names:
9      ls_names.remove(i)
10 print(" 独特名字的个数是： ",len(set_names)-len(set(ls_names)))
```

上述代码运行结果如下：

```
>>>
总共的名字个数是：  17
去重后的名字个数是：  10
独特名字的个数是：  4
```

5.2 序列类型及通用操作

很多时候，处理的数据之间是存在先后关系的，也就是有顺序的；一组有先后关系的元素构成了序列类型。Python 中定义了两大序列（sequence）类型：一种是可变（mutable）序列类型；另一种是不可变（immutable）序列类型，如图 5-3 所示。其中，最常使用的有字符串、元组和列表。

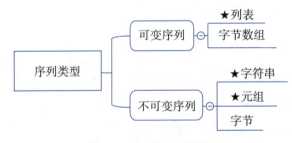

图 5-3　序列类型的分类

不可变序列类型一旦创建，则不可更改，只可读。而可变序列类型创建了之后，可以被修改。

序列类型的元素可以重复，例如字符串"South China University of Technology"中字

母 o 出现了 3 次，只是出现的位置不同而已。要访问某个元素，可以通过索引来指明。序列类型的索引分为正向递增序号和逆向递减序号两种，如图 5-4 所示。

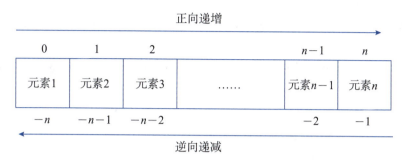

图 5-4　序列类型的正向递增序号和逆向递减序号

正向递增序号从左到右递增，从 0 开始编号，直到最右边那一个。逆向递减序号从右到左递减，从 -1 开始编号，直到最左边那一个。正向递增序号和逆向递减序号可以混合使用，在序列切片中尤其有用。

序列有一些通用的基本操作或函数，如表 5-2 所示。

表 5-2　序列的通用基本操作或函数

功　　能	操作或函数	说　　明
序列拼接	s1 + s2	合并序列 s1 和 s2，产生一个新的序列
元素复制	s*i 或 i*s	产生一个新序列，复制 s 中的元素 i 次
求元素个数	len(s)	返回序列的长度，即元素的个数
求最小元素	min(s)	返回序列 s 中的最小元素
求最大元素	max(s)	返回序列 s 中的最大元素
求元素的序号	s.index(x，i，j)	返回序列 s 中从序号 i 开始到序号 j 中第一次出现 x 的序号，参数 i、j 可以省略
求出现次数	s.count(x)	返回序列 s 中出现 x 的总次数
指定序号的元素	s[i]	返回序列 s 中序号 i 对应的元素
切片	s[i:j]	返回序列 s 中从序号 i 到 j（不含 j 对应的元素）的子序列
	s[i:j:k]	返回序列 s 中从序号 i 到 j（不含 j 对应的元素）步长为 k 的子序列
判断	x in s	如果元素 x 在序列 s 中，返回 True，否则返回 False
	x not in s	如果元素 x 不在序列 s 中，返回 True，否则返回 False

上述通用操作适用所有的序列类型，下面我们学习元组和列表这两种具体的序列类型。

5.3 元组

5.3.1 元组的定义

元组（tuple）是不可变的序列类型，一旦创建则不可被修改。元组的定义语法如下：

（元素 1，元素 2，……，元素 n）

值得注意的是，上述定义中的小括号并不是必需的，即只要不引起混淆，可以省略这个小括号。

例如：

```
>>>t1 = ('川大','华农','华工','清华')
>>>t1[2]                           # 访问元组 t1 中序号为 2 的元素
'华工'
>>>t1[2] = '北大'                  # 修改元组 t1 中序号为 2 的元素，报错
  Traceback (most recent call last):
      File "<pyshell#43>", line 1, in <module>
        t1[2]='北大'
  TypeError: 'tuple' object does not support item assignment
>>>t2 = 1,2,3,'华工'               # 创建元组 t2，省略小括号
>>>t2
(1, 2, 3, '华工')
>>>t3 = 1,                         # 创建只有一个元素的元组 t3
>>>t3
(1,)
>>>type(t3)
  <class 'tuple'>
```

其中，创建的 t1 元组有 4 个元素，我们可以通过序号访问到其中的任意一个元素；t1[2]='北大'试图对序号为 2 的元素进行替换，系统报错，不允许对元组元素进行修改的操作。创建 t2 元组的时候，没有使用小括号，直接将元素赋值给 t2。

元组 t3 的创建使用了语句"t3 = 1,"，创建了只有一个元素的元组。如果 1 后不跟逗号，创建的就是一个普通整型变量 t3，而不是元组。

也可以使用函数 tuple() 创建元组，例如，将字符串、列表等可迭代对象转换为元组，代码如下所示。

```
>>>t1=tuple('华南理工大学')        # 输入一个字符串创建元组 t1
>>>t1
('华','南','理','工','大','学')
>>>t2=tuple([1,2,3,4,5])           # 输入一个列表创建元组 t2
>>>t2
(1,2,3,4,5)
```

简言之,元组具有如下特点。

(1)不可更改。一旦创建,只可读,不可修改。

(2)元素多样。元组的元素可以是确定数据,也可以是列表、集合等组合数据。

(3)无特殊操作。元组继承了序列类型的通用操作,无其他特殊操作。

5.3.2 元组的使用

因为元组的不可更改特性,它主要用在函数的多返回值、函数的可变参数、遍历元组等特殊的场合。

【例 5-2】有一个元组 t 存储着一个班同学的成绩,现在需要统计全班同学的人数和平均成绩,并输出人数和平均分。

将原始成绩直接存储在元组中可以很好地保护成绩,而且不会因为一些误操作而发生更改成绩的情况。根据题目要求,可以设计出如图 5-5 所示的程序流程图。

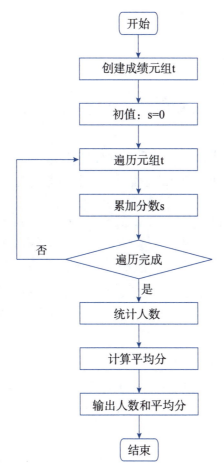

图 5-5 使用元组统计人数和平均分的流程

根据上述流程图,编写代码如下所示。

```
1  t=98,90,88,86,82,80,81,76,56,68,92,83,81,88,89,95,95,89,87,72  # 创建成绩元组
2  s=0                              # 为累加总分赋初值
3  for i in t:
4      s=s+i
5  students=len(t)                  # 获取元组长度，从而得到学生人数
6  avg=s/students                   # 计算平均分
7  print("有成绩的同学人数是: ",students)
8  print("平均分是: ",avg)
```

上述代码运行结果如下：

```
>>>
有成绩的同学人数是: 20
平均分是: 83.8
```

5.4 列表

5.4.1 列表的定义

列表是可变序列的一种，是使用最广泛的组合数据类型之一。列表的定义如下：

[元素 1, 元素 2,……, 元素 n]

列表元素之间用逗号分隔开，元素数量没有限制，且可以自由增删。列表还可以使用函数 list() 创建，函数 list() 可以将元组、集合、字符串等可迭代对象转换为列表。例如：

```
>>>ls=['华工','华农',['广大','广工']]         # 创建列表 ls，其中的序号为 2 的
                                              # 元素是一个列表
>>>ls[2][0][0]
     '广'
>>>ls1=list(('西湖','北湖','南湖','东湖'))     # 向 list() 传入元组，将元组转
                                              # 换成列表
>>>ls1[0]
     '西湖'
```

ls 列表中有 3 个元素，序号分别是 0、1 和 2，其中序号为 2 的元素又是一个子列表，内含两个元素，所以 ls[2][0][0] 实际上访问的是列表 ls 中的第 2 个元素（子列表）的第 0 号元素"广大"的第 0 号字符；连续的 3 个方括号指明了所访问的元素的序号（位置）。

通过赋值，可以将一个列表赋值给另外一个列表；但赋值列表并不会产生一个新的列表，只是产生了对同一个列表新的引用；它们实际上都指向一个内存空间。如图 5-6 所示，当修改存储空间的列表元素时，两个引用都会同步修改。

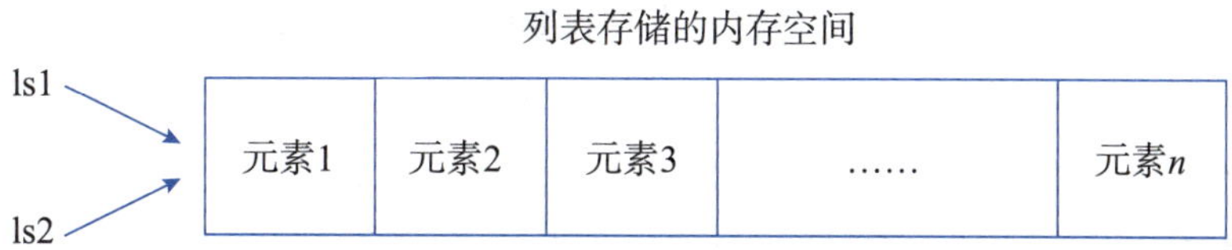

列表存储的内存空间

ls1 →
ls2 → | 元素1 | 元素2 | 元素3 | …… | 元素n |

图 5-6　同一个列表的不同引用

例如：

```
>>>ls1=['北湖','西湖',456,'东湖']
>>>ls2=ls1              # 列表的赋值，产生了新的引用ls2
>>>ls2
        ['北湖','西湖',456,'东湖']
>>>ls1[2]='南湖'        # 修改列表ls1序号2对应的元素为"南湖"
>>>ls1                  # 列表ls1发生了修改
        ['北湖','西湖','南湖','东湖']
>>>ls2                  # 列表ls2发生了同步修改
        ['北湖','西湖','南湖','东湖']
```

语句 ls2=ls1，将列表 ls1 赋值给了 ls2，产生了对同一列表新的引用 ls2，接下来，通过语句 ls1[2]='南湖'，将列表中序号 2 的元素进行了置换，我们发现，ls1 和 ls2 中序号 2 的元素都置换成了新的元素"南湖"。

如果需要产生新的列表，而不仅仅是一个引用，那就不能使用列表赋值，而必须创建新的列表。如果需要旧列表的元素，此时可以采用复制、元素赋值等方式实现。例如：

```
>>>ls3=ls1.copy()              # 产生一个新的列表ls3，它是ls1的副本
>>>ls3
['北湖','西湖','南湖','东湖']
>>>ls1[0]='test'
>>>ls3
['北湖','西湖','南湖','东湖']   # 对旧列表的操作不会影响新列表ls3
>>>ls2
['test','西湖','南湖','东湖']
>>>ls4=ls1[:]                  # 创建一个新列表ls4，其元素来自ls1的元素
>>>ls4
['test','西湖','南湖','东湖']
>>>ls1[0]='北湖'               # 对旧列表ls1的0号元素进行置换
>>>ls4
['test','西湖','南湖','东湖']   # 对ls1的操作，并没有影响ls4
>>>ls2
['北湖','西湖','南湖','东湖']   # 但是对ls1的操作，同步到了ls2
```

综上所示，列表具有如下特点。

（1）可更改。列表的元素可以增加、修改和删除，非常灵活。

（2）多引用。一个内存空间的列表可以通过赋值产生多个引用，这些引用都指向同一个内存空间的列表，修改列表时所有的引用都会同步改动。

（3）元素多样。列表的元素可以有 0 至多个，且长度无上限；列表的元素可以是字符串类型、浮点数类型、整数类型，也可以是集合、元组、列表等组合数据类型。

5.4.2 列表的操作

列表除了具有序列类型的通用操作外，还提供了一些它独有的操作，主要是对列表的增加、删除、修改等，如表 5-3 所示。

表 5-3 列表的基本操作或函数

功能	操作或函数	说明
增加	ls.append(x)	在列表 ls 最后增加一个元素 x
	ls.insert(i,x)	在列表 ls 的序号 i 处插入一个元素 x
	ls1+=ls2	将列表 ls2 的元素追加到列表 ls1 中，不产生新列表
删除	ls.clear()	删除列表 ls 中的全部元素，清空列表
	ls.pop(i)	返回列表 ls[i] 的值，并在列表中删除该元素
	ls.remove(x)	删除列表 ls 中的元素 x，如果列表中有多个 x，则删除第一个出现的 x
	del ls[i:j]	删除列表 ls 中序号从 i 到 j 的元素，但不包含序号 j 对应的元素
	del ls[i:j:k]	删除列表 ls 中序号从 i 到 j 且步长为 k 的元素，不包含序号 j 对应的元素
修改	ls[i]=x	用元素 x 置换修改 ls[i]
	ls1[i:j]=ls2	用列表 ls2 的元素更新 ls1[i:j] 所在的元素，不含 j 所对应的元素
	ls1[i:j:k]=ls2	用列表 ls2 的元素更新 ls1[i:j:k] 所在的元素，步长为 k，不含 j 所对应的元素
反转	ls.reverse()	将 ls 列表的元素反转，不产生新的列表

下面举一些例子，创建空列表，并向列表中追加元素。

```
>>> ls=[]                    # 创建空列表 ls
>>>ls.append('西湖')         # 向 ls 追加元素
>>>ls
['西湖']
>>>ls.insert(0,'东湖')       # 将"东湖"插入列表序号 0 的位置
>>>ls
['东湖', '西湖']
>>>ls2=['南湖','北湖']       # 创建列表 ls2
>>>ls+=ls2                   # 将 ls2 的元素追加到 ls 后，更新 ls
>>>ls
['东湖', '西湖', '南湖', '北湖']
```

下面再看一些删除和修改列表元素的例子。

```
>>> ls.clear()                    # 清空列表 ls
>>>ls
   []
>>>ls+=list('鱼戏莲叶间')          # 将函数 list() 产生的列表追加到空列表 ls 上
>>>ls
   ['鱼','戏','莲','叶','间']
>>>ls.pop(1)                      # 取出列表 ls[1]，并删除 ls[1]
   '戏'
>>>ls.remove('鱼')                # 删除列表 ls 中的元素 "鱼"
>>>ls
   ['莲','叶','间']
>>>ls[0:1]=['鱼','戏']            # 列表切片 ls[0:1] 只有一个元素 "莲"，被 "鱼"
                                  # "戏" 替换
>>>ls
   ['鱼','戏','叶','间']
```

其中，ls[0:1] 只含一个元素，却被两元素的列表 ['鱼',' 戏'] 所替换，虽然替换前后的元素个数不相等，Python 却允许这样操作，并不会报错。

列表的逆序输出是非常有用的操作，如下例所示：

```
>>>ls
   ['鱼','戏','莲','叶','间']
>>>ls.reverse()                   # 列表 ls 更新，元素反转
>>>ls
   ['间','叶','莲','戏','鱼']
>>>ls[-1::-1]                     # 反转元素输出，并不更新列表 ls
   ['鱼','戏','莲','叶','间']
>>>ls[::-1]                       # 反转元素输出，并不更新列表 ls
   ['鱼','戏','莲','叶','间']
>>>ls
   ['间','叶','莲','戏','鱼']
```

5.4.3 列表的排序：sort() 和 sorted()

列表是处理一组有顺序的数据的重要工具，对数据排序是很重要的操作；当然可以自己写排序代码，也可以直接用 Python 提供的函数简单、快速地实现排序。下面我们学习两个很有用的排序方法和函数。

1. 列表排序方法 list. sort()

使用这个排序方法时，需注意以下几点。

（1）只有列表可以使用 sort() 方法；如果别的数据类型想使用这个方法，需要通过

list() 函数转换为列表。

（2）排序结果修改了原列表，且不可逆，所以要谨慎使用。

（3）该方法不返回值，所以不能将排序结果赋值给一个变量。

（4）使用该方法时，可以不传入任何参数，默认按照列表元素的升序排列；但可以通过传入参数 reverse=True，排序结果改变为按照降序排列。

（5）sort() 方法中有一个特别的参数 key，可以规定排序关键字。key 可以用 lambda 函数来规定。

```
>>>ls=[987,86,4,4321,9]
>>>ls.sort()
>>>ls
   [4,9,86,987,4321]
>>>ls.sort(reverse=True)              # 列表 ls 按照降序排列
>>>ls
   [4321,987,86,9,4]
>>>ls.sort(key=lambda x:len(str(x)))  # 按照每个元素转成字符串后的长度来升
                                      # 序排列
>>>ls
   [9,4,86,987,4321]
```

利用参数 key，可以设计出非常灵活的排序关键字，满足应用的需要，请参考 4.4 节。

2. 排序函数 sorted()

sorted() 是一个内置函数，不仅仅可用于列表的排序，还可用于集合、元组、字符串等可迭代对象的排序。使用内置函数 sorted() 时，要注意以下几点。

（1）默认按照升序进行排列，可以传入参数 reverse=True，修改升序排列为降序排列。

（2）函数 sorted() 返回一个新的列表，所以可进行赋值；如果排序的是列表，原始列表不会发生改变。

（3）与 sort() 方法类似，函数 sorted() 中有一个特别的参数 key，可以规定排序关键字。key 可以用 lambda 函数来规定。

下面是利用 sorted() 排序的一些示例：

```
>>>s={83,90,89,98,60}
>>>ls1=sorted(s)                  # 对集合排序，升序，结果生成一个列表
>>>ls1
   [60,83,89,90,98]
>>>tu=(98,83,89,90,60)
>>>ls2=sorted(tu)                 # 对元组排序，升序，结果生成一个列表
```

```
>>>ls2
    [60,83,89,90,98]
>>>ls=[98,83,89,90,60]
>>>ls3=sorted(ls,reverse=True)          # 对列表排序，降序，结果生成一个列表
>>>ls3
    [98,90,89,83,60]
>>>ls=['华南理工','广东工业','师范大学','暨南华侨']
>>>ls1=sorted(ls)                       # 对列表排序，升序，结果生成一个列表
>>>ls1
    ['华南理工','师范大学','广东工业','暨南华侨']
>>>ls2=sorted(ls,key=lambda x:x[::-1])  # 通过匿名函数对每个元素反转后排序
>>>ls2
    ['广东工业','暨南华侨','师范大学','华南理工']
```

其中，对列表的排序使用了 key=lambda x:x[::-1]，表示对列表中的每个元素反转之后再排序，例如，"华南理工"反转后是"工理南华"，字符串比较是逐个字符比较，且比较的是字符对应的 Unicode 值。列表 ls 中的 4 个元素反转后，首先比较的是"工""业""学""侨"这 4 个字符，它们对应的 Unicode 值可以使用内置函数 ord() 获取，分别是 24037、19994、23398、20392，其中，19994 最小，其对应的"广东工业"排在第一个，升序，最大的 24037 对应"工"，即"华南理工"排在最后一个。

5.4.4 列表的应用

使用列表进行数据统计是程序员常遇到的任务。

【例 5-3】就某省 11 个城市的房价，求其均价、中位数和均方差。

均价、中位数和均方差的数学定义为：

$$avg = \sum_{i=0}^{n} P_i / n$$

$$Median = \begin{cases} P_{n/2}, & n\%2 != 0 \\ \frac{1}{2} \times (P_{\frac{n}{2}-1} + P_{n/2}), & n\%2 = 0 \end{cases}$$

$$MSE = \sqrt{\frac{\sum_{i=0}^{n-1}(P_i - avg)^2}{n}}$$

将 11 个城市的房价存放在列表 ls 中，分别定义 3 个函数求平均值、中位数和均方差。源程序如下：

```
1 this is the example 5.3 of chapter 5
2
3 def avg(ls):
```

```
4      s=0
5      for i in ls:
6          s+=i
7      return s/len(ls)
8
9  def median(ls):
10     ls1=sorted(ls)
11     num=len(ls)
12     if num%2!=0:
13         return ls1[num//2]
14     elif num%2==0:
15         return (ls1[num//2-1]+ls1[num//2])/2
16
17 def mse(ls,avg):
18     s=0
19     for i in ls:
20         s+=(i-avg)**2
21     return pow(s/len(ls),0.5)
22
23 ls=[68201,42956,34460,26771,25659,65026,23280,47061,17614,72587,17007]
24 print("2022 年 11 个城市的平均房价是：{0:.2f}".format(avg(ls)))
25 print("2022 年 11 个城市的房价中位数是：{0:.2f}".format(median(ls)))
26 print("2022 年 11 个城市的房价均方差是：{0:.2f}".format(mse(ls,avg(ls))))
```

程序运行后的结果如下所示。

```
>>>
2022 年 11 个城市的平均房价是：40056.55
2022 年 11 个城市的房价中位数是：34460.00
2022 年 11 个城市的房价均方差是：19685.72
```

5.5 字典

5.5.1 字典的定义

在生活中有很多映射关系，例如，颜色：黄；形状：猫状。颜色和形状都属于某种属性，而黄是"颜色"属性的具体的值，"猫状"是"形状"属性的具体的值。Python 提供了字典来实现"键:值"映射类型的数据。

字典是键值对的集合，其可以用如下语法来定义。

{键1:值1, 键2:值2, ……, 键n:值n}

字典的元素就是键值对，键和值之间用冒号分开，而键值对之间用逗号分隔；字典中的元素个数可以为 0，即空字典。字典还可以用函数 dict() 定义，如下所示。

dict()

不传入任何参数到 dict() 可以创建一个空字典。也可以通过含元组的列表传入具体的键值对，还可以直接将值赋予键。例如：

```
>>>dict([("地址","大学城"),("电话","39280285")])    # 用含键值对元组元素的列表生成字典
       {'地址':'大学城','电话':'39280285'}
>>> dict(地址="五山",电话="87112411")                # 直接赋值给键，生成字典
       {'地址':'五山','电话':'87112411'}
```

字典是一种特殊的集合，其中的键值对元素并没有序号，键必须具备唯一性，而值可以相同，键和值都可以是任意的数据类型。图 5-7 示意了键和值的映射关系。

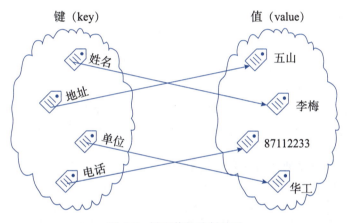

图 5-7 键和值的映射关系

5.5.2 字典的操作

创建字典之后，可以通过字典名操作其元素；键就是字典的索引。这个索引是字符索引，与序列类型的序号索引完全不同。例如：

```
>>>d=dict()                      # 创建空字典，等同于 d={}
>>>d['广东']='广州'              # 向 d 中增加一个键值对：'广东':'广州'
>>>d['四川']='成都'              # 向 d 中增加一个键值对：'四川':'成都'
>>>d['黑龙江']='哈尔滨'          # 向 d 中增加一个键值对：'黑龙江':'哈尔滨'
>>>d                             # 显示字典 d
{'广东':'广州','四川':'成都','黑龙江':'哈尔滨'}
>>>d['四川']                     # 获取键"四川"对应的值
'成都'
>>>d['四川']='重庆'              # 修改键"四川"对应的值为"重庆"
>>>d
{'广东':'广州','四川':'重庆','黑龙江':'哈尔滨'}
```

除了上述基本的添加或修改字典元素的方式之外，Python 还提供了一些函数和方法对字典进行访问、删除等操作，如表 5-4 所示。

表 5-4 字典的基本操作函数或方法

功　能	函数或方法	说　　明
访问	d.get(key, <default>)	键 key 存在则返回对应的值，否则返回默认值
	d.keys()	返回字典 d 的所有键
	d.values()	返回字典 d 的所有值
	d.items()	返回字典 d 的所有键值对
删除	d.pop(key, <default>)	键 key 存在则返回对应的值，并从 d 中删除该键值对，否则返回默认值
	d.popitem()	随机删除 d 中一个键值对，并返回该键值对 (key, value)
	d.clear()	删除所有键值对元素，清空字典
	del d[key]	删除字典中的键值对：key:d[key]
创建和更新	d.fromkeys()	使用键（元组或列表）创建字典
	d1.update(d2)	用字典 d2 更新字典 d1
判断	key in d	如果 key 是字典 d 的某个键，返回 True，否则返回 False
	key not in d	如果 key 不是字典 d 的某个键，返回 True，否则返回 False

表 5-4 中 4 个访问字典元素的方法举例如下。

```
>>>d
   {'广东':'广州','四川':'成都','黑龙江':'哈尔滨'}
>>>d.keys()                    # 获取字典的所有键
   dict_keys(['广东','四川','黑龙江'])
>>>d.values()                  # 获取字典的所有值
   dict_values(['广州','成都','哈尔滨'])
>>>d.items()                   # 获取字典的所有键值对
   dict_items([('广东','广州'),('四川','成都'),('黑龙江','哈尔滨')])
>>>list(d.items())             # 将获取的所有键值对转换成列表，每个键值对成为列表元素
   [('广东','广州'),('四川','成都'),('黑龙江','哈尔滨')]
>>>d.get('广东')               # 获取字典 d 的键"广东"对应的值
   '广州'
>>>d.get('云南','昆明')        # 获取字典 d 的键"云南"对应的值，无"云南"键，返回
                               # 默认值'昆明'
>>>d                           # 显示 d，并未将键值对"云南":"昆明"加入进字典
   {'广东':'广州','四川':'成都','黑龙江':'哈尔滨'}
>>>d['云南']=d.get('云南','昆明')  # 通过赋值，将键值对"云南":"昆明"加入进字典
>>>d
   {'广东':'广州','四川':'成都','黑龙江':'哈尔滨','云南':'昆明'}
```

其中，d.keys()、d.values() 和 d.items() 这 3 个方法返回的键、值和键值对都不是我们熟悉的数据类型，如果需要进一步的处理，可以将它们转换为其他数据类型，例如上面例子中调用 list() 将其转换为熟悉的列表类型。d.get() 方法可以获得键对应的值或获得默认值，如果要将这一键值对写入字典，我们只需要像例子中那样赋值即可。

表 5-4 中还提供了 4 个删除字典元素的方法，举例如下。

```
>>>d
    {'广东':'广州','四川':'成都','黑龙江':'哈尔滨','云南':'昆明'}
>>>del d['云南']       # 删除键值对"云南"："昆明"
>>>d.popitem()         # 随机删除键值对"黑龙江"："哈尔滨"
    ('黑龙江','哈尔滨')
>>>d
    {'广东':'广州','四川':'成都'}
>>>d.pop('广东')       # 获取键"广东"的值，并删除键值对"广东"："广州"
    '广州'
>>>d
    {'四川':'成都'}
>>>d.clear()           # 清空字典 d
>>>d
    {}
```

d.popitem() 随机返回字典 d 中的一个键值对，并从字典中删除这个键值对；这个操作类似对集合元素的操作，删除的元素是哪一个并不确定。

字典的遍历可以使用 for key in d 来进行；特别要注意的是，遍历的是字典的键，而不是值。key not in d 用于判断键 key 是否不在 d 的键中。

d.fromkeys() 可以用来创建字典，参数可以是列表也可以是元组，其元素成为新创建的字典的键，且默认所有键的值为"None"。也可以传入其他的初始值，例如 d.fromkeys(("四川","云南"),"昆明")，把两个键的值都初始化为"昆明"。

下面的例子中 d.update(d2) 使用 d2 中与 d 相同的键对应的值更新 d，同时，把 d2 中有但 d 中没有的键值对增加到 d 中。

```
>>>d.fromkeys(['四川','广东'])                        # 创建一个新字典 d
    {'四川': None,'广东': None}
>>>d2={'四川':'成都','广东':'广州','云南':'昆明'}      # 创建一个新字典 d2
>>>d.update(d2)                                       # 用字典 d2 更新 d
>>>d
    {'四川':'成都','广东':'广州','云南':'昆明'}
```

字典是一种使用广泛的组合数据类型，它可以用来表示和处理生活中的一些数据。字典具有如下特点。

（1）独特性。字典是一种特殊的键值对的集合，它的键必须是唯一的，而且没有顺序。

（2）键索引。字典元素可以通过键索引访问、修改和删除，非常灵活。

（3）长度任意。字典的长度可以通过内置函数 len() 来获取，其长度可以通过上述的一些方法进行改变，且没有上限。

5.5.3 字典的应用

【例 5-4】有一个班做了英语测试，每名同学的成绩记录在文件 english.txt 中，每行包括学号、姓名和分数 3 个信息，学号和姓名之间、姓名和分数之间用空格分隔，其中一行样例如下：

80031072 周振业 71

现在需要统计全班同学的英语成绩的等级分布，并输出每个等级的人数，以及排名前 5 位同学的姓名和成绩。等级和分数的关系如表 5-5 所示。

表 5-5 等级和分数的关系

等 级	分 数
A	＞=90
B	＞=80 且＜90
C	＞=70 且＜80
D	＞=60 且＜70
E	＜60

源代码如下：

```
1  with open('english.txt',encoding='UTF-8') as fi:
2      lines=fi.readlines()    # 文件操作的相关内容，请参考第 7 章
3  d={}
4  for line in lines:
5      tmp=line.split()
6      d[tmp[1]]=tmp[2]        # 构建字典，存储姓名键和成绩值
7
8  # 按照成绩排序
9  ls=list(d.items())
10 ls1=sorted(ls,key=lambda x:x[1],reverse=True)
11 print("前 5 名同学的姓名和成绩分别如下。")
12 for i in range(5):
13     print("{0:<3}: {1:>2}".format(ls1[i][0],ls1[i][1]))
14
```

```
15 # 按照等级统计人数,构建字典 d_level
16 d_level={}
17 for key in d:
18     if int(d[key])>=90:
19         d_level["A"]=d_level.get("A",0)+1
20     elif int(d[key])>=80:
21         d_level["B"]=d_level.get("B",0)+1
22     elif int(d[key])>=70:
23         d_level["C"]=d_level.get("C",0)+1
24     elif int(d[key])>=60:
25         d_level["D"]=d_level.get("D",0)+1
26     elif int(d[key])<60:
27         d_level["E"]=d_level.get("E",0)+1
28
29 # 输出 5 个分数等级的人数
30 print()
31 print("英语成绩等级分布的情况如下。")
32 for key in ["A","B","C","D","E"]:
33     print(" 等级 {} 的人数是: {:>3}".format(key,d_level[key]))
```

首先从文件读入姓名、成绩等信息,构建一个字典 d,用于存储姓名(键)和成绩(值)。

接下来,获取字典 d 的元素 item,且为便于处理,将其转换成列表,其中的每个元素是键值对元组元素;使用内置函数 sorted() 对 ls 排序,传入了 key 参数,用匿名函数表达按照每个 item 的第 1 号元素(即成绩)排序,排序后的结果赋予了列表 ls1。排序时还传入了 reverse=True 参数,将默认升序排列改成降序排列,所以直接输出 ls 列表的前 5 个元素,就是成绩排前 5 名的学生姓名和成绩。

构建等级人数统计空字典 d_level;遍历原始成绩字典 d,将每名学生的成绩进行判断,用多分支控制程序走向,成绩落在哪一个级别就递增 1 个人数。比较巧妙的是字典 d_level 的构建使用了语句 d_level["A"]=d_level.get("A",0)+1,当字典 d_level 中还没有这个 "A" 键时,d_level.get("A",0) 返回默认值 "0",并为字典增加了键值对 "A:1";当字典中有 "A" 键时,直接获取 d["A"] 的值并累加 "1"。其余 4 个等级的统计也类似。代码中的 print 语句用于整齐输出要求的信息。

源代码运行的结果如下:

```
>>>
前 5 名同学的姓名和成绩分别如下。
叶盛翔: 96
```

```
李煌杰: 95
邵一迪: 91
黄逸伦: 89
钱为凯: 88

英语成绩等级分布的情况如下。
等级 A 的人数是：   3
等级 B 的人数是：  14
等级 C 的人数是：  19
等级 D 的人数是：  15
等级 E 的人数是：   3
```

5.6 应用举例

为了深入理解本章介绍的组合数据类型的使用方法，本节介绍两个简单的应用实例。其中，一个是文本中单词出现的次数（词频）统计；另一个是根据文本关键词生成词云图。这两个例子中使用了列表、字典等常用组合数据类型。

5.6.1 使用的库

本节的应用实例将使用中文分词和生成词云。中文分词使用了优秀的第三方库 jieba，而生成词云则采用了第三方库 wordcloud。下面简要介绍这两个库的安装和使用。

1. 中文分词的第三方库 jieba

英文单词之间有天然的界限"空格"，用 split() 方法可以轻松地将英文文本中的单词切分出来。而中文则完全不同，构成中文句子的字词之间并没有空格或其他符号将它们分开，而是字词挨着字词。如果要切分出中文字词，就要使用算法来进行。

第三方库 jieba 可用来作中文的分词，但在使用前要先安装。保证计算机联网的前提下，在 DOS 控制台用下面的语句进行安装。

```
pip install jieba
```

图 5-8 是在 Windows 10 操作系统的 DOS 控制台下安装 jieba 库成功的截图。当出现 "Successfully installed jieba-0.42.1" 时，表明已经成功安装 jieba 库，此时可以引入程序使用该库了。

```
C:\Users\drhyu>pip install jieba
Collecting jieba
  Using cached jieba-0.42.1.tar.gz (19.2 MB)
  Preparing metadata (setup.py) ... done
Installing collected packages: jieba
  DEPRECATION: jieba is being installed using the legacy 'setup.py install' method, because it does not have a 'pyprojec
t.toml' and the 'wheel' package is not installed. pip 23.1 will enforce this behaviour change. A possible replacement is
 to enable the '--use-pep517' option. Discussion can be found at https://github.com/pypa/pip/issues/8559
  Running setup.py install for jieba ... done
Successfully installed jieba-0.42.1
```

图 5-8 Windows 10 操作系统的 DOS 控制台下安装 jieba 库成功的截图

中文分词库 jieba 主要是利用一个中文词库对句子进行切分和计算概率，输出最可能的分词结果。jieba 库提供了以下 3 种分词模式。

（1）精确模式。将句子进行精确的切分，没有冗余的分词。例如，"春秋战国时期的思想百花齐放"可以分成精确的字词：春秋战国、时期、的、思想、百花齐放，没有一个冗余。

（2）全模式。将句子中所有可能的字词全部切分出来，可能有冗余。例如，"春秋战国时期的思想百花齐放"可以切分成如下字词：春秋、春秋战国、战国、战国时期、时期、的、思想、百花、百花齐放、齐放。

（3）搜索引擎模式。在精确模式分词的基础上，对长词进行进一步切分。例如，"春秋战国时期的思想百花齐放"的精确模式结果是"春秋战国、时期、的、思想、百花齐放"，对其中的"春秋战国""百花齐放"两个长词进行进一步的切分，随后的分词结果是：春秋、战国、春秋战国、时期、的、思想、百花、齐放、百花齐放。

jieba 库提供了上述 3 种模式对应的分词方法，但是 jieba.cut(s)（默认精确模式，等同于 jieba.cut(s,cut_all=False)）、jieba.cut(s,cut_all=True)（全模式）、jieba.cut_for_search(s)（搜索引擎模式）这 3 个函数返回的都是迭代对象，会输出：<generator object Tokenizer.cut at 0x00000259080FBC30>，此时，可以使用 join() 来查看分词的结果。例如：

```
>>>import jieba
>>>jieba.cut("春秋战国时期的思想百花齐放",cut_all=False)
    <generator object Tokenizer.cut at 0x0000025908B0A0A0>
>>>" ".join(jieba.cut("春秋战国时期的思想百花齐放",cut_all=False))
    '春秋战国 时期 的 思想 百花齐放'
>>>"、".join(jieba.cut_for_search("春秋战国时期的思想百花齐放"))
    '春秋、战国、春秋战国、时期、的、思想、百花、齐放、百花齐放'
```

在实际应用中，经常使用表 5-6 中的函数。其中，cut 系列方法返回的是列表，更加容易进行后续处理。

表 5-6　中文分词库 jieba 中的常用函数

常用函数	说　　明
lcut(s)	将字符串 s 以默认精确模式分词，且返回结果为词列表；等同于 lcut(s,cut_all=False)
lcut(s,cut_all=True)	将字符串 s 以全模式分词，且返回结果为词列表
lcut_for_search(s)	将字符串 s 以搜索引擎模式分词，且返回结果为词列表
add_word(word)	向分词词库中增加一个新词（未登录词）
del_word(word)	从分词词库中删除一个词
jieba.load_userdict("路径+自定义词典名")	将指定的自定义词典进行加载

jieba 库有一个默认的分词词库（分词字典），在分词词库中出现的词是容易切分的。但是，语言不断在进步并产生新的词，或者有一些特殊名词没有出现在默认的分词词库中，这样的词就不容易切分出来。采用 add_word(word) 可以把新词 word 加入到词库中，让算法更好地将新词切分正确。

例如：

```
>>>jieba.lcut("华工的大学生住在五山和大学城",cut_all=True)
Building prefix dict from the default dictionary ...
Loading model from cache C:\Users\drhyu\AppData\Local\Temp\jieba.cache
Loading model cost 0.835 seconds.
Prefix dict has been built successfully.
['华工','的','大学','大学生','学生','住','在','五','山','和','大学','大学城']
>>>jieba.add_word('五山')              # 将特殊地名名词加入词库中
>>>jieba.lcut("华工的大学生住在五山和大学城",cut_all=True)
['华工','的','大学','大学生','学生','住','在','五山','和','大学','大学城']
```

其中，地名"五山"被切成了"五"和"山"两个词，为了正确地切分，用 add_word('五山') 将"五山"加入到词库中，再一次调用 lcut 全模式分词，"五山"已经被正确地切分成了一个词。

少量的特殊名词或其他词语，采用 add_word() 一个一个词语增加进词库行之有效，且可以动态、快速地提高分词正确率。但是如果要增加的词语很多，一个一个地增加比较费事且容易出错，这个时候可以使用自定义字典（有兴趣的读者可查阅官方文档）。

有一些词对理解和分析语义没有太大的价值，例如"的""和""于是乎""但是"等，这些词叫停用词（stop words）。当需要进一步处理分词时，可以将停用词剔除，将更多的注意力锁定到真正有价值的词上。读者可以自己构建停用词表，也可以使用一些开源的停用词库，如中文停用词库、哈工大停用词库、百度停用词库等。

2. 第三方库 wordcloud

一篇文章中的词语出现的次数（即词频），在某种程度上显示了这个词语的重要程度。通过词云图直观地展示这些词，可以让人印象深刻地抓住文章的关键词，领会文章的主旨。第三方库 wordcloud 提供根据词频从高到低展示关键词的功能。

使用第三方库 wordcloud 前，首先要安装 wordcloud，即在保证计算机联网的前提下，用下面的语句进行安装。正常情况下，几分钟即可安装成功。

```
pip install wordcloud
```

图 5-9 是 Windows 10 操作系统的 DOS 控制台下安装 wordcloud 库成功的截图。

```
C:\Users\drhyu>pip install wordcloud
Collecting wordcloud
  Downloading wordcloud-1.8.2.2-cp310-cp310-win_amd64.whl (153 kB)
                                         153.1/153.1 kB 536.9 kB/s eta 0:00:00
Collecting matplotlib
  Downloading matplotlib-3.6.3-cp310-cp310-win_amd64.whl (7.2 MB)
                                         7.2/7.2 MB 863.9 kB/s eta 0:00:00
Collecting numpy>=1.6.1
  Downloading numpy-1.24.1-cp310-cp310-win_amd64.whl (14.8 MB)
                                         14.8/14.8 MB 894.3 kB/s eta 0:00:00
Collecting pillow
  Downloading Pillow-9.4.0-cp310-cp310-win_amd64.whl (2.5 MB)
                                         2.5/2.5 MB 1.3 MB/s eta 0:00:00
Collecting packaging>=20.0
  Downloading packaging-23.0-py3-none-any.whl (42 kB)
                                         42.7/42.7 kB 415.9 kB/s eta 0:00:00
Collecting kiwisolver>=1.0.1
  Downloading kiwisolver-1.4.4-cp310-cp310-win_amd64.whl (55 kB)
                                         55.3/55.3 kB 577.2 kB/s eta 0:00:00
Collecting cycler>=0.10
  Downloading cycler-0.11.0-py3-none-any.whl (6.4 kB)
Collecting contourpy>=1.0.1
  Downloading contourpy-1.0.7-cp310-cp310-win_amd64.whl (162 kB)
                                         163.0/163.0 kB 1.9 MB/s eta 0:00:00
Collecting fonttools>=4.22.0
  Downloading fonttools-4.38.0-py3-none-any.whl (965 kB)
                                         965.4/965.4 kB 1.4 MB/s eta 0:00:00
Collecting python-dateutil>=2.7
  Using cached python_dateutil-2.8.2-py2.py3-none-any.whl (247 kB)
Collecting pyparsing>=2.2.1
  Downloading pyparsing-3.0.9-py3-none-any.whl (98 kB)
                                         98.3/98.3 kB 1.1 MB/s eta 0:00:00
Collecting six>=1.5
  Using cached six-1.16.0-py2.py3-none-any.whl (11 kB)
Installing collected packages: six, pyparsing, pillow, packaging, numpy, kiwisolver, fonttools, cycler, python-dateutil, contourpy, matplo
tlib, wordcloud
Successfully installed contourpy-1.0.7 cycler-0.11.0 fonttools-4.38.0 kiwisolver-1.4.4 matplotlib-3.6.3 numpy-1.24.1 packaging-23.0 pillow
-9.4.0 pyparsing-3.0.9 python-dateutil-2.8.2 six-1.16.0 wordcloud-1.8.2.2
```

图 5-9　Windows 10 操作系统的 DOS 控制台下安装 wordcloud 库成功的截图

使用 wordcloud 库生成词云图可分为以下 3 个步骤。

（1）使用 WordCloud() 函数生成词云对象。

词云图的生成基于词云对象，词云对象生成语句如下：

```
wc = wordcoud.WordCloud()
```

上面的语句生成了一个词云对象 wc，因为没有传入任何参数，这样生成的词云对象采用了默认参数值，例如词云图宽为 400 像素，高为 200 像素，背景色为黑色等。如果要修改默认的词云图效果，此时可以传入参数，主要的参数如下。

font_path：指明字体文件的路径，默认值为 None。在 Linux 操作系统上的默认路径是 DroidSansMono，其他操作系统需要修改这个参数。

width 和 height：这两个参数决定了生成的矩形词云图的画布宽和高；不传入这两个参数时，词云图的画布默认尺寸是 400×200。

mask：如果不喜欢默认的矩形词云，使用这个参数可以指定词云图的形状。词云图的形状可以使用函数 iamgeio.read()[①] 读取一张图片来充当。

background_color：指定词云图的背景颜色，默认值是黑色。

max_words：此参数指定词云图中显示的单词数量，默认值是 200 个。

prefer_horizontal：词云图中，单词排布有水平和垂直两个方向；该参数指明水平出现的词语占比，默认的水平出现词语占比是 90%，垂直占比是 10%。

---

① imageio 是一个第三方库，成功安装后才能使用，其中的 read(uri, format=None, **kwargs) 函数用于读取图像文件，并返回 NumPy 数组。

min_font_size、max_font_size 和 font_step：这 3 个参数指定词云图中显示的最小字体号、最大字体号和字体号间的步进间隔；最小字号默认为 4 号，步进间隔默认为 1，而默认最大字号则根据词云高度自动调整。

stopwords：此参数用于指定不显示的词，默认没有不显示的词。

有关其他参数，请读者使用 help(wordcloud.WordCloud) 查看。

（2）使用 generate() 函数加载词语。

词云对象 wc 创建和设置好之后，使用下面语句往对象上加载词语。

```
wc.generate(text)
```

这个函数是 generate_from_text() 的别名，其功能是：将 text 进行自然分词处理，按照词频高低确定词云中词的字号大小并进行绘制。自然分词是指按照空格进行词语切分。对于英文文本来说，自然分词直接输入原始文本即可，但是如果是中文，首先要对其进行中文分词，并将分词结果按照空格连接起来之后，再传入。例如：

```
>>>wc.generate("I love my country China")     # 英文原文加载

>>>ls=jieba.lcut(s)         # 将中文文本 s 进行分词，获得分词结果列表 ls
>>>txt=" ".join(ls)         # 将 ls 的各分词元素用空格连接起来，返回字符串 txt
>>>wc.generate(txt)         # 再进行加载
```

加载之后，对加载文本字符串进行词频统计和处理。

（3）使用 to_file() 函数输出词云图。

第三方库 wordcloud 没有提供直接显示词云的功能，但是提供了输出词云图像文件的功能，语句如下：

```
wc.to_file(filename)
```

如果没有指明输出文件的路径，默认的词云图像文件路径与当前程序所处文件路径相同，位于同一个文件夹下。输出的词云图像文件格式包括 .jpeg、.png 等。

简言之，利用 wordcloud 库产生词云仅需要 3 步：生成词云对象；向词云对象加载文本；最后输出词云图像文件。下面是 3 个词云生成的例子。

```
# 默认词云对象，未指明字体路径
>>>wc=wordcloud.WordCloud()
>>>wc.generate('富强 民主 文明 和谐 自由 平等 公正 法治 爱国 敬业 诚信 友善 富强 富强 和谐 ')
>>>wc.to_file("核心价值观.png")
# 默认词云对象，指明字体路径，默认为黑色背景
>>>wc=wordcloud.WordCloud(font_path = "msyh.ttc")
>>>wc.generate('富强 民主 文明 和谐 自由 平等 公正 法治 爱国 敬业 诚信 友善 富强 富强 和谐 ')
```

```
>>>wc.to_file("核心价值观.png")
# 设置词云对象的背景颜色为白色,指明字体路径
>>>wc=wordcloud.WordCloud(background_color='white',font_path = "msyh.ttc")
>>>wc.generate('富强 民主 文明 和谐 自由 平等 公正 法治 爱国 敬业 诚信 友善 富强 富强 和谐')
>>>wc.to_file("核心价值观.png")
```

上述代码运行产生的 3 个词云如图 5-10 所示。图 5-10（a）词云未指明字体路径,对于中文词语,无法显示分词结果。图 5-10（b）设置了字体路径 font_path 参数,可以正常显示了,其余词云参数全部是默认效果,"富强"出现了 3 次,用最大字号显示;"和谐"出现了两次,用第二大字号显示;其余词语出现频次相同,所用字号一样大。图 5-10（c）在图 5-10（b）的基础上,仅修改了背景色的参数 background_color 为白色。

（a）未指明字体路径　　（b）黑色背景词云　　（c）白色背景词云

图 5-10　3 个词云例子

5.6.2　《红楼梦》人物词频统计

在自然语言处理中,统计词频是非常重要的任务。词频即词在文本中出现的次数,词频的多少反映了一个词的重要程度和地位。

【例 5-5】编写一个程序,读入《红楼梦》中刘姥姥两次进荣国府的章节文本,对其进行分词,去除停用词,统计其中的人名出现的次数,并以文本和柱状图的形式输出。

编写程序的思路是:尽量采用模块化的思想来考虑程序框架。上述任务有 3 大块:分词、去除停用词和统计。可以将分词和去除停用词分别定义成一个函数,在主代码中完成统计词频并输出的任务。

首先自定义一个函数 getWords(),读入文本,因为文本中有很多符号,采用标准库函数 re.sub() 可以一次性去除文本中的符号,如空格、换行符等,并向 jieba 分词库追加"周瑞家的"这样的新词;再采用精确模式分词,并将分词结果返回。

然后定义另一个函数 getStopWords(),用于获取并生成停用词列表。这里采用了哈工大的开源停用词库 hit_stopwords.txt,将其读入、生成停用词表并返回。因为《红楼梦》并非现代白话文,这个停用词表并不够用,可以观察输出结果并在文本文件后直接追加新的停用词,一个词对应一行。

这两个自定义函数都用到文件的打开和读入操作。文件打开、关闭和读写的具体方法将在第 7 章详细介绍,读者可自由查阅。

主代码流程图如图 5-11 所示。该图中的纯分词列表指的是去除了停用词的分词结果。

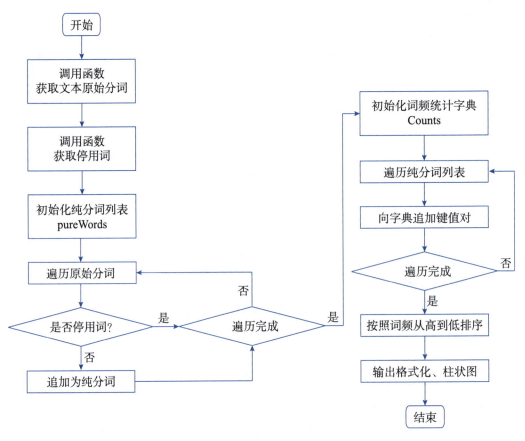

图 5-11　词频统计实例的主代码流程图

源代码如下：

```
1  import jieba                          # 用于中文分词
2  import re                             # 用于批量去除特殊符号
3  import matplotlib.pyplot as plt
4
5  def getWords():
6      with open("红楼梦_刘姥姥.txt", "r",encoding="ANSI") as f1:
7          txt=f1.read()
8      txt=re.sub('[!` \n]','',txt)
9      jieba.add_word("周瑞家的")         # 向词库中添加特殊的新词
10     words=jieba.lcut(txt)             # 采用精确模式分词
11     return words
12
13 def getStopWords():
14     stopWords=[]
```

```python
15    with open("hit_stopwords.txt", "r",encoding="utf-8") as f2:
16        lines=f2.readlines()
17    for line in lines:
18        line=line.strip()
19        stopWords.append(line)
20    return stopWords
21
22
23 ls=getWords()                              # 全部分词
24 pureWords=[]                               # 去除停用词之后的词列表
25 stop_words=getStopWords()
26
27 # 去除停用词, 产生无停用词的词列表 pureWords
28 for w in ls:
29     if w not in stop_words:
30         pureWords.append(w)
31
32 # 创建空字典 counts, 存放单词及其出现的次数
33 counts={}
34 for word in pureWords:
35     if word==" 凤姐 " or word==" 凤姐儿 " or word==" 王熙凤 ":
                                               # 凤姐、凤姐儿、王熙凤是一个人
36         counts[" 王熙凤 "]=counts.get(" 王熙凤 ",0)+1
37     elif word==" 老太太 ":                  # 老太太就是贾母, 统计记为键值对 { 贾母 : 出现次数 }
38         counts[" 贾母 "]=counts.get(" 贾母 ",0)+1
39     else:
40         counts[word]=counts.get(word,0)+1   # 遍历分词后的字典, 统计词出现的次数
41
42 # 排序
43 items=list(counts.items())                 # 将字典的键值对转换为列表
44 items.sort(key=lambda x:x[1],reverse=True) # 按照出现次数（字典的值）降序排列
45
46 # 格式化输出: 出现次数最多的为 10 个; 绘制 Top10 柱状图
47 for i in range(10):
48     print(" 出现次数排名第 {:<2} 的词是 :{:<5}, {:>3} 次 ".format(i+1,items[i]
   [0],items[i][1]))
49     plt.bar(items[i][0],items[i][1])       # 绘制柱状图
50 plt.rcParams["font.sans-serif"]=["SimHei"] # 设置中文字体, 正确显示中文
51 plt.show()                                 # 弹出显示柱状图
```

在安装 wordcloud 词云库的时候, 也一起安装了其他几个第三方库, 其中包括 Matplotlib 库。它是一款优秀的二维图形处理和绘制库, 在本书第 9 章有详细的介绍, 本例中仅用了短短的 3 行代码（第 49 ～ 51 行）, 即绘制出了 Top10 人物出现次数柱状图。

上述代码运行结果（文本输出）如下：

```
>>>
出现次数排名第 1 的词是：刘姥姥    ，239 次
出现次数排名第 2 的词是：贾母      ，205 次
出现次数排名第 3 的词是：宝玉      ，170 次
出现次数排名第 4 的词是：王熙凤    ，163 次
出现次数排名第 5 的词是：鸳鸯      ，98 次
出现次数排名第 6 的词是：王夫人    ，87 次
出现次数排名第 7 的词是：平儿      ，74 次
出现次数排名第 8 的词是：周瑞家的，49 次
出现次数排名第 9 的词是：薛姨妈    ，40 次
出现次数排名第 10 的词是：贾琏     ，37 次
```

上述代码运行时，同时输出一个图形（figure）框，直观地显示人物出现次数 Top10 的柱状图，如图 5-12 所示。

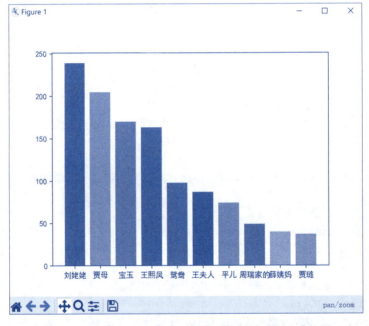

图 5-12　使用 Matplotlib 库 3 行代码绘制的 Top10 柱状图

5.6.3 "十四五规划"关键词的词云展示

2021 年，我国颁布了《中华人民共和国国民经济和社会发展第十四个五年规划和 2035 年远景目标纲要》（以下简称"十四五规划"），全文分 19 篇共 65 章。

【例 5-6】编一个程序，对"十四五规划"进行分词，用词云图按照词语出现次数多少进行直观展示。

编写程序的思路是：①读入"十四五规划"，产生初步分词列表；②读入停用词库，

产生停用词列表；③去除停用词之后的词用空格连接成长字符串，再使用词云分三步生成和输出词云图。前两步由两个函数来完成，最后一步在主代码中进行处理。

首先，定义函数 getWords()，实现读入"十四五规划"全文文本文件，去除特殊符号，采用精确模式进行分词，返回分词结果的列表。

其次，定义函数 getStopWords()，实现读入开源的哈工大停用词库的文本文件，去除其换行符，形成停用词的列表，并返回这个列表。

在主代码中，调用 getWords() 获得"十四五规划"的全部分词结果，再使用 getStopWords() 获得停用词表，去除停用词后，构造一个新的列表 pureWords；最后将 pureWords 的元素用空格连接成长字符串 s。接下来使用词云三部曲生成和输出词云库。主代码流程图如图 5-13 所示。

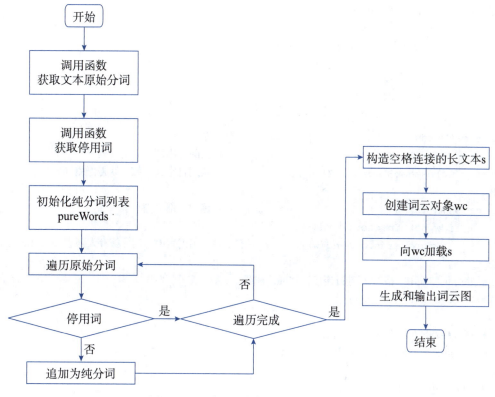

图 5-13 生成词云实例的主代码流程图

源代码如下所示。

```
1 import jieba                      # 用于中文分词
2 import re                         # 用于批量去除文本中的特殊符号
3 import wordcloud                  # 用于处理分词，生成词云图
4 import imageio.v2 as imageio      # 用于读入词云形状
```

```
5
6  # 定义一个函数,读入待处理文本,并返回分词结果
7  def getWords():
8      with open("中国十四五规划.txt", "r",encoding="UTF-8") as f1:
9          txt=f1.read()
10     txt=re.sub('[!` \n]','',txt)          # 去除文本中的特殊字符和标点
11     words=jieba.lcut(txt)                 # 采用精确模式分词
12     return words
13
14 # 定义一个函数,从开源的哈工大停用词库中读入停用词
15 def getStopWords():
16     stopWords=[]=''
17     with open("hit_stopwords.txt", "r",encoding="UTF-8") as f2:
18         lines=f2.readlines()
19     for line in lines:
20         line=line.strip()
21         stopWords.append(line)
22     return stopWords
23
24
25 ls=getWords()                              # 全部分词
26 pureWords=[]                               # 去除停用词之后的词列表
27 stop_words=getStopWords()                  # 调用自定义函数,获得停用词表
28
29 for w in ls:                               # 遍历全部分词
30     if w not in stop_words:
31         pureWords.append(w)    # 只有不在停用词表中的词才被存入列表 pureWords
32
33 # 将分词结果用空格" "进行连接,被词云加载
34 s=" ".join(pureWords)
35
36 # 读入一幅图像,作为词云形状,备用
37 mk=imageio.imread("五角星.jpeg")
38
39 # 词云构造三部曲
40 wc=wordcloud.WordCloud(background_color="black",font_path = "msyh.
   ttc",mask=mk)                            # 创建词云
41 wc.generate(s)                             # 加载
42 wc.to_file("十四五规划.png")                # 输出词云图
```

以上程序中,第 40 行词云对象 wc 使用参数 mask 设置了词云的形状。mask 的值是图像数组 mk,而 mk 是使用 imageio 第三方库中的 imread(图像文件)读入一个图像获得的。读入不同的图像,获得的词云形状也不同。

运行上述代码，当提供图 5-14 所示的灯笼和五角星词云参数时，可以获得图 5-15 所示的不同词云文件。

图 5-14　生成词云形状的 3 幅原始图像

图 5-15　生成不同形状的词云

5.7　本章小结

一组数据的表示和处理是组合数据类型的主要内容。

本章首先探讨了集合的两种定义方法：用一个大括号 {} 或内置函数 set()。集合的元素具有独特性、无序性和确定性，且不可以是集合、列表、字典等组合数据类型。集合之间可以进行交、并、补、差运算，且可以进行包含与否的比较。对集合元素可以进行增加、删除和修改等基本操作。

序列类型包括可变序列和不可变序列两大类。序列类型是有序数据的组合，用户可以通过序号进行索引和访问，序号包括正向递增序号和反向递减序号；对序列进行访问时，两种序号可以混合使用。所有的序列类型可以进行切片、访问等通用操作。

元组是不可变序列类型；它可使用小括号 ()、函数 tuple() 创建和定义。一旦创建则不可更改，所以元组的操作基本是序列类型的通用操作。元组可用于函数的可变参数、多返回值等场景。

列表是可变序列类型，使用非常广泛。除了序列类型的通用操作外，还可以对列表进行删除、修改、增加等其他操作。对列表排序可以使用方法 list.sort() 或内置函数 sorted()。

字典是映射类型的实现，它是键值对的集合，是最常使用的组合数据类型之一。使用大括号和 dict() 都可以创建字典，字典的键具有唯一性，通过键进行索引。本章探讨了字典元素的增加、删除和修改等基本操作。

针对一个具体的应用，使用哪一种组合数据类型是最好的？该问题往往没有唯一的答案。列表和字典是我们经常所做的选择。

习题

第 5 章
补充习题

1. 某实验初中采用随机方式派学位，有 1500 人报名，报名学生的编号从 1～1500，学位只有 400 个。请设计一个使用集合的程序，随机产生 400 个学位，并输出获得学位的学生的编号。

2. 编写一个程序，求不同数字之和。用户输入一个包含字符与数字的字符串 s，找到 s 中所出现的不同数字并求和。例如，用户输入 Aeg123lkh123g4，其中所出现的不同数字为 1、2、3、4，这几个数字和为 10。要求用集合来实现。

3. 编写程序，用随机函数生成 10 个平面坐标上的点，每个点的坐标都是 0～9 的整数。输出这 10 个点的坐标，并找出距离最远的两个点的坐标。两点 (x_1, y_1) 和 (x_2, y_2) 之间的距离计算公式如下：

$$D = \sqrt{(x_1 - x_2)^2 + (y_1 - y_2)^2}$$

要求：用元组来保存一个坐标点，用列表来保存全部坐标点；计算任意两点的距离，然后找出最大的距离；如果有距离相同的多组坐标，输出其中一组即可；自行设计格式输出最大距离和相距最远的两个点的坐标。

4. 编写程序，输入一个整数 n，生成长度为 n 的列表，列表的每个元素都是 [0,1] 区间的随机数，自行设计格式输出列表。

5. 编写程序完成以下功能。用户输入一个整数，在如下这个指定的列表：[26,15,8,8,34,198,242,5,44,8,99,250] 中查找该数出现的位置（位置是列表中该数的序号 +1）。如果该数在列表中出现多次，则输出该数出现的所有位置，否则输出"未找到要查找的数"。例如，针对以上指定的列表，如果用键盘输入的整数是 2，则输出"未找到要查找的数"；如果用键盘输入的整数是 8，则输出"要查找的数出现的位置是：[3,4,10]"。

6. 编写程序，用随机函数产生 16 个范围在 1～100 的整数列表，按每行 4 个元素输出该列表，然后找出列表中是否存在两个数对 (a,b) 和 (c,d)，使得 a+b=c+d，其中 a、b、c、d 是数组中不同位置的元素，输出找到的全部结果。提示：使用字典保存数对的和。

7. 编写程序，针对输入的字符串，统计每个字符出现的次数，区分字母大小写，例如输入 aabbAAA，则输出 {'A':3,'a':2,'b':2}，要求使用字典完成，且按照字典的键升序排列。

8. 编写程序，寻找一组数中的众数，并自行设计格式输出，这组数是 100 个随机 [10,20] 区间的整数。一组数据中，出现次数最多的数就叫这组数据的众数，例如，1,2,3,3,4 的众数是 3。如果有两个或两个以上个数出现次数都是最多的，那么这几个数都是这组数据的众数，例如，1,2,2,3,3,4 的众数是 2 和 3。如果所有数据出现的次数都一样，那么这组数据没有众数。

9. 使用字典实现用户登录功能。有一个账号（键）和密码（值）字典如下：dic = {'admin':'123456','化7':'12345678','强基':'kingking'}，当用户输入用户名和密码，且用户名和密码与字典中的键值对匹配时，显示"登录成功"，否则显示"登录失败"。登录失败时允许重复输入，最多允许重复输入 3 次。

10. 统计 hamlet.txt 文件中出现的英文单词情况，统计并输出出现最多的 10 个英文单词。注意：(1) 单词不区分字母大小写，即单词的大小写或组合形式一样；(2) 在文本中剔除特殊符号 !"#$%&()*+，-./:;<=>?@[\]^_'{|}～；(3) 输出 10 个词频最高的单词，每个单词占一行；(4) 输出单词为小写形式。

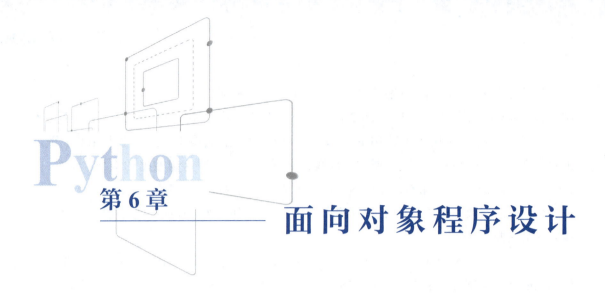

第 6 章 面向对象程序设计

面向对象程序设计方法是尽可能模拟人类的思维方式，使得软件的开发方法与过程尽可能接近人类认识世界、解决现实问题的方法和过程。它把数据和对数据的处理封装在一起，采用数据抽象和信息隐藏技术将需要处理的数据对象和对数据对象的操作抽象成类。每个类包含数据说明和一组操作数据或传递消息的函数。类的实例称为对象。面向对象程序设计利用类和对象编程来简化程序的设计，提高程序代码的可重用性。

Python 语言定位为一门面向对象的编程语言，类和对象是 Python 的重要特征。相比其他面向对象语言，Python 很容易就可以创建出一个类和对象。同时，Python 也支持面向对象的 3 大特征：封装、继承和多态。

本章主要介绍与面向对象编程有关的基本内容：类与对象、属性与方法，最后通过一个实例讲解类和对象的运用。有关继承、多态等方面的内容，请读者参看 Python 官方文档。

6.1 类与对象

6.1.1 类与对象的概念

类是面向对象程序设计实现信息封装的基础，是对现实世界的抽象，包括表示静态属性的数据和对数据的操作。对象是类的实例化。对象间通过消息传递相互通信，来模拟现实世界中不同实体间的联系。

在面向对象编程中，需要先编写表示现实世界中的事物和情景的类，并基于这些类来创建对象。编写类时，需定义一类对象都有的通用行为。然后基于类创建对象，每个对象都自动具备这种通用行为，再根据需要赋予每个对象独特的个性。

把具有相同特征和性质的事物抽象出来就构成了类，例如，人、动物、汽车、学生和教师等都是类。类是一个抽象概念，当说到人类、猫类、犬类的时候是无法具体到某一个实体的。对象是某一个类的实体，当有对象之后，属性就有了属性值，行为就有了相应的意义。例如，我们根据学生类创建对象张三，学号是 00103，性别为女，年龄为 19 岁，张三就是学生类的一个具体的对象。

类是一个模板，它描述一类对象的行为和属性。对象是类的一个实例，有具体的属性和行为。例如，一条狗是一个对象，它的属性有颜色、名字、品种；行为有摇尾巴、叫、吃等。再比如，在描述不同的人这些对象的时候，发现这些对象具有一些共同的特征，这些特征可分为以下两种。

（1）具有相同的属性：鼻子、眼睛、嘴巴等。

（2）具备相同的行为：吃、喝、拉、撒、睡。

把具有相同行为和属性的一类对象抽象为类，用来描述具有相同的属性和方法的对象的集合。它定义了该集合中每个对象所共有的属性和方法。使用类来描述这类对象的特征。

类型的本质就是类。类提供了一种组合数据和功能的方法。创建一个新类意味着创建一个新的对象类型，从而允许创建一个该类型的新实例。每个类的实例可以拥有保存自己状态的属性，也可以有改变自己状态的方法。对象是类的实例。

面向对象中有以下两个重要的概念。

（1）类：对一类事物的描述是抽象的、概念上的定义，例如做石膏像的模型。

（2）对象：实际存在的该类事物的每个个体，因而也称实例（instance），例如石膏像。

二者的关系：一个类可以创建无穷多个对象，每个对象都属于类。

6.1.2 类与对象的定义

1. 类的定义

类主要由类名、属性、方法组成。当然创建一个类时，属性和方法是可以选择的。Python 中定义一个类使用 class 关键字实现，其基本语法格式如下：

```
class 类名():
    类体
```

类名是用户自定义的标识符。用来标识类的名字与变量名一样。在给类起名字时，最好让其符合程序员编程习惯。从 Python 语法上讲，用 a、b、c 作为类的类名是完全没有问题的，但考虑到程序的可读性，在给类命名时，最好使用能代表该类功能的单词，例如用 Student 作为学生类的类名，甚至如果必要，可以使用多个单词组合，例如本章中介绍属性的类名可以是 AttributeExample1。如果由单词构成类名，建议每个单词的首字母大写，其他字母小写。

class 是定义类的关键字。通过使用 class 语句与这个类的名称来创建一个新类，其后要跟冒号（:），表示告诉 Python 解释器，下面要开始设计类的内部功能了，也就是编写类属性和类方法。在它之后是一个缩进的语句块，代表这个类的主体。类体中包含属性

（特征）和方法（功能）。无论是类属性还是类方法，对于类来说，它们都不是必需的，可以有，也可以没有。另外，Python 类中属性和方法所在的位置是任意的，即它们之间并没有固定的前后次序。类属性指包含在类中的变量，而类方法指包含在类中的函数。

2. 对象的定义

类名后跟小括号，表示创建一个类的对象（又称实例）。实例化对象语法形式如下：

对象名 = 类名()

类是抽象的，对象是具体的。类可以看作是一种数据类型，用类定义一个对象实际上相当于定义该类的一个变量。类的方法由类的对象调用。

【例 6.1】创建一个学生类，实例化对象并输出其学院和班级。

源程序如下：

```
1  # 6.1.py
2  class Student():
3      # 属性
4      college = "计算机"
5      grade = "2023 级"
6      # 方法
7      def study(self):
8          print("this is a example")
9  # 实例化对象
10 student1 = Student()
11 # 使用属性
12 xueyuan = student1.college
13 nianji = student1.grade
14 print("一名 ",xueyuan,"学院的 ",nianji,"学生记录创建成功")
```

运行结果如下：

```
>>>
一名 计算机 学院的 2023 级 学生记录创建成功
```

Python 允许创建空类，空类是没有任何属性和方法的类，例如：

```
class Empty:
    pass
```

空类直接用 pass 关键字作为类体。但在实际应用中，很少会创建空类，因为空类没有任何实际意义。

3. __init__() 方法

在 Python 的类中，有不少方法的名称具有着特殊的意义。__init__() 方法就是其中之一。该方法会在类的对象被实例化时立即运行，完成对对象的初始化操作；它是 Python

已经定义好的，只要调用即可。在创建类时，也可以手动添加一个 __init__() 方法。该方法是一个特殊的类实例方法，称为构造方法（或构造函数）。构造方法可在创建对象时被使用，即每当创建一个类的实例对象时，Python 解释器都会自动调用它。Python 类中，手动添加构造方法的语法格式如下：

```
def __init__(self,…):
    代码块
```

此方法的方法名中，开头和结尾各有两个下画线，且中间不能有空格。Python 中很多这种以双下画线开头、双下画线结尾的方法，都具有特殊的意义。另外，__init__() 方法可以包含多个参数，但必须包含一个名为 self 的参数作为第一个参数。也就是说，类的构造方法最少也要有一个 self 参数。例如，仍以 Student 类为例，添加构造方法的代码如例 6.2 所示。

【例 6.2】创建一个学生类，实例化对象并输出其姓名和性别。

```
1  # 6.2.py
2  class Student():
3      # 属性
4      college = "计算机"
5      grade = "2023级"
6      # 方法
7      def __init__(self):  # 构造方法
8          print("构造方法被调用")
9          self.name = "张小爱"
10         self.sex = "女"
11     def study(self):
12         print("this is a example")
13 # 实例化对象
14 student1 = Student()
15 # 使用属性
16 xingming = student1.name
17 xinbie = student1.sex
18 print("姓名为：",xingming,"，性别为：",xinbie,"的学生实例被创建成功")
```

运行结果如下：

```
>>>
构造方法被调用
姓名为：张小爱，性别为：女的学生实例被创建成功
```

如果不手动为类添加任何构造方法，Python 也会自动为类添加一个仅包含 self 参数的构造方法。仅包含 self 参数的 __init__() 构造方法，又称为类的默认构造方法。类方法与

普通方法有一特定的区别——前者必须多加一个参数在参数列表开头，但是不用在调用这个方法时为这个参数赋值，Python 会为它提供。这种特定的变量引用的是对象本身，通常情况下，使用 self 这一名称。在 __init__() 构造方法中，除了 self 参数外，还可以自定义一些参数，参数之间使用逗号","进行分隔。

【例 6.3】创建一个学生类，实例化对象并输出其姓名、年龄和学号。

```
1  # 6.3.py
2  class Student():
3  # 属性
4      college = "计算机"
5      grade = "2023级"
6  # 方法
7      def __init__(self, name, age, number):
8          print("构造方法被调用")
9          self.name = name
10         self.age = age
11         self.number = number
12         print("学生",self.name,"年龄",self.age,"学号",self.number,"实例创建成功")
13     def study(self):
14         print("this is a example")
15 # 实例化对象
16 student1 = Student("张小爱","18","202209098828")
```

例 6.3 中在创建 __init__() 方法时，额外指定了 3 个参数。实例化对象时，会自动调用类的构造方法 __init__()。当该构造方法有多个参数时，self 不需要传值，但对于 __init__() 中自定义的其他参数 name、age 和 number 需要传值。类中的方法都是通过对象执行的，对象执行这些方法都会将对象空间传递给方法中的第一个参数 self。self 其实就是类中方法的第一个位置参数，只不过解释器会自动将调用这个函数的对象传递给 self，self 就代表对象。Python 中的 self 相当于 C++ 语言中的 this 指针。

运行结果如下：

```
>>>
构造方法被调用
学生 张小爱 年龄 18 学号 202209098828 实例创建成功
```

6.2 属性与方法

类只有在实例化后，也就是使用该类创建对象之后，才能得到利用。总的来说，实例化后的类的对象可以执行以下操作：访问或修改对象具有的属性，甚至可以添加新的属性或者删除已有的属性；调用类的方法，包括调用现有的方法，以及给类动态添加方法。

6.2.1 方法

方法就是行为，通过函数实现。一个类可以有很多方法。逻辑运算、数据修改以及所有动作都是在方法中完成的。类的方法可以进行更细致的划分，具体可分为类方法、实例方法和静态方法。采用 @classmethod 修饰的方法为类方法，采用 @staticmethod 修饰的方法为静态方法，不用任何修饰的方法为实例方法。通常情况下，在类中定义的方法默认都是实例方法。

在类的内部，使用 def 关键字来定义一个方法。与一般函数定义不同，实例方法必须包含参数 self，且为第一个参数，self 代表的是类的实例。self 的名字并不是规定死的，也可以使用 this，但是最好还是按照约定使用 self。实例方法只能被实例对象调用。

与大部分语言类似，Python 中的方法也有公有（public）和私有（private）之分。在 Python 中定义的方法一般为公有方法，公有方法在类中，类外、子类中都可以调用。私有方法是以两个下画线（__）开头的方法，私有方法只能在类的内部使用。

使用类的实例对象调用类中方法的语法格式如下：

实例对象名.方法名（参数）

对象名和方法名之间用句点（.）连接。

对于私有实例方法，在类的内部调用的语法格式如下：

self.实例方法名（参数）

【例 6.4】创建一个语言类课程，实例化对象并输出年级选课情况。

```
1  # 6.4.py
2  class Planguage():
3      # 类构造方法，属于私有实例方法
4      def __init__(self):
5          self.name = "Python 语言程序设计"
6          self.press = "清华大学"
7      # 下面定义了一个 study 实例方法，为公有实例方法
8      def study(self,grade):
9          self.grade = grade
10         print(self.grade," 选修了 ",self.name," 这门课程 ")
11 p1 = Planguage()
12 p1.study(" 计算机二年级学生 ")     # p1 为实例对象，在类外调用公有实例方法
```

运行结果如下：

```
>>>
计算机二年级学生 选修了 Python 语言程序设计 这门课程
```

类方法和实例方法相似，它最少也要包含一个参数，只不过类方法中通常将其命名为 cls，Python 会自动将类本身绑定给 cls 参数，也就是说，在调用类方法时，无须显式为 cls 参数传参。与 self 一样，cls 参数的命名也不是规定的，理论上可以随意命名，只是大家都约定俗成的习惯用 cls 而已。

与实例方法最大的不同在于，类方法需要使用 @ classmethod 修饰符进行修饰。类方法推荐使用类名直接调用，类名和方法名之间用句点（.）连接。其语法格式如下：

  类名 . 类方法名（参数）

静态方法没有类似 self、cls 这样的特殊参数，因此 Python 解释器不会对它包含的参数做任何类或对象的绑定。也正因为如此，类的静态方法中无法调用任何类属性和类方法。静态方法需要使用 @ staticmethod 进行修饰。静态方法的调用，既可以使用类名，也可以使用类的实例化对象；推荐使用类名直接调用。其语法格式如下：

  类名 . 静态方法名（参数）

在实际编程中，比较少用到类方法和静态方法，实例方法是最常用的方法。

【例 6.5】类方法和静态方法使用示例。

```
1  # 6.5.py
2  class Planguage():
3
4      def __course(self):            # 定义 course 私有实例方法
5          self.name = "Python 语言程序设计 "
6
7      def study(self,grade):         # 定义 study 公有实例方法
8          self.grade = grade
9          self.__course()            # 在类里调用私有实例方法
10         print(self.grade," 选修了 ",self.name," 这门课程 ")
11     @classmethod
12     def class_method(cls):         # 定义类方法
13         print("This is a classmethod example")
14     @staticmethod
15     def static_method()            # 定义静态方法
16         print("This is a staticmethod example")
17 p1 = Planguage()
18 p1.study(" 计算机二年级学生 ")      # 对象 p1 调用公有实例方法 study
19 Planguage.class_method()           # 类 Planguage 调用类方法 class_method
20 Planguage.static_method()          # 类 Planguage 调用静态方法 static_method
```

运行结果如下：

```
>>>
计算机二年级学生  选修了  Python 语言程序设计  这门课程
```

```
This is a classmethod example
This is a staticmethod example
```

6.2.2 属性

在类定义中，根据变量定义的位置和方式的不同，变量可分为 3 种：类属性、实例属性和局部变量。在类中的所有方法之外定义的变量，称为类属性或类变量。在类中所有方法内部以"self. 变量名"的方式定义的变量，称为实例属性或实例变量。在类中所有方法内部以"变量名 = 变量值"的方式定义的变量，称为局部变量。下面重点介绍类的实例属性和类属性的定义与使用。

类属性为类的所有实例化对象所共有，类属性在内存中只存在一个副本，这个和 C++ 中类的静态成员变量有点类似，因此，类属性又称为静态属性。类属性通常用来记录与这个类相关的特征。在类外它既可以通过类名加句点表示法访问，也可以通过类的实例化对象加句点表示法访问。通过类名不仅可以调用类属性，也可以修改它的值。如果通过类名加句点的方式修改类属性的值，会影响所有的实例化对象里该属性的值。

实例属性只作用于调用方法的对象，只能通过对象名访问。

如果构造方法中定义的属性没有使用 self 作为前缀声明，则该变量只是普通的局部变量。

【例 6.6】创建一个学生类，实例化两个学生对象并输出其年级、姓名和年龄。修改学生的年级并再次输出相关信息。

```
1  # 6.6.py
2  class Student():
3      # 定义类属性 college、grade
4      college = "计算机"
5      grade = "2023 级"
6      # 定义构造方法 __init__，为私有实例方法
7      def __init__(self,name,age,number):
8          # 定义实例属性 self.name、self.age、self.number
9          self.name = name
10         self.age = age
11         self.number = number
12         print("学生",self.name,"年龄",self.age,"学号",self.number,"实例创建成功")
13     def study(self):        # 定义公有构造方法 study
14         print("this is a example")
15 # 实例化对象
16 student1 = Student("张小爱","18","202209098828")
17 student2 = Student("李爱方","18","202209098838")
```

```
18 print("学生1信息为: ",student1.grade,student1.name,student1.age)
19 print("学生2信息为: ",student2.grade,student2.name,student2.age)
20 # 修改年级和年龄信息
21 Student.grade = "2019级"
22 student1.age = 20
23 # 输出修改后信息
24 print("修改后学生1信息为: ",student1.grade,student1.name,student1.age)
25 print("修改后学生2信息为: ",student2.grade,student2.name,student2.age)
```

运行结果如下:

```
>>>
学生 张小爱 年龄 18 学号 202209098828 实例创建成功
学生 李爱方 年龄 18 学号 202209098838 实例创建成功
学生1信息为: 2023级 张小爱 18
学生2信息为: 2023级 李爱方 18
修改后学生1信息为: 2019级 张小爱 20
修改后学生2信息为: 2019级 李爱方 18
```

在例6.6中,第21行通过类名加句点的方式修改类属性grade的值,其所有的实例化对象student1和student2里该属性的值都跟着发生了变化。而对于实例属性self.age来说,第22行修改的仅仅是对象student1的年龄值,而对象student2的年龄值并没有改变。

属性也可以不在类中显式定义,而在类外动态地为类和对象添加属性。例如,例6.6中当在类Student外对类进行实例化之后,产生了一个实例对象student1,可以在类外通过student1.sex="女"语句给student1对象新添加sex这个实例属性,赋值为"女"。这个实例属性sex是实例对象student1所特有的,类Student和实例对象student2并不拥有它,如例6.7所示。同理,也可以使用del语句动态删除属性。

在类中,实例属性和类属性可以同名,使用实例化对象加句点访问,会优先访问实例属性,此时可以使用类名加句点访问类属性。在不同名的情况下,类属性通过类的实例化对象加句点也能访问,但无法修改类属性的值。

【例6.7】创建一个学生类,实例化两个学生对象并输出其年级、姓名和年龄。为学生1增加性别信息并修改学生的年级后再次输出相关信息。

```
1 # 6.7.py
2 class Student():
3     # 定义类属性grade
4     grade = "2023级"
5     # 定义构造方法
```

```
6      def __init__(self,name,age,number):
7          self.name = name            实例属性
8          self.age = age              # 实例属性
9          self.number = number        # 实例属性
10         print("学生 ",self.name,"年龄 ",self.age,"学号 ",self.number,"实例创
   建成功 ")
11
12     def study(self):
13         print("this is a example")
14
15 # 实例化对象
16 student1 = Student("张小爱","18","202209098828")
17 student2 = Student("李爱方","18","202209098838")
18 print("学生 1: ",student1.grade,student1.name,student1.age)
19 print("学生 2: ",student2.grade,student2.name,student2.age)
20 Student.grade = "2019 级 "         # 修改类属性 grade 的值
21 Student.college = "计算机 "        # 增加类属性 college
22 student1.sex = "女 "               # 为对象 student1 增加实例属性 sex
23 student1.grade = "2020 级 "        # 为对象 student1 增加实例属性 grade, 与类属性同名
24                                    # 输出修改后信息
25 print(" 修改后学生信息为：")
26 print("学生 1: ",student1.grade,student1.college,student1.name,student1.
   age,student1.sex)
27 print("学生 2: ",student2.grade,student2.college,student2.name,student2.age)
```

运行结果如下：

```
>>>
学生 张小爱 年龄 18 学号 202209098828 实例创建成功
学生 李爱方 年龄 18 学号 202209098838 实例创建成功
学生 1： 2023 级 张小爱 18
学生 2： 2023 级 李爱方 18
修改后学生信息为：
学生 1： 2020 级 计算机 张小爱 18 女
学生 2： 2019 级 计算机 李爱方 18
```

在例 6.7 中，第 23 行给 student1 对象新添加了 grade 这个实例属性，并不是修改了类属性 grade 的值。而第 20 行是类属性 grade 的修改语句。由于 student1 的实例属性 grade 与类属性同名，所以第 26 行输出的是实例属性 grade 的值 "2020 级"，而第 27 行输出的是类属性 grade 的值 "2019 级"。第 21 行在类外增加了类属性 college，它为所有实例对象所共有，因此第 26 行和第 27 行的输出中都有 college。第 22 行为 student1 添加的 sex

实例属性是实例对象 student1 所特有的，类 Student 和实例对象 student2 没该属性，如果在最后一条语句加上输出 student2.sex 就会报错，如下所示。

```
>>>
学生 张小爱 年龄 18 学号 202209098828 实例创建成功
学生 李爱方 年龄 18 学号 202209098838 实例创建成功
学生1： 2023 级 张小爱 18
学生2： 2023 级 李爱方 18
修改后学生信息为：
学生1： 2020 级 计算机 张小爱 18 女
Traceback (most recent call last):
   File "E:/6.7.py", line 29, in <module>
     print("学生2: ",student2.grade,student2.college,student2.name,student2.age,student2.sex)
AttributeError: 'Student' object has no attribute 'sex'
```

由于 __init__() 方法在创建类实例对象时会自动调用，因此类的实例化对象都会包含 __init__() 方法中的实例属性；其他方法需要类的实例化对象则手动调用，只有调用了方法的实例对象才包含方法中定义的实例属性。

【例 6.8】创建一个学生类，实例化两个学生对象并输出其年级、姓名和年龄。为学生 1 增加选课信息后再次输出相关信息。

```
1  # 6.8.py
2
3  class Student():
4      grade = "2023 级 "                           # 定义类属性
5
6      def __init__(self,name,age,number):         # 定义构造方法
7          self.name = name                        # 实例属性
8          self.age = age                          # 实例属性
9          self.number = number  # 实例属性
10         print("学生 ",self.name," 年龄 ",self.age," 学号 ",self.number," 实例创建成功 ")
11
12     def study(self,course):
13         self.course = course                    # 实例属性
14
15 # 实例化对象
16 student1 = Student(" 张小爱 ","18","202209098828")
17 student2 = Student(" 李爱方 ","18","202209098838")
18 print(" 学生 1： ",student1.grade,student1.name,student1.age)
19 print(" 学生 2： ",student2.grade,student2.name,student2.age)
20 student1.study("Python 语言 ")                   # 调用方法 study
```

```
21 # 输出选课信息
22 print("选课后学生信息为：")
23 print("学生1: ",student1.grade,student1.name,student1.age,student1.course)
24 print("学生2: ",student2.grade,student2.name,student2.age,student2.course)
```

运行结果如下：

```
>>>
学生 张小爱 年龄 18 学号 202209098828 实例创建成功
学生 李爱方 年龄 18 学号 202209098838 实例创建成功
学生1: 2023级 张小爱 18
学生2: 2023级 李爱方 18
选课后学生信息为：
学生1: 2023级 张小爱 18 Python语言
File "E:\6.8.py", line 24, in <module>
print("学生2: ",student2.grade,student2.name,student2.age,
student2.course)
AttributeError: 'Student' object has no attribute 'course'
```

程序出错的原因是实例化对象 student2 并没有调用 study 方法，因此其没有 course 实例属性，去掉例 6.8 第 24 行中的 student2.course，将会得到正确的输出，如下所示。

```
>>>
学生 张小爱 年龄 18 学号 202209098828 实例创建成功
学生 李爱方 年龄 18 学号 202209098838 实例创建成功
学生1: 2023级 张小爱 18
学生2: 2023级 李爱方 18
选课后学生信息为：
学生1: 2023级 张小爱 18 Python语言
学生2: 2023级 李爱方 18
```

与方法一样，类的属性也分为公有属性和私有属性。在 Python 中定义的属性一般为公有属性，公有属性是在类中和类外都能被访问的属性。私有属性是以两个下画线（__）开头，私有属性不能在类的外部被使用或直接访问，它只能在类的内部使用，使用方法为 self.__privateattrs。

类中的每个属性都必须有初始值，可以在方法 __init__() 中设置初始值。

【例 6.9】在方法 __init__() 中设置初始值。

```
1 # 6.9.py
2
3 class AttributeExample1():
```

```
4
5    def __init__(self):       # 构造函数，为实例属性设置初始值（默认值）
6        self.name = "张小爱"
7        self.__age = 18
8        self.__sex = "woman"
9
10 p1 = AttributeExample1()
11 print(p1.name)
12 print(p1.__age)
```

第 5 行的构造函数中定义了 3 个属性：一个是公有属性 name，另外还有私有属性 __age 和 __sex。通过直接指定初始值的方式给它们分别赋予了默认值。在类的外面对 name 和私有属性 __age 进行访问，运行程序时报错如下：

```
>>>
张小爱
Traceback (most recent call last):
  File "E:\6.9.py", line 12, in <module>
    print(p1.__age)
AttributeError: 'AttributeExample1' object has no attribute '__age'
```

在例 6.9 中，name 是公有属性，可以在类外访问。第 11 行执行过程中，Python 先找到实例 p1，再查找与这个实例相关联的属性 name，最后将其值输出。而 __age 是私有属性，只能在类中调用，调用的形式是 self.__age，因此修改代码如下：

```
1  # 6.9.1.py
2  class AttributeExample1():
3      def __init__(self):
4          self.name = "张小爱"
5          self.__age = 18
6          self.__sex = "woman"
7      def test_01(self):
8          print(self.__age)    # 类内部访问私有属性
9  p1 = AttributeExample1()
10 print(p1.name)
11 p1.test_01()
```

运行结果如下：

```
>>>
张小爱
18
```

如果在方法 __init__() 内没有指定这种初始默认值，就需要包含为它提供初始值的形式参数。方法 __init__() 接收这些形式参数的值，并将它们存储在根据这个类创建的实例的属性中。如在下面 6.9.2.py 的代码中，通过直接指定初始值的方式给属性 name 赋了默认值，而属性 age 没有指定初始值。所以方法 __init__() 的第一个形式参数为 self，还在这个方法中包含了另外一个形式参数 age，创建新的对象实例时，需要给出其 age 的值。如第 6 行代码所示，创建对象 E1 时，给出的 age 值是 18。

```
1  # 6.9.2.py
2  class AttributeExample2():
3      def __init__(self,age):      # 此处的 age 需要在类实例化的时候传进来
4          self.name = "张小爱"      # 实例属性，默认值
5          self.age = age           # 实例属性，通过类初始化参数定义
6  E1 = AttributeExample2(age = 18) # 创建实例对象，给定 age 的值为 18
7  print(E1.age)
```

运行结果如下：

```
>>>
18
```

6.3 应用举例

课程教学是决定学校教学质量、人才培养和教学水平的基本要素。课程建设是学校教学基本建设的核心内容，是深化教学改革、提高教学质量、推进教育创新的重要途径。我们的教育应该使受教育者在德育、智育、体育等几方面都得到发展。学校为同学们开设了全面多样的课程，为祖国建设培养德智体美劳全面发展的人才。请为同学们编写一体育类课程的选课程序。

【例 6.10】创建一学生类，实例化学生对象并进行体育类课程游泳的选课及退课操作，并输出最终的选课人数。

```
1  # 6.10.py
2  class Student():
3      sum = 0   # 类属性，用来统计选课学生的人数
4      course=" 游泳 "
5      def __init__(self,name,age,number):
6          self.name = name
7          self.age=age
8          self.number=number
```

```
9          print("学生",self.name,"年龄",self.age,"学号",self.number,"实例
   创建成功")
10
11     def study(self):
12         Student.sum = Student.sum + 1    # 有学生选课，选课人数加 1
13         print("学生",self.name,"学号",self.number,"成功选修课程",Student.course)
14     def Cancel(self):
15         Student.sum = Student.sum - 1    # 有学生退课，选课人数减 1
16         print("学生", self.name, "学号", self.number, "成功退掉课程", Student
   .course)
17     @classmethod                          # 类方法
18     def out_print(cls):
19         print("课程",Student.course,"的选课人数为",Student.sum)   # 输出选课人数
20
21 student1 = Student("张小爱","18","202209098828")
22 student2 = Student("李爱方","18","202209098838")
23 student3 = Student("张晓","18","202209098818")
24 student4 = Student("李方","18","202209098868")
25 student5 = Student("李译","18","202209098898")
26 student6 = Student("王琴","18","202209098836")
27 student7 = Student("王新","18","202209098833")
28 student8 = Student("王辉","18","202209098839")
29 print()     # 输出一行空行分割
30 student1.study()
31 student2.study()
32 student3.study()
33 student4.study()
34 student5.study()
35 student6.study()
36 student7.study()
37 student8.study()
38 student4.Cancel()
39 student2.Cancel()
40 Student.out_print()
```

运行结果如下：

```
>>>
学生 张小爱 年龄 18 学号 202209098828 实例创建成功
学生 李爱方 年龄 18 学号 202209098838 实例创建成功
学生 张晓 年龄 18 学号 202209098818 实例创建成功
学生 李方 年龄 18 学号 202209098868 实例创建成功
学生 李译 年龄 18 学号 202209098898 实例创建成功
```

```
学生 王琴 年龄 18 学号 202209098836 实例创建成功
学生 王新 年龄 18 学号 202209098833 实例创建成功
学生 王辉 年龄 18 学号 202209098839 实例创建成功

学生 张小爱 学号 202209098828 成功选修课程 游泳
学生 李爱方 学号 202209098838 成功选修课程 游泳
学生 张晓 学号 202209098818 成功选修课程 游泳
学生 李方 学号 202209098868 成功选修课程 游泳
学生 李译 学号 202209098898 成功选修课程 游泳
学生 王琴 学号 202209098836 成功选修课程 游泳
学生 王新 学号 202209098833 成功选修课程 游泳
学生 王辉 学号 202209098839 成功选修课程 游泳
学生 李方 学号 202209098868 成功退掉课程 游泳
学生 李爱方 学号 202209098838 成功退掉课程 游泳
课程 游泳 的选课人数为 6
```

在本例中，sum 和 course 属于 Student 类，它们是类属性。name、age 和 number 通过使用 self 定义，属于实例对象，它们是实例属性。通过 Student.sum 和 Student.course 引用 sum 和 course 类属性。而对于 name 等实例属性采用 self.name 加以引用。out_print 是类方法，通过加 @classmethod 进行定义。

6.4 本章小结

本章介绍了面向对象的基本概念，主要包括类和对象、属性和方法几个方面的内容。类是一个模板，通过它可以创建出无数个具体实例。类中的所有变量称为属性，类的属性主要包含实例属性和类属性，不同的属性具有不同的引用特性。类中的所有函数称为方法，类的方法分为实例方法和类方法，不同的方法有不同的定义方式和参数要求。

习题

1. 写出下列程序的输出结果。

第 6 章
补充习题

```
# 1.py
class Student():
    def __init__(self):
        self.name = "张三"
        self.subject = "英语"
    def study(self):
        print(self.name ," 正在学习 ",self.subject," 这门课程 ")
student1 = Student()
student1.study()
```

2. 下列程序执行后，student1 的 major 变量的值是什么？

```python
# 2.py
class Student():
    major = "金融"
    def __init__(self, name,age):
        self.name = name
        self.age = age
student1 = Student("李四","20")
Student.major = "计算机"
```

3. 定义一个客户类 Client，包含姓名、年龄、所在城市 3 种属性；在类中定义两个方法：一个方法输出客户的基本信息；另一个方法用时间和商品名称作为参数，输出客户的消费信息。编写代码，测试所定义类的功能。

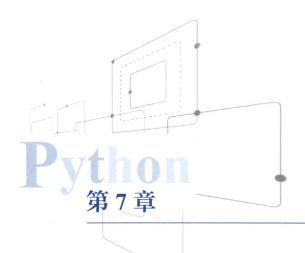

第 7 章 文件操作

应用程序运行需要的数据存放在内存储器中,这些数据在程序运行结束之后就会消失。为了永久地保存大量数据,计算机应用系统把一些相关信息组织起来存储在辅助存储器上,称为文件。本章将主要介绍文件的基本概念,Python 语言中文件的打开和关闭、文件的读写、主要数据文件格式,最后通过一个实例讲解怎样使用文件。

7.1 文件的基本概念

7.1.1 文件的定义

文件就是一个存储在辅助存储器上的、完整的、有名称的信息集合。文件是数据集合,用户可以对这些数据进行检索、更改、删除、保存等操作。

文件可以是文本文档、图片、程序等。为了方便区分计算机中的不同文件,给每个文件设置一个名称,称为文件名。文件名是文件存在的标识,系统根据文件名来对其进行控制和管理。文件名由文件主名和扩展名组成。文件扩展名用于指示文件类型,例如,图片文件常常以 JPEG 格式保存,其扩展名为 .jpg。

不同的应用系统对文件有不同的分类方式。按文件的存取方式不同,文件分为顺序存取文件和随机存取文件。根据文件数据的编码方式不同,文件分为文本文件和二进制文件。

7.1.2 文本文件和二进制文件

文本文件是一种典型的顺序文件,一般由单一特定编码的字符组成。简单来说,文本文件是基于字符编码的文件,常见的字符编码方式有 ASCII 编码和 Unicode 编码。每个字符在具体编码方式中的编码是固定的。用文本工具打开一个文件,首先读取文件物理上所对应的二进制比特流,然后按照所选择的解码方式来解释这个流,将解释结果显示出来。大部分文本文件都可以通过文本编辑软件或文字处理软件创建、修改和读写。

二进制文件即除纯文本文件以外的文件。二进制文件没有统一字符编码,文件内部数据的组织格式与文件用途有关，例如，.png 格式的图片文件就是一种二进制文件。

文本文件的编码基于字符定长，译码相对要容易一些；二进制文件编码是变长的，空间利用率要高，但译码要难一些，不同的二进制文件译码方式是不同的。

7.1.3 文件的路径

文件路径就是文件的存放位置，它明确了文件所在的磁盘分区和文件夹（目录）、文件主名和文件扩展名。文件路径有绝对路径和相对路径两种。绝对路径是以盘符开始的路径，如 C:\Windows\System32\cmd.exe 就是 cmd.exe 文件的绝对路径。相对路径是以当前目录开始的路径，假如当前目录为 C:\Windows，则上述 cmd.exe 文件的相对路径为 System32\cmd.exe。

如果在程序中直接使用类似 data.txt 这样的文件名时，Python 将在当前执行的程序文件（即 .py 文件）所在的目录中查找文件。而事实上，有时可能要打开不在程序文件所属目录中的文件。例如，你可能将程序文件存储在了文件夹 C:\Windows\ work 中，而在文件夹 work 中，有一个名为 text 的文件夹，用于存储程序文件操作的文本文件 data.txt。要让 Python 打开不与程序文件位于同一个目录中的文件，需要提供文件路径。由于文件夹 text 位于文件夹 work 中，因此可使用相对路径来访问该文件夹中的文件：text\data.txt，即指示程序到文件夹 work 下的文件夹 text 中去查找指定的 data.txt 文件。

此外，也可以使用绝对文件路径来将文件在计算机中的准确位置告诉程序，这样就不用关心当前运行的程序存储在什么地方了。例如，如果 text 并不在文件夹 work 中，而在 E 盘的文件夹 other 中，则可以提供完整的路径 E:\other\data.txt，指示程序根据该路径找到文件进行访问。

通过使用绝对路径，可读取系统任何地方的文件。一般情况下，将数据文件存储在程序文件所在的目录，或者将其存储在程序文件所在目录下的某个文件夹中。

7.2 文件的打开与关闭

Python 内置了 file 类，通过 open() 函数可以创建一个 file 类的对象，并使用它的 read、readline、write 等方法来访问文件，即进行读、写操作。读取或写入文件的能力取决于文件打开方式。当完成了对文件的操作后，可以调用 close 方法来关闭文件并释放文件的使用权限。

文件操作包含 3 个基本步骤：（1）打开文件；（2）读/写文件；（3）关闭文件。

7.2.1 打开文件

要以任何方式访问文件，都得先打开。系统中的文件默认处于存储状态，打开后的文件处于占用状态，此时，另一个进程不能操作这个文件。使用内置的 open() 函数并指定文件名以及所希望打开模式来打开一个文件。open() 函数语法格式如下：

```
<变量名> = open(<文件名>,<打开模式>)
```

open() 函数有两个参数：文件名和打开模式。文件名是 Python 要打开的文件名称，它可以使用绝对路径或相对路径指定。打开模式用于指定文件打开方式，表 7-1 列出了 7 种基本的打开模式。

表 7-1　文件的打开模式

打开模式	含　　义
r	只读模式，如果文件不存在，返回异常 FileNotFoundError，默认值
w	覆盖写模式，文件不存在则创建，存在则完全覆盖
x	创建写模式，文件不存在则创建，存在则返回异常 FileExistsError
a	追加写模式，文件不存在则创建，存在则在文件最后追加内容
b	二进制文件模式
t	文本文件模式，默认值
+	与 r/w/x/a 一同使用，在原功能基础上增加同时读写功能

打开模式可以是读模式（r）、写模式（w）和追加模式（a）等，还可以选择文本模式（t）或二进制模式（b）来读、写或追加。其中的"r""w""x""a"可以与"b""t""+"组合使用，指明以何种模式打开并对文件做何种操作。在默认情况下，open() 函数会将文件视作文本文件，并以只读模式打开。

在文件的打开、读写过程中可能会出现 I/O（Input/Output）异常，造成整个程序崩溃，导致后面关闭文件的 close 方法无法执行，系统也就无法释放文件。所以一般使用 try finally 或 with 语句搭配 open() 函数使用，以便即便发生 I/O 异常，也能正常关闭文件。with open 不是一个整体，是使用了 with 语句的 open() 函数，可以说是 open() 的优化用法或高级用法，相比 open() 更加简洁、安全。with open 无需 .close() 语句，即便在文件读写过程中发生 I/O 异常，也会自动调用 close() 方法关闭文件。所以一般在使用 open() 函数对文件进行读写操作时，推荐搭配 with 语句使用。基本用法如下：

```
with open(<文件名>,<打开模式>)as f:
```

7.2.2　关闭文件

当文件被打开后，可以根据不同的打开方式对文件进行读写操作，具体的读写方法将在下一节介绍。文件使用结束后要用 close() 方法关闭，释放文件的使用授权，该方法的使用格式如下所示。

```
<变量名>.close()
```

【例 7.1】打开一个文本文件 text.txt，该文件与程序文件在同一目录中，读取并在屏幕上输出其第 1 行内容。

源代码如下：

```
1  # 7.1.py
2  text_file = open('text.txt','rt') # 使用相对路径,以文本方式打开文件进行读操作
3  print(text_file.readline())        # 调用 readline() 方法读一行,输出
4  text_file.close()                  # 关闭文件
```

运行结果如下:

```
>>>
This is a text File
```

7.3 文件的读写

文件中可以存储大量的数据信息,例如天气数据、交通数据、社会经济数据、文学作品等。每当需要分析或修改存储在文件中的信息时,都需要进行读写文件的操作,对数据分析应用程序来说尤其如此。例如,读一个文本文件,重新设置文件中数据的格式,以便浏览器能够显示出来,就需要读写文件。

7.3.1 读文件

要使用文本文件中的信息,首先需要将信息读取到内存中。当文件以文本文件方式打开时,读写按照字符串方式;当文件以二进制方式打开时,读写按照字节流方式。

Python 提供了读、写文件的有关方法供用户调用,其中常用的 3 个方法如表 7-2 所示。

表 7-2 读取文件方法

方法	含义
<file>.read(size = -1)	从文件中读入整个文件内容,如果给出参数,读入前 size 长度的字符串或字节流
<file>.readline(size = -1)	从文件中读入一行内容,如果给出参数,读入该行前 size 长度的字符串或字节流
<file>.readlines(hint = -1)	从文件中读入所有行,以每行为元素形成一个列表

其中 read() 方法的使用格式及功能如下。

<file>.read(size=-1)

该方法一次性读取整个文件内容,返回字符串或字节流。当以文本方式打开时,将文件内容放到一个字符串变量中,如果文件大于可用内存,则不能使用这种方法处理。其中 <file> 表示已打开的文件对象,参数 size 的默认值是 -1,当使用默认值时表示返回整个文件内容,否则表示读入前 size 长度的字符串或字节流。

假定创建了一个文本文件 data.txt,它包含了学生的学号、姓名、数学成绩、语文成绩和英语成绩。data.txt 文件内容如图 7-1 所示。

```
0001,刘凡,90,65,87
0002,张阳,95,87,88
0003,张三,95,77,98
0004,李四,70,85,80
0005,龙五,95,66,81
0006,赵六,83,92,80
0007,李七,80,60,75
0008,赵八,73,60,70
0009,李龙,79,82,83
0010,李易,83,90,72
0011,王思,60,75,80
0012,刘伟,95,90,80
0013,张伟,80,60,90
0014,王伟,75,80,60
0015,李伟,88,78,85
0016,廖伟,73,80,90
0017,赵伟,84,64,73
0018,钱伟,69,80,71
0019,孙伟,85,60,95
0020,周伟,90,63,80
```

图 7-1　data.txt 文件内容

要使用该文件，可以一次性读取文件的全部内容，也可以逐行读取。

【例 7.2】编写程序，打开上面文本文件 data.txt，假定该文件与程序文件在同一目录中，读取其全部内容并在屏幕上输出。

源程序如下：

```
1  # 7.2.py
2  text_file = open('data.txt','rt',encoding = 'UTF-8')
3  text = text_file.read()
4  print(text)
5  text_file.close()
```

第 2 行用函数 open() 打开文件，第 1 个参数指明拟打开的文件，因文件 data.txt 与程序文件在同一目录中，使用相对路径定位文件。第 2 个参数指明文件的打开方式为文本只读模式。第 3 个参数指明字符编码方式。函数 open() 返回一个文件对象，这个对象存储在变量 text_file 中。使用方法 read() 读取这个文件的全部内容，并将其作为一个长字符串存储在变量 text 中。通过输出 text 的值，就可将这个文本文件的全部内容显示在屏幕上。

程序的运行结果同图 7-1 一致。

读取文件时，可能要在文件中查找特定的信息，或者要以某种方式修改文件中的文本，这常常需要检查文件中的每一行。Python 提供了读取一行文件内容的 readline() 方法，该方法的使用格式如下所示。

<file>.readline(size=-1)

该方法从文件中读入一行，返回字符串或字节流。当以文本方式打开文件时，读取的内容放到一个字符串变量中。其中 <file> 表示已打开的文件对象，参数 size 的默认值是 -1，默认读取一整行，否则，读取一行前 size 长度的字符串或字节流。

【例 7.3】打开前述文本文件 data.txt，该文件与程序文件在同一目录中，读取其第 1 行整行和第 2 行的前 10 个字符，并在屏幕上输出。

源程序如下：

```
1  # 7.3.py
2  text_file = open('data.txt','rt', encoding='UTF-8')  # 打开文本文件
3  text = text_file.readline()                           # 读取一行字符
4  print(text,end='')
5  text = text_file.readline(10)                         # 读取第 2 行的前 10 个字符
6  print(text)
7  text_file.close()
```

运行结果如下：

```
>>>
0001,刘凡,90,65,87
0002,张阳,95
```

另外，Python 还提供了 readlines() 方法，该方法从文件中读入所有行，以每行为元素形成一个列表。我们可使用 for 循环，每次读取一行，遍历列表中的全部信息。

该方法的使用格式如下所示。

<file>.readlines(hint=-1)

其中 <file> 表示已打开的文件对象，参数 hint 默认值为 -1，表示以列表的形式读出文件所有内容，否则，表示读出 hint 指定的字节数。

【例 7.4】打开上面建立的文本文件 data.txt，该文件与程序文件在同一目录中，读取其所有行的内容并在屏幕上逐行输出。

```
1  # 7.4.py
2  text_file=open('data.txt','rt',encoding='UTF-8')
3  text=text_file.readlines()
4  for line in text:
5      print(line,end='')
6  text_file.close()
```

第 3 行使用方法 readlines() 从文件中读取所有行，以每一行为元素形成一个列表，该列表被存储到变量 text 中。第 4 ~ 5 行使用一个简单的 for 循环来输出 text 中的各行。由于列表 text 的每个元素都对应于文件中的一行，因此输出与文件内容完全一致。

7.3.2 写文件

将文件读到内存中后，就可以使用文件中的数据了。当完成了对数据的处理，希望保存处理好的数据时，就可将其写入到文件中。将数据写入文件后，即便关闭程序，这些数据也依然存在，我们可以随时打开文件查看。

Python 提供的常用写文件的两个方法如表 7-3 所示。

表 7-3 写入文件方法

方　　法	含　　义
<file>.write(s)	向文件写入一个字符串或字节流
<file>.writelines(lines)	将字符串序列写入到文件

表 7-3 中 write() 方法向文件中写入一个字符串或字节流。该方法的使用格式如下所示。

```
<file>.write(s)
```

其中 <file> 表示已打开的文件对象，参数 s 表示要写入的字符串或字节流。

【例 7.5】向文本文件 result.txt 中写入字符串 "Python 语言程序设计"。

源程序如下：

```
1  # 7.5.py
2  fo = open("result.txt","w")
3  fo.write("Python 语言程序设计 ")
4  fo.close()
```

第 2 行调用 open() 时提供了两个实际参数：第 1 个实际参数使用相对路径定位拟打开的文件 result.txt，第 2 个实际参数（"w"）表示打开文件写。如果指定文件不存在，将自动创建文件。如果指定的文件已经存在，现存的文件内容将被覆盖。这个程序没有终端输出，打开文件 result.txt，将看到其中包含如下一行内容：Python 语言程序设计。

方法 write() 不会在写入的文本末尾添加换行符。如果写入多行没有指定换行符，这些行在文件里是挤在一起的。要想让每个字符串在文件里单独占一行，则需在 write() 语句中包含换行符。

【例 7.6】向文本文件 result.txt 中写入字符串 "Python 语言程序设计" 和 "C++ 高级语言程序设计"。

源程序如下：

```
1  # 7.6.py
2  fo = open("result.txt","w")
3  fo.write("Python 语言程序设计 \n")
4  fo.write("C++ 高级语言程序设计 \n")
5  fo.close()
```

程序运行后，文件 result.txt 里面的内容如下：

```
Python 语言程序设计
C++ 高级语言程序设计
```

另外，可以使用 writelines() 方法将字符串序列写入文件。该序列可以是生成字符串的任何可迭代对象，通常是字符串列表。writelines() 方法的语句格式如下：

<file>.writelines(sequence)

其中 <file> 表示已打开的文件对象，参数 sequence 表示要写入文件的字符串序列。

当读写操作完成之后，都会自动移动文件指针。文件指针指出了读写文件的位置。如果要改变读写文件的位置，则需先移动文件指针。seek() 方法用于移动文件指针到指定位置。其语句格式如下：

<file>.seek(offset[,whence])

参数 offset 表示相对 whence 的偏移量，单位为字节。whence 为 0 表示文件开头，为 1 表示当前位置，为 2 表示文件末尾，默认值为 0。

【例 7.7】向文本文件 result.txt 写入一个列表，并输出文件内容。

源程序如下：

```
1  # 7.7.py
2  fo = open("result.txt","w+")
3  ls = [" 机器语言 \n"," 汇编语言 \n"," 高级语言 \n"]
4  fo.writelines(ls)
5  fo.seek(0,0)
6  for line in fo:
7      print(line)
8  fo.close()
```

第 4 行使用 writelines() 方法将字符串序列写入文件，文件指针指向文件末尾。第 5 行调用 seek() 方法将文件指针移到文件开头，然后读取内容进行显示。

程序运行结果如下：

```
>>>
机器语言

汇编语言

高级语言
```

另外,如果需获知文件指针的当前位置,可以使用 tell() 方法,位置的单位是字节。对于该方法的具体用法,请参看其他参考资料。

7.4 主要数据文件格式

根据数据之间的关系不同,数据组织可以分为一维数据、二维数据和高维数据。一维数据由对等关系的有序或无序数据构成,采用线性方式组织,对应于数学中向量的概念。Python 中的列表、集合都是一维数据。

二维数据也称表格数据,由关联关系数据构成,采用二维表格方式组织,对应于数学中的矩阵,如表 7-4 所示。

表 7-4 二维表格数据示例

学 号	姓 名	德 育	智 育	体 育
0001	刘凡	90	65	87
0002	张阳	95	87	88
0003	张三	95	77	98
0004	李四	70	85	80
0005	龙五	95	66	81
0006	赵六	83	92	80
0007	李七	80	60	75
0008	赵八	73	60	70
0009	李龙	79	82	83
0010	李易	83	90	72

二维数据由一维数据构成,可以看作是一维数据的组合形式,因此二维数据也可以采用列表来表示,列表的每个元素对应二维数据的每一行。高维数据由键值对类型的数据构成,采用对象方式组织,可以多层嵌套,能表达更加灵活和复杂的数据关系。

数据包括文件存储和程序使用两个状态。存储不同维度的数据需要适合维度特点的文件格式。本节介绍两种常用的数据文件格式:CSV 格式和 JSON 格式。

7.4.1 CSV 格式

CSV(Comma-Separated Values,逗号分隔值,有时也称为字符分隔值,因为分隔字符也可以不是逗号)格式文件以纯文本形式存储表格数据(数字和文本)。纯文本意味着文件是一个字符序列。

CSV 格式文件由任意数量的记录组成，记录对应表 7-4 中的行，记录间以换行符分隔；每条记录由字段组成，字段对应表 7-4 中的列，字段间常用的分隔符是逗号或制表符；所有记录都有完全相同的字段序列，可以使用 WORDPAD 或者记事本等工具打开。一般的表格数据处理工具（如微软公司的 Office Excel 等）都可以将数据保存为 CSV 格式。

CSV 是一种通用的、相对简单的文件格式，被用户在商业和科学上广泛应用。通常的应用场景是在程序之间转移表格数据，例如，一个用户可能需要交换信息，从一个以私有格式存储数据的数据库到一个数据格式完全不同的电子表格。有的应用程序提供将数据库导出为 CSV 格式文件的功能，导出的 CSV 文件可以被电子表格工具导入进行处理。

CSV 并不是一种单一的、定义明确的格式，通常有如下一些基本规则。

（1）纯文本，使用某个字符集，例如 ASCII、Unicode、EBCDIC 或 GB2312。

（2）由记录组成（典型的是每行一条记录）。

（3）每条记录被分隔符分隔为字段（典型分隔符有逗号、分号或制表符；有时分隔符可以包括可选的空格）。

（4）每条记录都有同样的字段序列。

（5）每行表示一个一维数据，多行构成二维数据。

Python 提供了一个读写 CSV 格式文件的标准库，可以通过 import csv 语句导入后使用。CSV 格式文件的扩展名为 .csv。

例如，将表 7-4 所示的 10 名同学的综合测评成绩信息采用 CSV 格式存储到文件 test.csv 后，文件内容形式如下：

```
学号,姓名,德育,智育,体育
0001,刘凡,90,65,87
0002,张阳,95,87,88
0003,张三,95,77,98
0004,李四,70,85,80
0005,龙五,95,66,81
0006,赵六,83,92,80
0007,李七,80,60,75
0008,赵八,73,60,70
0009,李龙,79,82,83
0010,李易,83,90,72
```

7.4.2 JSON 格式

JSON（JavaScript Object Notation）是一种轻量级的数据交换格式。它采用完全独立于编程语言的文本格式来存储和表示数据。简洁和清晰的层次结构使得 JSON 成为理想的数据交换语言。JSON 格式数据易于阅读和编写，同时也易于机器解析和生成，并能有效地提升网络传输效率。

JSON 是一个标记符的序列，它可以对高维数据进行表达和存储，表示高维数据时不采用任何结构形式，仅采用最基本的二元关系，即键值对。JSON 可以表示两种结构化类型：对象和数组。对象是使用大括号包裹 {} 起来的内容，数据结构为 {key1:value1,key2:value2,…} 的键值对结构。在面向对象的语言中，key 为对象的属性，value 为对应的值。对象是由 0 个或多个键值对组成的无序集合，其中键是一个字符串，值是一个字符串、数字、布尔值、空值、对象或数组。数组是中括号 [] 包裹起来的内容，数据结构为 ["Java","JavaScript","VB",…] 的索引结构；数组是由 0 个或多个值组成的有序序列。

下面是一些合法的 JSON 格式实例，数据保存在键值对中，键值对由逗号分隔。

```
{"a":1,"b":[1,2,3]}
{
"people":[
{
"firstName": "Brett",
"lastName":"McLaughlin"
},
{
"firstName":"Jason",
"lastName":"Hunter"
}
]
}
```

JSON 文件的扩展名为 .json，Python 提供了处理 JSON 文件的标准库 json 库，导入方式为 import json。最常使用的方法为 json.dump() 和 json.load()。json.dump() 将数据写入文件；json.load() 从文件中读入数据。

【例 7.8】将一组数据存储到 numbers.json 文件中，然后从文件中读出数据并输出到屏幕上。

源程序如下：

```
1  # 7.8.py
2  import json
3  numbers = [1, 3, 6, 9, 3, 13]
4  filename = 'numbers.json'
5  obj = open(filename, 'w+')
6  json.dump(numbers, obj)
```

```
 7  obj.seek(0)
 8  result = json.load(obj)
 9  print(result)
10  obj.close()
```

第 2 行导入模块 json，第 3 行创建一个数字列表 numbers，第 4 行指定文件的名称为 numbers.json，第 5 行以读写模式打开文件 numbers.json，第 6 行使用 json.dump() 将数字列表存入文件，第 8 行使用 json.load() 从文件读入数字列表到变量 result 中，第 9 行将 result 的内容输出到屏幕。

程序运行结果如下：

```
>>>
[1,3,6,9,3,13]
```

7.5 应用举例

高考综合评价招生是以综合素质为主，综合考量考生高考成绩、高中学业水平成绩和高校自主考核、学生素质评价以及高校自身培养特色的招生方式，是高考改革逐步推动后的新招生模式，一般基于考生高考成绩、高校综合测试成绩和学生的高中学业水平测试成绩 3 个方面的成绩，按照一定比例计算考生综合总分，学校根据学生最后的综合总分排名，择优录取。

【例 7.9】参与综合评价招生的学生总成绩由高考成绩、高校综合测试成绩和高中学业水平成绩 3 项成绩组成，其中高考成绩占 60%，高校综合测试成绩占 30%，高中学业水平成绩占 10%，学校按照学生的总成绩排名进行录取。总成绩位于全部学生的前 10% 且高考成绩位于全部学生的前 50% 的学生将被录取。编写程序，从文件 data.csv 中读取全部学生的成绩数据，它包含了学生的学号、姓名、高校综合测试成绩、高考成绩和高中学业水平成绩，所有成绩都已经对应转换为百分制分数，请按各成绩比例计算学生的总成绩（四舍五入取整），从高到低输出每个总分分数点的人数（即总分相同的人数）、累计人数，再输出录取学生学号及姓名，然后将输出结果保存到 result.txt 文件中。程序执行后看到的结果文件 result.txt 内容如下：

总分	当前分数人数	累计分数人数
90	1	1
89	1	2
88	1	3
86	1	4

84		1	5
82		1	6
81		1	7
80		1	8
79		1	9
76		3	12
75		1	13
73		1	14
71		3	17
69		1	18
68		1	19
65		1	20

录取名单
0012，刘伟
0002，张阳

源程序如下：

```python
1  # 7.9.py
2  data_file = open("data.csv","r",encoding="UTF-8")
3  s, g, m = 0.3, 0.6, 0.1
4  data = []                                          # 用于排序的数据列表
5  total_score = []                                   # 总分列表
6  math_score = []                                    # 高考成绩列表
7  for line in data_file:
8      line = line.replace("\n","")                   # 去除最后的换行符
9      contents = line.split(",")                     # 分割字符串
10     num, name = contents[0], contents[1]           # 学号和姓名
11     score = round(int(contents[2]) * s + int(contents[3]) * g + int(contents
   [4]) * m)                                          # 总分
12     data.append((num, name, score, int(contents[3])))  # 将学号、姓名、总分、
                                                      # 高考分数写入 data
13     total_score.append(score)                      # 总分列表，用于排序
14     math_score.append(int(contents[3]))            # 高考成绩列表，用于排序
15 data_file.close()                                  # 关闭文件
16 data.sort(key = lambda x: x[2], reverse=True)  # 按照总分倒序排列名单列表
17 total_score.sort(reverse = True)                   # 总分倒序排列
18 math_score.sort(reverse = True)                    # 高考分数倒序排列
19 total_score_line = total_score[int(len(total_score) * 0.10) - 1]# 总分合格线
20 math_score_line = math_score[int(len(math_score) * 0.5) - 1]  # 高考分数合格线
21 score_counts = {}                                  # 使用字典处理分数段人数
22 for item in data:
```

```
23      num = score_counts.get(item[2], 0)  # 获取这个分数段已有的人数，默认值为 0
24      score_counts[item[2]] = num + 1     # 该分数段人数加 1
25 result_file = open("result.txt", "a+")
26 result_file.write(" 总分 \t 当前分数人数 \t 累计分数人数 \n")
27 count = 0                                # 累计人数
28 # 对字典按照分数倒序排列
29 for score, num in sorted(score_counts.items(), key=lambda x: x[0],
   reverse=True):
30     count += num
31     result_file.write("{}\t{:^20}\t{:>3}\n".format(score,num,count))
32 result_file.write("\n")                  # 换一行
33 # 录取名单输出
34 result_file.write(" 录取名单 \n")
35 for item in data:
36     # 总成绩超过分数线且高考成绩也超过分数线
37     if item[2] >= total_score_line and item[3] >= math_score_line:
38         result_file.write("{}, {}\n".format(item[0],item[1]))
39 result_file.close()
```

在本例中有以下几点需要说明：从 CSV 文件中获得内容时，每行最后一个元素后面包含了一个换行符（"\n"）；对于数据的表达和使用来说，这个换行符是多余的，我们可以通过使用字符串的 replace() 方法将其去掉；字符串的 split(sep=None) 方法返回一个列表，其中根据标识符 sep 来分割字符串，默认分隔符为空格，本例中我们是从 CSV 文件中读出数据，所以指定分隔符为逗号。

本例中涉及的排序操作，其常用的排序方法有 sort() 和 sorted()。sort() 是应用在列表上的方法，属于列表的成员方法，而 sorted() 是 Python 内置函数，可以对所有可迭代对象进行排序操作。如果是对列表进行排序，列表的 sort() 方法是对已存在的列表进行操作，而内置函数 sorted() 的结果会返回一个新生成的列表，而不在原有列表的基础上进行操作。sort() 的使用方法为 list.sort()，而 sorted() 的使用方法为 sorted(list)。

sort() 可以对列表元素进行排序，该方法没有返回值，直接改变原列表中元素的顺序，即对列表的就地排序。语法格式如下：

    L.sort(key=None,reverse=False)

key：是指用来比较的关键字，可以说是列表元素的一个权值。key 一般用来接收一个函数（或者匿名函数），这个函数只接收一个元素，并返回其权值。

reverse：reverse 的默认值为 False，此时 sort() 函数升序排列。如果令 reverse=True，那么就降序排列。

sorted() 可以对所有可迭代的对象进行排序操作，尤其是可以对字典进行排序。

sorted() 函数会重新排序 iterable 参数中的元素，并将结果返回成一个新的列表（不影响原列表的顺序）。语法格式如下：

```
sorted(iterable,key=None,reverse=False)
```

iterable：指定一个待排序的可迭代对象。

key：指定一个只有单个参数的函数，用于从 iterable 参数的每个元素中提取做比较的有效关键值。

reverse：该参数的值是一个布尔类型值，如果设置为 True，则将结果降序排列；默认值是 False。

7.6 本章小结

本章介绍了文件的操作步骤：打开→读写→关闭。文件的操作由文件对象的方法完成。打开和关闭文件分别是 open() 函数和 close() 方法。读文件的方法有 read()、readline()、readlines()，写文件的方法有 write() 和 writelines()。然后引入了两种常用的数据格式：CSV 格式和 JSON 格式。最后通过实例介绍了上述内容的具体运用。

习题

一、填空题

1. 文件包括两种类型：_____、_____。
2. 文本文件一般由_____组成。
3. 二进制文件直接由_____和_____组成，没有统一的字符编码。
4. Python 语言中表示以文本文件方式和二进制文件方式打开文件的符号分别为_____、_____。
5. Python 通过解释器内置的_____函数打开文件，函数包括两个参数_____和_____。
6. 文件的打开模式使用字符串方式表示，有____种基本的模式，其中表示覆盖写模式的字符串为____，表示追加写模式的字符串为_____。
7. 文件打开模式 rb+ 表示_____。
8. 文件打开模式 wt+ 表示_____。
9. 文件使用结束后要用_____方法关闭，释放文件的使用授权。该方法的使用方法为_____。
10. 文件打开后进行读写操作，当以文本文件方式打开时，读写按照_____方式；当以二进制文件方式打开时，读写按照_____方式。
11. 二维数据，也称_____，由_____数据构成，采用_____方式组织，对应数组中的_____。

12. 高维数据由_____的数据构成，采用_____方式组织。

13. 一种较为通用、简单的一二维数据存储格式为_____，它是以_____分隔数值的存储格式。

14. 一种常用于对高维数据进行表达和存储的数据存储格式为_____，它是一种轻量级的数据交换格式，易于阅读和理解，其基本格式为_____。

15. json 库主要包括了两类函数：_____和_____。

二、读程序

1. 分析下列程序的输出结果。

```
f=open('c:\\out.txt','w+')
f.write('Python')
f.seek(0)
c=f.read(2)
print(c)
f.close()
```

2. 下列程序执行后，price.csv 里面的数据为什么（注意换行符）？

```
fo=open("price.csv","w")
ls=['北京','100.5','210.7','220.9']
fo.write(",".join(ls)+"\n")
fo.close()
```

三、编程题

编写一段程序，将下面的字符串写入到 data.txt 文件中，再从文件中读取前 10 个字符并输出。

text='I love python. \n Programming makes me happy'

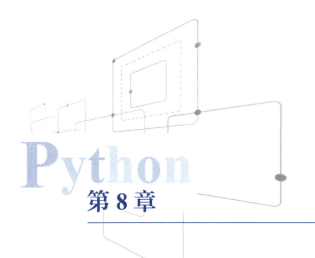

第 8 章 GUI 编程

GUI（Graphical User Interface，图形用户界面或图形用户接口）是指采用图形方式显示的计算机操作用户界面。

图形用户界面是一种人与计算机通信的界面显示格式，允许用户使用鼠标等输入设备操纵屏幕上的图标或菜单选项，以选择命令、调用文件、启动程序或执行其他一些日常任务。与通过键盘输入文本或字符命令来完成例行任务的字符界面相比，图形用户界面有许多优点。图形用户界面由窗体、下拉菜单、对话框及其相应的控制机制构成，在各种新式应用程序中都是标准化的，即相同的操作总是以同样的方式来完成。在图形用户界面，用户看到和操作的都是图形对象，应用的是计算机图形学的技术。

本章首先简要介绍 Python GUI 常见库，然后以 Tkinter 为例介绍图形用户界面程序的开发方法。

8.1 Python GUI 常见库

要使用 Python 开发 GUI 程序，需要使用相应的 GUI 库，常见的 Python GUI 库包括 Tkinter、wxPython、PyQT 等。

Tkinter：Tkinter（Tk interface）是一个开放源码的 GUI 开发工具，是 Python 的标准 GUI 库，它是对 TCL/TK 工具包的一种 Python 接口封装，无须另外安装，支持跨平台的 GUI 程序开发。Tkinter 适合小型的 GUI 程序编写，也特别适合初学者学习 GUI 编程。本书也是以这个库作为基础介绍 Python 的 GUI 编程。

wxPython：wxPython 是比较流行的 GUI 库，适合大型应用程序开发，功能强于 Tkinter，整体设计框架类似于 MFC（Microsoft Foundation Classes，微软基础类库）。

PyQT：Qt 是一种开源的 GUI 库，适合大型 GUI 程序开发，而 PyQT 是 Qt 工具包标准的 Python 实现。也可以使用 Qt Designer 界面设计器快速开发 GUI 应用程序。

8.2 Tkinter 基础

8.2.1 Tkinter 程序基本结构

由于 Tkinter 是 Python 内置库，因此不需要另外安装就可以直接使用。下面以编写一个简单的 Tkinter 程序来介绍 Tkinter 程序的基本结构。

【例 8.1】通过 Tkinter 库创建了一个简单 GUI 程序。

```
1  # first_tkinter.py
2  import tkinter as tk
3  window = tk.Tk()
4  window.title(" 我的第一个 GUI 程序 ")
5  window.geometry("600x200")
6  label = tk.Label(window, text="Python 程序设计 ")
7  label.pack()
8  button = tk.Button(window, text=" 确定 ")
9  button.pack()
10 window.mainloop()
```

第 2 行，通过 import tkinter as tk 导入 tkinter 库，这里把 tkinter 用缩写 tk 代替；

第 3 行，通过调用 Tk() 方法创建根窗体（也称为主窗体），窗体对象取名 window；

第 4 行、第 5 行，设置主窗体的相关属性；

第 6 ~ 9 行，创建一个标签控件及一个按钮控件，并添加到主窗体当中；

第 10 行，通过 mainloop() 方法开启事件循环显示窗体，进入等待用户操作状态。

程序运行后的结果如图 8-1 所示。

图 8-1　first_tkinter.py 运行结果

8.2.2 窗体

窗体（Window，也称为窗口）是 GUI 应用程序的基础，其他所有的控件都需要放置到窗体中，以便在窗体中显示。在 Tkinter 中创建窗体的方法就是通过调用 Tk() 方法，获取 Tk 类型的对象，如例 8-1 中的第 3 行所示。

窗体创建完成后，我们可以使用相关方法对窗体进行设置和操作，窗体的常用方法如表 8-1 所示。

表 8-1　窗体常用方法

方　　法	说　　明
Tk.title(str)	为窗体定义一个标题，str 为字符串类型
Tk.resizable(width，height)	设置是否允许用户拉伸窗体。width 和 height 为 bool 型数据，控制长和宽是否可以调整
Tk.geometry("width×heigth+x+y")	设置窗体宽（width）与高（heigth），单位为像素。窗体左上角坐标为 (x,y)，正数相对于窗体左上角，负数相对于右下角
Tk.quit()	关闭窗体
Tk.update()	刷新窗体
Tk.mainloop()	设置窗体事件循环，使窗体循环显示
Tk.iconbitmap("a.ico")	设置窗体左上角的图标为 a.ico 文件
Tk.config(background="red")	设置窗体的背景为红色
Tk.minsize(width，height)	设置窗体被允许调整的最小范围的高和宽
Tk.maxsize(width，height)	设置窗体被允许调整的最大范围的高和宽
Tk.attributes(option，value)	设置窗体的属性 option 为 value 值
Tk.state(newstate)	设置窗体的显示状态，参数 newstate 的值包括 normal（正常显示）、icon（最小化）和 zoomed（最大化）
Tk.withdraw()	用来隐藏窗体，但不会销毁窗体
Tk.iconify()	设置窗体最小化
Tk.deiconify()	将窗体从隐藏状态还原
Tk.winfo_screenwidth()	获取屏幕的宽度
Tk.winfo_screenheight()	获取屏幕的高度
Tk.winfo_width()	获取窗体的宽度，使用前需要使用 update() 刷新屏幕，否则返回值为 1
Tk.winfo_height()	获取窗体的高度，使用同 winfo_width

【例 8.2】展示窗体常见的一些方法的使用。

```
1  # window.py
2  import tkinter as tk
3  # 创建窗体
4  window = tk.Tk()
5  # 设置窗体标题
6  window.title("Tkinter 窗体 ")
7  # 设置窗体大小为 800×600，位置为 (50,-20)
8  window.geometry("800×600+50-20")
9  # 最大化窗体
```

```
10 # window.state('zoomed')
11 # 获取计算机屏幕的分辨率
12 print("计算机屏幕的分辨率是%dx%d" % (window.winfo_screenwidth(),window.
   winfo_screenheight()))
13 # 获取窗体的大小,必须先刷新一下窗体
14 window.update()
15 print("窗体的大小是%dx%d" % (window.winfo_width(), window.winfo_height()))
16 # 设置窗体被允许最大调整的范围
17 window.maxsize(1024, 768)
18 # 设置窗体被允许最小调整的范围
19 window.minsize(50, 50)
20 # 设置窗体背景颜色
21 window.config(background="red")
22 # 设置窗体处于顶层
23 window.attributes("-topmost", True)
24 # 全屏,没有标题栏,注意使用全屏时设置的最大尺寸(maxsize())不能过小
25 # window.attributes("-fullscreen", True)
26 # 设置窗体事件循环,使窗体循环显示
27 window.mainloop()
```

8.2.3 控件

窗体和控件(Widget,也称为组件)都是 Tkinter 中的对象,它们都是应用程序的基础,共同构成用户的 GUI 界面。不同控件有不同的功能,用户可根据需要选择相应的控件完成需要的功能。Tkinter 中常用的控件如表 8-2 所示。

表 8-2 Tkinter 中常用的控件

控件类型	控件名称	控件作用
Button	按钮	单击按钮执行指定的操作
Canvas	画布	绘制各种图形,如直线、圆形、矩形等
Checkbutton	复选框	多项选择,允许从多个选项中选择多项
Entry	文本框	用于接收单行文本输入
Frame	框架	用于放置其他控件,即作为其他控件的容器,方便布局管理
Label	标签控件	用于显示单行文本或者图片
LabelFrame	标签框架	同 Frame 功能一样,比 Frame 多一个标签显示
Listbox	列表框	以列表的形式显示文本,用于显示可供用户选择的列表
Menu	菜单	菜单功能,包括下拉菜单和弹出菜单
Menubutton	菜单按钮	用于显示菜单项
OptionMenu	选项菜单	下拉菜单

续表

控件类型	控件名称	控件作用
PanedWindow	窗口布局管理组件	为组件提供一个框架，允许用户自己划分窗口空间
Radiobutton	单选按钮	单项选择，只允许从多个选项中选择一项
Scale	进度条控件	定义一个线性"滑块"用来控制范围，可以设定起始值和结束值，并显示当前位置的精确值
Spinbox	高级输入框	Entry 控件的升级版，可以通过该组件的上、下箭头选择不同的值
Scrollbar	滚动条	默认垂直方向，用鼠标拖动改变数值。它可以和 Text、Listbox、Canvas 等控件配合使用
Text	多行文本框	多行文本输入框
Toplevel	子窗口	创建一个独立于主窗口之外的子窗口，它位于主窗口的上一层，可作为其他控件的容器

除了 Tkinter 模块外，Tkinter 提供了增强的子模块 ttk，里面包含了更多的控件，例如 Combobox（组合框）、Treeview（树状图）等。

在 Tkinter 中的各种不同控件具有不同的属性，但是有部分属性在大部分控件当中都存在。表 8-3 列出了大部分控件都具有的公共属性。

表 8-3 控件公共属性

属性名称	说 明
anchor	定义控件或者文字信息在窗口内的位置
bg/background	bg 是 background 的缩写，用来定义控件的背景颜色。属性值可以是颜色的十六进制数，或者颜色英文单词
bitmap	定义显示在控件内的位图文件
borderwidth	定义控件的边框宽度，单位为像素
command	用于触发事件函数，例如单击按钮时执行特定的动作，可触发用户自定义的函数
cursor	设置当鼠标指针移动到控件上时，鼠标指针的形状类型。属性值有 crosshair（十字光标）、watch（待加载圆圈）、plus（加号）、arrow（箭头）等
font	若控件支持设置标题文字，就可以使用此属性来定义。它的值是一个数组格式的值，其格式为（字体, 大小, 字体样式）
fg/foreground	fg 是 foreground 的缩写，用来定义控件的前景色，也就是字体的颜色
height	用来设置控件的高度。文本控件以字符的数量决定高度，其他控件则以像素为单位
image	定义显示在控件内的图片文件
justify	定义多行文字的排列方式。此属性值可以是 LEFT、CENTER、RIGHT（靠左对齐、居中对齐、靠右对齐），默认为居中对齐
padx	定义控件内的文字或者图片与控件边框之间的水平距离

续表

属性名称	说　明
pady	定义控件内的文字或者图片与控件边框之间的垂直距离
relief	定义控件的边框样式。属性值为 FLAT（平的）、RAISED（凸起的）、SUNKEN（凹陷的）、GROOVE（沟槽桩边缘）、RIDGE（脊状边缘）
text	定义控件的显示文字
state	控制控件是否处于可用状态。属性值默认为 NORMAL、DISABLED，默认为 NORMAL（正常的）
width	用于设置控件的宽度，使用方法与 height 的使用方法相同

注：表 8-3 中表示属性的大写单词都是 Tkinter 的常量，每个常量对应一个字符串。表 8-3 中的常量对应的字符串就是对应的小写单词，例如可以使用 tkinter.NORMAL，也可以写成 "normal"。

8.2.4　Tkinter 变量

在 Tkinter 中，一些控件需要动态改变内容，例如 Label、Entry 等控件，可以通过这些控件的相关属性（textvariable、onvalue 等）与 Tkinter 变量绑定，借助改变变量的值来控制改变控件的内容。Tkinter 模块共有 4 种变量类型，分别为整型、浮点型、字符串型和布尔型，它们可以通过 Tkinter 的 IntVar()、DoubleVar()、StringVar() 及 BooleanVar() 方法获取。

Tkinter 变量可以使用 get() 方法获取变量内容，使用 set() 方法设置变量内容。

8.3　常用控件

8.3.1　文本类控件

1. Label 控件

Label（标签）控件用于显示单行文本或者图片。Label 控件最常用的 text 属性用于设置显示的文本，如果是图片标签则可以通过 image 属性设置显示的图片。

tk.Label(win,text="Python 程序设计 ",font=(" 黑体 ",18,"italic"),bg="blue",fg="#FF0000",width=20,height=5,relief="raised") 表示创建了一个文本标签，并添加到名字为 win 的窗体中。其中各属性含义如下。

text：文本内容为 "Python 程序设计"。

relief：边框为凸起形式。

font：字体为 18pt、黑色、斜体。

bg：背景颜色为蓝色。

fg：文字颜色为红色。

width：宽度为 20px。

height：高度为 5px。

如果需要显示多行文字，只需在 text 属性的字符串中需要换行的地方加上"\n"即可，例如"Python\n 程序设计"则以两行显示。

假设 pic 为 tk.PhotoImage(file = "abc.jpg") 创建的图片对象，tk.Label(win,image=pic) 则创建了一个图片标签，图片内容为"abc.jpg"文件。

2. Entry 控件

Entry（文本框）控件只允许进行单行文本的输入，是 GUI 程序中最为常用的输入控件。Entry 控件如果用于输入密码，可以通过设置 show 属性为字符串"*"来隐藏输入的文本。Entry 控件可以通过 textvariable 属性与一个 Tkinter 的字符串变量（StringVariable 对象）绑定，实现改变字符串变量的值来动态改变 Entry 控件的内容。

除了一些基本的属性外，Entry 控件还提供了一些常用的方法，如表 8-4 所示。

表 8-4 Entry 控件常用方法

方法	说明
delete(first,last)	根据索引值删除输入框内的值，索引值从 0 开始，最后一个可以用 tkinter.END 或字符串"end"表示
get()	获取输入框内的内容
insert(index,string)	在索引值为 index 的位置插入字符串 string
index(index)	返回指定的索引值，例如 index("end") 返回最后一个位置的索引值
select_clear()	取消选中状态
select_adujst()	确保输入框中选中的范围包含 index 参数所指定的字符，选中指定索引和光标所在位置之前的字符
select_from (index)	设置一个新的选中范围，通过索引值 index 来设置
select_present()	返回输入框是否有处于选中状态的文本
select_to(index)	选中指定索引 index 与光标之间的所有值
select_range(start,end)	选中指定索引与光标之间的所有值

3. Text 控件

除了具备基本的共有属性之外，Text（多行文本框）控件还具备如表 8-5 所示的属性。

表 8-5 Text 控件特有属性

属性	说明
autoseparators	表示执行撤销操作时是否自动插入一个"分隔符"（其作用是分隔操作记录）。默认值为 True
exportselection	表示被选中的文本是否可以被复制到剪贴板。若是 False 则表示不允许；默认值为 True

续表

属性	说明
insertbackground	设置插入光标的颜色,默认值为 BLACK
insertborderwidth	设置插入光标的边框宽度,默认值为 0
insertofftime	控制光标的闪烁频率(灭的状态)
insertontime	控制光标的闪烁频率(亮的状态)
selectbackground	指定被选中文本的背景颜色,默认值由系统决定
selectborderwidth	指定被选中文本的背景边框宽度,默认值为 0
selectforeground	指定被选中文本的字体颜色,默认值由系统指定
setgrid	指定一个布尔类型的值,确定是否启用网格控制。默认值为 False
spacing1	指定 Text 控件文本块中每一行与上方的空白间隔,注意忽略自动换行,且默认值为 0
spacing2	指定 Text 控件文本块中自动换行的各行间的空白间隔,忽略换行符,默认值为 0
spacing3	指定 Text 控件文本中每一行与下方的空白间隔,忽略自动换行,默认值为 0
tabs	定制 Tag 所描述的文本块中 Tab 按键的功能,默认被定义为 8 个字符宽度,例如 tabs=('1c','2c','8c') 表示前 3 个 Tab 宽度分别为 1cm、2cm、8cm
undo	表示是否关闭 Text 控件的"撤销"功能。若其值为 True 则表示开启;默认值为 False
wrap	用来设置当一行文本的长度超过 width 属性所设置的宽度值时,是否自动换行。属性值包括 none(不自动换行)、char(按字符自动换行)、word(按单词自动换行)
xscrollcommand	与 Scrollbar 相关联,表示沿水平方向上下滑动
yscrollcommand	与 Scrollbar 相关联,表示沿垂直方向左右滑动

Text 控件常用方法如表 8-6 所示。

表 8-6 Text 控件常用方法

方法	说明
bbox(index)	返回 index 位置字符的边界框,返回值是一个四元组,格式为 (x,y,width,height)。x,y 表示边框左上角坐标;width 和 height 表示边框的宽度和高度
edit_modified()	用于查询和设置 modified 标志(该标志用于追踪 Text 控件的内容是否发生变化)
edit_redo()	"恢复"上一次的"撤销"操作。如果设置 undo 属性为 False,则该方法无效
edit_separator()	插入一个"分隔符"到存放操作记录的栈中,用于表示已经完成一次完整的操作。如果设置 undo 属性为 False,则该方法无效
get(index1, index2)	返回特定位置的字符,或者一个范围内的文字

续表

方　　法	说　　明
image_cget(index, option)	返回 index 指定的嵌入 image 对象的 option 属性的值。如果给定的位置没有嵌入 image 对象，则抛出 TclError 异常
image_create()	在 index 指定的位置嵌入一个 image 对象，该 image 对象必须是 Tkinter 的 PhotoImage 或 BitmapImage 实例
insert(index, text)	在 index 指定的位置插入字符串。第一个参数也可以设置为 INSERT，表示在光标处插入；设置为 END 表示在末尾处插入
delete(startindex, endindex)	删除特定位置的字符，或者一个范围内的文字
see(index)	设置 index 位置的文字是否可见。可见返回 True，不可见返回 False

8.3.2 按钮类控件

1. Button 控件

Button（按钮）控件是 GUI 程序中与用户进行交互最为重要的控件。按钮上可以有文字，也可以有图像，与 Label 控件一样。按钮最主要的功能是通过单击按钮执行某一个特定的操作，具体为通过 Button 控件的 command 属性与一个已定义的函数（该特定函数也称为回调函数）进行绑定，借助回调函数完成特定的操作。

【例 8.3】创建一个 Button 控件，并通过单击按钮改变另一个 Entry 控件的内容。图 8-2、图 8-3 为代码运行后，单击按钮前和单击按钮后的状态。

```
1  # button.py
2  import tkinter as tk
3  win = tk.Tk()
4  # 回调函数
5  def changeString():
6      # 改变字符串变量的值，从而改变与之绑定的 Entry 控件的内容
7      str_var.set("Python 程序设计 ")
8
9  # 定义 Tkinter 字符串变量
10 str_var = tk.StringVar()
11 # 绑定字符串变量到 Entry 控件
12 te = tk.Entry(win, textvariable=str_var)
13 te.pack()
14 # 定义按钮，并与前面回调函数关联
15 btn = tk.Button(win, text=" 改变 ", command=changeString)
16 btn.pack()
17 win.mainloop()
```

图 8-2　单击按钮前的状态

图 8-3　单击按钮后的状态

2. Radiobutton 控件

除了具备基本的共有属性外，Radiobutton（单选按钮）控件还具备如表 8-7 所示的属性。

表 8-7　Radiobutton 控件特有属性

属　性	说　明
activebackground	设置当 Radiobutton 控件处于活动状态（通过 state 属性设置状态）的背景色，默认值由系统指定
activeforeground	设置当 Radiobutton 控件处于活动状态（通过 state 属性设置状态）的前景色，默认值由系统指定
compound	（1）控制 Radiobutton 控件中文本和图像的混合模式。默认情况下，如果有指定位图或图片，则不显示文本。默认值为 None； （2）如果该属性设置为"center"，则文本显示在图像上（文本与图像重叠）； （3）如果该属性设置为"bottom""left""right"或"top"，那么图像显示在文本的旁边。例如设置为"bottom"，则显示图像在文本的下方
disabledforeground	指定当 Radiobutton 控件不可用时的前景色，默认值由系统指定
indicatoron	（1）该属性表示选项前面的小圆圈是否被绘制，默认值为 True，即绘制； （2）如果设置为 False，则会改变单选按钮的样式。当单击时单选按钮状态会变成"sunken"（凹陷），再次单击变为"raised"（凸起）
selectimage	设置当 Radiobutton 控件为选中状态的时候显示的图片；如果没有指定 image 属性，该属性被忽略
takefocus	如果是 True，该控件接收输入焦点。默认值为 False
variable	表示与 Radiobutton 控件关联的变量，注意同一组中的所有按钮的 variable 属性应该都指向同一个变量。通过将该变量与 value 属性值对比，可以判断用户选中了哪个按钮

控件常用方法如表 8-8 所示。

表 8-8　Radiobutton 控件常用方法

方　法	说　明
deselect()	取消该按钮的选中状态
flash()	刷新 Radiobutton 控件，该方法将重绘 Radiobutton 控件若干次（即在"active"状态和"normal"状态间切换）

续表

方　法	说　明
invoke()	（1）调用 Radiobutton 控件中 command 属性指定的函数，并返回函数的返回值； （2）如果 Radiobutton 控件的 state（状态）属性值为"disabled"（不可用）或没有指定 command 属性，则该方法无效

3. Checkbutton 控件

除了具备基本的共有属性之外，Checkbutton（复选框）控件还具备如表 8-9 所示的属性。

表 8-9　Checkbutton 控件特有属性

属　性	说　明
text	设置显示的文本，使用"\n"来对文本进行换行
variable	（1）与复选框关联的变量，该变量值会随着用户选择行为的改变来改变（选或不选），即在 onvalue 和 offvalue 设置值之间切换，这些操作由系统自动完成； （2）在默认情况下，variable 属性设置为 1，表示选中状态；反之则为 0，表示不选中
onvalue	通过设置 onvalue 的值来自定义选中状态的值
offvalue	通过设置 offvalue 的值来自定义未选中状态的值
indicatoron	表示是否绘制用来选择的选项的小方块。当该属性值设置为 False 时，会改变原有按钮的样式，这一点与单选按钮的相同；默认值为 True
selectcolor	选择框的颜色（即小方块的颜色），默认值由系统指定
selectimage	设置当 Checkbutton 控件为选中状态的时候显示的图片。如果没有指定 image 属性，该属性被忽略
textvariable	Checkbutton 控件显示 Tkinter 变量（通常是一个 StringVar 变量）的内容。如果变量被修改，Checkbutton 控件的文本会自动更新
wraplength	表示复选框文本应该被分成多少行。该属性指定每行的长度，单位为像素，默认值为 0

控件常用方法如表 8-10 所示。

表 8-10　Checkbutton 控件常用方法

方　法	说　明
desellect()	取消 Checkbutton 控件的选中状态，也就是设置 variable 为"offvalue"
flash()	刷新 Checkbutton 控件，对其进行重绘操作，即将前景色与背景色互换，从而产生闪烁的效果
invoke()	（1）调用 Checkbutton 控件中 command 属性指定的函数或方法，并返回函数的返回值； （2）如果 Checkbutton 控件的 state 属性值为"disabled"（不可用）或没有指定 command 属性，则该方法无效
select()	将 Checkbutton 控件设置为选中状态，也就是设置 variable 为"onvalue"
toggle()	改变复选框的状态。如果复选框当前状态是 on，就改成 off；反之亦然

8.3.3 列表框

除了具备基本的共有属性外，Listbox（列表框）控件还具备如表 8-11 所示的属性。

表 8-11 Listbox 控件特有属性

属　　性	说　　明
listvariable	（1）指向一个 StringVar 类型的变量，该变量存放 Listbox 控件中所有的项目； （2）在 StringVar 类型的变量中，用空格分隔每个项目，例如 var.set("C C++ Java Python")
selectbackground	指定当某个项目被选中的时候，背景的颜色，默认值由系统指定
selectborderwidth	（1）指定当某个项目被选中的时候，边框的宽度； （2）默认是由 selectbackground 指定的颜色填充，没有边框； （3）如果设置了此属性，Listbox 控件的每一项会相应变大，被选中项为"raised"样式
selectforeground	指定当某个项目被选中的时候，文本的颜色，默认值由系统指定
selectmode	决定选择的模式，Tkinter 提供了 4 种不同的选择模式，分别是"single"（单选）、"browse"（也是单选，但拖动鼠标或通过方向键可以直接改变选项）、"multiple"（多选）和"extended"（也是多选，但需要同时按住 Shift 键（或 Ctrl 键）拖曳鼠标实现）。默认值为"browse"
setgrid	指定一个布尔类型的值，决定是否启用网格控制。默认值为 False
takefocus	指定该控件是否接收输入焦点（用户可以通过 Tab 键将焦点转移上来）。默认值为 True
xscrollcommand	为 Listbox 控件添加一条水平滚动条，将此属性与 Scrollbar 控件相关联即可
yscrollcommand	为 Listbox 控件添加一条垂直滚动条，将此属性与 Scrollbar 控件相关联即可

Listbox 控件常用方法如表 8-12 所示。

表 8-12 Listbox 控件常用方法

方　　法	说　　明
activate(index)	将给定索引号对应的选项激活，即文本下方画一条下画线
bbox(index)	返回给定索引号对应的选项的边框，返回值是一个以像素为单位的四元组表示边框：(xoffset,yoffset,width,height)，xoffset 和 yoffset 表示距离左上角的偏移位置
curselection()	返回一个元组，包含被选中的选项序号（从 0 开始）
delete(first, last)	删除 first 到 last 范围内（包含 first 和 last）的所有选项
get(first, last)	返回一个元组，包含 first 到 last 范围内（包含 first 和 last）所有选项的文本
index(index)	返回与 index 对应选项的序号
itemcget(index, option)	获得 index 指定的项目对应的选项（由 option 指定）
itemconfig(index, **options)	设置 index 指定的项目对应的选项（由可变参数 **option 指定）

续表

方　法	说　明
nearest(y)	返回与给定 y 在垂直坐标上最接近的项目的序号
selection_set(first, last)	设置 first 到 last 范围内（包含 first 和 last）选项为选中状态。使用 selection_includes（序号）可以判断选项是否被选中
size()	返回 Listbox 控件中选项的数量
xview()	用于在水平方向上滚动 Listbox 控件的内容，一般通过绑定 Scollbar 控件的 command 属性来实现。如果第一个参数是"moveto"，则第二个参数表示滚动到指定的位置（0.0 表示最左端，1.0 表示最右端）；如果第一个参数是"scroll"，则第二个参数表示滚动的数量，第三个参数表示滚动的单位（可以是"units"或"pages"），例如 xview("scroll",2,"pages") 表示向右滚动两行
yview()	用于在垂直方向上滚动 Listbox 控件的内容，一般通过绑定 Scollbar 控件的 command 属性来实现

8.4 事件处理

Tkinter 通过事件驱动的方式来实现对控件的操作。控件通过响应不同的事件，执行不同的事件处理代码，以此来控制控件对象的行为。在 Tkinter 中，每类控件都有预定义的事件集，当其中的某个事件发生时，如果事件已经绑定了回调函数，Tkinter 将执行相应的函数代码。前面的很多控件都有一个 command 属性，例如 Button 控件的 command 属性绑定回调函数，其实就是事件处理。还有很多控件没有 command 属性或者需要处理更为复杂的事件，此时需要使用专门的事件处理方法。

Tkinter 事件按大类来分，分为键盘事件、鼠标事件以及控件状态变化事件 3 大类。事件声明的语法格式如下：

"<[modifier-] type [-detail]>"

modifier：这个前缀修饰用于组合键定义，是可选的。

type：表示事件类型，是必选的。

detail：用于具体的信息描述，通常用于描述具体的哪个按键。它是可选项。

例如，<Double-Button-1> 表示鼠标双击事件，<Control-Shift-Alt-KeyPress-A> 表示同时按下键盘上的 Ctrl、Shitf、Alt、A 4 个键。

事件组合修饰符说明如表 8-13 所示。

表 8-13　事件组合修饰符说明

修饰符	说　明
Shift	Shift 键被按下
Control	Ctrl 键被按下

续表

修饰符	说明
Alt	Alt 键被按下
Any	任意一个键被按下
Double	两个事件在短时间内发生，如鼠标双击
Triple	3 个事件在短时间内发生
Lock	Caps Lock 键被按下

事件类型说明如表 8-14 所示。

表 8-14 事件类型说明

类别	事件类型	说明
键盘事件	KeyPress	按下键盘时触发，它可简写为 Key，例如 <Key>、<Key-a>
	KeyRelease	释放键盘时触发，例如 <KeyRelease>、<KeyRelease-a>
鼠标事件	Button	按下鼠标时触发，1 表示左键、2 表示中键、3 表示右键、4 表示向上滚动（Linux 操作系统）、5 表示向下滚动（Linux 操作系统），例如 <Button-3>、<Double-Button-1>
	ButtonRelease	释放鼠标时触发，例如 <ButtonRelease-2>
	Motion	鼠标按下并拖曳控件移动时触发，例如 <B1-Motion>，其中 B1 是 Button1 的缩写
	Enter	鼠标指针进入某个控件时触发
	Leave	鼠标指针离开某个控件时触发
	MouseWheel	鼠标滚轮滚动时触发
控件状态变化事件	Visibility	控件变为可视状态时触发
	Unmap	控件由显示状态变隐藏状态时触发
	Map	控件由隐藏状态变显示状态时触发
	Expose	控件从其他控件遮盖中暴露出来时触发
	FocusIn	控件获得焦点时触发
	FocusOut	控件失去焦点时触发
	Configure	控件大小发生改变时触发
	Activate	控件状态由不可用转为可用时触发
	Deactivate	控件状态由可用转为不可用时触发
	Property	窗体属性被删除或改变时触发
	Colormap	控件颜色或外观改变时触发
	Destroy	控件被销毁时触发

每次控件触发了事件就会产生相应的 tkinter.Event 对象，通过 Event 对象的属性可以

获取事件的状态。对于不同类型的事件，Event 对象的属性是不一样的，如有些属性是键盘事件专属的，也有些是鼠标事件专属的。Event 对象属性如表 8-15 所示。

表 8-15 Event 对象属性

属　　性	说　　明
x 和 y	相对于控件左上角的鼠标坐标位置
x_root 和 y_root	相对于屏幕左上角的鼠标坐标位置
state	辅助键（鼠标按键、Ctrl、At、Shift、大写锁定键、NumLock 键）的状态
keysym	按键命名
keysym_num	按键序号
keycode	键码
time	时间
type	类型
widget	控件
char	字符
width 和 height	控件的新宽度、高度
delta	delta=120 表示鼠标滚轮向上滚，delta=-120 表示鼠标滚轮向下滚
num	鼠标的按键码，左键、中键、右键分别为 1、2、3

控件与事件的绑定除了使用前述的 command 属性实现外，还可以使用专门的绑定方法。一共有 3 种绑定方法可以完成绑定以及 3 种对应的方法解除绑定。

（1）widget.bind(event,callback)：这是最常用的绑定方法，第 1 个参数为事件类型字符串，例如 "<Button-1>"，第 2 个参数为绑定的回调函数。对应的解除绑定函数为 widget.unbind(event,callback)。

（2）widget.bind_all(event,callback)：绑定事件到所有控件上。对应的解除绑定函数为 widget.unbind_all(event,callback)。

（3）widget.bind_class(widget_class,event,callback)：绑定事件到某种类型的控件上，第一个参数为控件的类型，例如 "Entry"。

【例 8.4】创建一个 Button 控件，并通过双击鼠标任意键改变另一个 Entry 控件的内容。

```
1  # button_event.py
2  import tkinter as tk
3  win = tk.Tk()
4  # 回调函数
5  def changeString(event):
6      # 输出鼠标的按键码，左键、中键、右键分别为1、2、3
```

```
7           print(event.num)
8           # 改变字符串变量的值,从而改变与之绑定的 Entry 控件的内容
9           str_var.set("Python 程序设计 ")
10
11 # 定义 Tkinter 字符串变量
12 str_var = tk.StringVar()
13 # 绑定字符串变量到 Entry 控件
14 te = tk.Entry(win, textvariable=str_var)
15 te.pack()
16 # 定义按钮
17 btn = tk.Button(win, text=" 双击鼠标改变 ")
18 # 通过事件绑定方式与前面回调函数关联,双击鼠标(任意键)事件
19 btn.bind("<Double-Button>",changeString)
20 btn.pack()
21 win.mainloop()
```

8.5 布局方法

8.5.1 布局管理器

Tkinter 提供了 3 种常用的布局管理器,分别是 pack()、grid() 以及 place() 方法。

1. pack() 方法

pack() 是一种较为简单的布局方法。在不使用任何参数的情况下,它会将控件以添加时的先后顺序,自上而下,一行一行地进行排列,并且默认居中显示。pack() 方法的常用属性如表 8-16 所示。

表 8-16 pack() 方法常用属性

属 性	说 明
anchor	设置控件在窗体放置的位置。它共有 9 个方位值,如图 8-4 所示,前面为常量名,后面为对应字符串值
expand	设置是否可扩展窗体,属性值为 True(扩展)或者 False(不扩展)。若设置为 True,则控件的位置始终位于窗体的中央位置;默认值为 False
fill	属性值为 "x""y""both""none",其中 "x""y""both" 分别表示允许控件在水平、垂直、同时在两个方向上进行拉伸。例如,当 fill="x" 时,控件会占满水平方向上的所有剩余空间
ipadx, ipady	需要与 fill 属性值共同使用,表示控件内容与控件边框的距离(内边距)。例如,文本内容与控件边框的距离,单位为像素(p),或者厘米(c)、英寸(i)
padx 和 pady	用于控制控件之间的上下、左右的距离(外边距),单位为像素(p),或者厘米(c)、英寸(i)
side	用于控制控件放置在窗体的哪个位置上,属性值 "top""bottom""left""right"

NW/ " nw "	N/ " n "	NE/ " nw "
W/ " w "	CENTER/ " center "	E/ " e "
SW/ " sw "	S/ " s "	SE/ " se "

图 8-4　pack() 方法的 anchor 位置变量

2. grid() 方法

grid() 是一种基于网格式的布局管理方法，它相当于把窗体看成一张由行和列组成的表格。当使用 grid() 进行布局时，表格内的每个单元格都可以放置一个控件，从而实现对界面的布局管理。grid() 方法常用属性如表 8-17 所示。

表 8-17　grid() 方法常用属性

属　　性	说　　明
column	设置控件位于表格中的第几列。窗体最左边的为起始列，默认为第 0 列
columnspan	设置控件实例所跨的列数，默认为 1 列，通过该属性可以合并一行中多个邻近单元格
ipadx 和 ipady	用于控制内边距。在单元格内部，左右、上下方向上填充指定大小的空间
padx 和 pady	用于控制外边距。在单元格外部，左右、上下方向上填充指定大小的空间
row	设置控件位于表格中的第几行。窗体最上面为起始行，默认为第 0 行
rowspan	设置控件实例所跨的行数，默认为 1 行，通过该属性可以合并一列中多个邻近单元格
sticky	设置控件位于单元格哪个方位上，属性值和 anchor 的相同。若不设置该属性，则控件在单元格内居中

3. place() 方法

与前两种布局方法相比，采用 place() 方法进行布局管理要更加精细化。通过 place() 方法可以直接指定控件在窗体内的绝对位置，或者相对于其他控件定位的相对位置。place() 方法常用属性如表 8-18 所示。

表 8-18　place() 方法常用属性

属　　性	说　　明
anchor	定义控件在窗体内的方位，属性值可以为 N、NE、E、SE、S、SW、W、NW 或 CENTER，默认值为 NW
bordermode	定义控件的坐标是否要考虑边界的宽度，属性值为 OUTSIDE（排除边界）或 INSIDE（包含边界），默认值为 INSIDE
x 和 y	定义控件在根窗体中水平和垂直方向上的起始绝对位置
relx 和 rely	（1）定义控件相对于根窗口（或其他控件）在水平和垂直方向上的相对位置（即位移比例），取值范围在 0.0～1.0 （2）可设置 in_，表示相对于某个其他控件的位置
height 和 width	表示控件自身的高度和宽度
relheight 和 relwidth	表示控件高度和宽度相对于根窗体高度和宽度的比例，取值范围也在 0.0～1.0

8.5.2 布局管理控件

在 Tkinter 中，有一类控件作为容器控件，里面可以放置其他控件。容器控件也用来作为更精细的布局管理器使用。常用的容器控件有框架（Frame）控件、标签框架（LabelFrame）控件和顶级窗体（TopLevel，也称为子窗体）控件。

1. Frame 控件

Frame 控件本质上也是一个矩形窗体，同其他控件一样也需要位于主窗体内。我们可以在主窗体内放置多个 Frame 控件，并且每个 Frame 控件中还可以嵌套一个或者多个 Frame 控件，从而将主窗体界面划分成多个区域。Frame 控件常用属性如表 8-19 所示。

表 8-19　Frame 控件常用属性

属　　性	说　　明
bg	设置 Frame 控件的背景颜色
bd	指定 Frame 控件的边框宽度
colormap	指定 Frame 控件及其子控件的颜色映射
container	若属性值为 True，则窗体将被当作容器使用，一些其他程序也可以被嵌入
cursor	指定鼠标指针在 Frame 控件上"飘"过时的鼠标指针样式，默认值由系统指定
height 和 width	设置 Frame 控件的高度和宽度
highlightbackground	指定当 Frame 控件没有获得焦点时高亮边框的颜色，通常由系统指定为标准颜色
highlightcolor	指定当 Frame 控件获得焦点时高亮边框的颜色
highlightthickness	指定高亮边框的宽度，默认值为 0
padx 和 pady	距主窗体在水平和垂直方向上的外边距
relief	指定边框的样式，属性值"sunken""raised""groove""ridge""flat"，默认值为"falt"
takefocus	指定该控件是否接收输入焦点（即用户通过 Tab 键将焦点转移上来）。默认值为 False

2. LabelFrame 控件

LabelFrame 控件会在其包裹的子控件周围绘制一个边框和一个标题，相当于多一个标签的 Frame 控件。LabelFrame 控件的用法同 Frame 控件的用法一致。

3. Toplevel 控件

Toplevel 控件是主窗体之外的弹出框窗体（一般通过特定事件来触发执行）。在这个窗体内也可以包含其他控件。相对于主窗体而言，Toplevel 控件位于主窗体的上一层。

8.6 对话框

在 Tkinter 中，对话框是一种特殊的窗体，它通过显示和获取信息与用户进行交互。下面介绍 Tkinter 中的几种常见的对话框，分别是消息对话框（messagebox）、输入对话框（simpledialog）、文件对话框（filedailog）和颜色对话框（colorchooser）。

8.6.1 消息对话框

消息对话框主要起到信息提示、警告、说明、询问等作用，通常配合"事件函数"一起使用，例如执行某个操作出现了错误，然后弹出错误消息提示框。使用消息对话框可以提升用户的交互体验，也可以使得 GUI 程序更加人性化。消息对话框常用方法如表 8-20 所示。

表 8-20 消息对话框常用方法

方法	说明
askokcancel(title=None,message=None)	打开一个"确定/取消"的对话框
askquestion(title=None,message=None)	打开一个"是/否"的对话框，提出问题
askretrycancel(title=None,message=None)	打开一个"重试/取消"的对话框
askyesno(title=None,message=None)	打开一个"是/否"的对话框，询问操作
showerror(title=None,message=None)	打开一个错误提示对话框
showinfo(title=None,message=None)	打开一个信息提示对话框
showwarning(title=None,message=None)	打开一个警告提示对话框

消息对话框常用属性如表 8-21 所示。

表 8-21 消息对话框常用属性

属性	说明
default	（1）设置默认的按钮（也就是按下 Enter 键响应的那个按钮）； （2）默认是第一个按钮（如"确定"按钮、"是"按钮或"重试"按钮）； （3）设置值根据对话框函数的不同，可以选择 CANCEL、IGNORE、OK、NO、RETRY 或 YES
icon	（1）指定对话框显示的图标； （2）可指定的值有 ERROR、INFO、QUESTION、WARNING； （3）注意不能指定用户自己定制的图标
parent	（1）如果不指定该属性，那么对话框默认显示在根窗体上； （2）如果想要将对话框显示在子窗体上，那么可以设置 parent 为子窗体对象

8.6.2 输入对话框

在程序执行过程中经常需要输入一些数据进行交互，如果是 GUI 程序，我们可以使用输入对话框完成输入。Tkinter 的输入对话框被封装在 tkinter.simpledialog 模块中，该模块提供了有关输入对话框的常用方法，如表 8-22 所示。

表 8-22　输入对话框常用方法

方　　法	说　　明
askfloat(title,prompt)	提示用户输入浮点型数据
askinteger(title,prompt)	提示用户输入整型数据
askstring(title,prompt)	提示用户输入字符串型数据

8.6.3　文件对话框

文件对话框在程序中经常用到，例如文件的打开和保存功能都需要一个文件对话框来实现对文件的操作。Tkinter 的文件对话框被封装在 tkinter.filedailog 模块中，该模块提供了有关文件对话框的常用方法，如表 8-23 所示。

表 8-23　文件对话框常用方法

方　　法	说　　明
askopenfilename()	打开某个文件，并以包含文件名的路径作为返回值
askopenfilenames()	同时打开多个文件，并以元组形式返回多个文件名
askopenfile()	打开文件，并返回文件流对象
askopenfiles()	打开多个文件，并以列表形式返回多个文件流对象
asksaveasfilename()	选择以什么文件名保存文件，并返回文件名
asksaveasfile()	选择以什么类型保存文件，并返回文件流对象
askdirectory()	选择目录，并返回目录名

文件对话框常用属性如表 8-24 所示。

表 8-24　文件对话框常用属性

属　　性	说　　明
defaultextension	指定文件的扩展名，当保存文件时自动添加文件名，如果自动添加了文件的扩展名，则该选项值不会生效
filetypes	指定筛选文件类型的下拉菜单选项，该属性值是由二元组（类型名，文件扩展名）构成的列表，例如 filetypes = [("PNG", "*.png"),("JPG", "*.jpg"),("GIF", "*.gif")]
initialdir	指定打开 / 保存文件的默认路径，默认路径是当前文件夹
parent	如果不指定该属性，那么对话框默认显示在根窗体上。通过设置该属性可以使得对话框显示在子窗体上
title	指定文件对话框的标题

8.6.4　颜色对话框

当需要通过选择的方式获取颜色值时，我们可以使用颜色对话框。颜色对话框允许用户选择自己所需要的颜色。要想打开颜色对话框，可以直接通过 tkinter.colorchooser.askcolor() 方法实现。当用户在面板上选择一个颜色并按下"确定"按钮后，它会返回一个二元组（没有选择返回 None 值），其第 1 个元素是选择的 RGB 颜色值，第 2 个元素是对应的十六进制颜色值。打开的颜色对话框如图 8-5 所示。

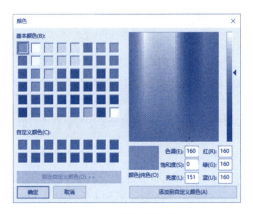

图 8-5　颜色对话框

8.7　应用举例

本节通过 Tkinter 模块完成一个自定义简单计算器的实现。

实现思路如表 8-25 所示。

表 8-25　自定义简单计算器的实现思路

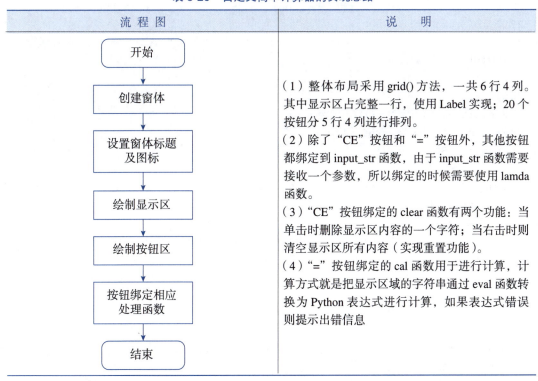

具体代码如下所示，程序执行界面如图 8-6 所示。

```python
1  # calculator.py
2  from tkinter import *
3  from tkinter import messagebox
4
5  # 输入字符,显示内容更新
6  def input_str(ch):
7      lb_str.set(lb_str.get() + ch)
8
9  # 单击"CE"按钮清除已输入内容,单击时删除一个字符,右击时清空所有内容
10 def clear(event):
11     # 单击时删除一个字符
12     if event.num == 1:
13         lb_str.set(lb_str.get()[0:-1])
14     # 右击时重置
15     elif  event.num == 3:
16         lb_str.set("")
17
18 # 计算结果并显示
19 def cal():
20     try:
21         result = eval(lb_str.get())
22         lb_str.set(lb_str.get() + "=\n" + str(result))
23     except:
24         messagebox.showerror(title=" 错误 ",message=" 输入的计算公式不合法! ")
25
26 win = Tk()
27 win.title(" 好好学习, 报效祖国 ")
28 win.iconbitmap("feather.ico")
29 lb_str = StringVar()
30 # 定义标签控件为显示区
31 Label(win,textvariable=lb_str,width=50).grid(row=0,column=0,columnspan=4)
32 #   定义第一排按钮
33 Button(win,text="(",width=10,height=2,command=lambda:input_str("(")).grid(row=1,column=0)
34 Button(win,text=")",width=10,height=2,command=lambda:input_str(")")).grid(row=1,column=1)
35 Button(win,text="%",width=10,height=2,command=lambda:input_str("%")).grid(row=1,column=2)
36 btn_clear = Button(win,text="CE",width=10,height=2)
37 #  设置清除按钮前景颜色为红色
```

```
38 btn_clear['fg'] = "red"
39 # 事件绑定
40 btn_clear.bind("<Button>",clear)
41 btn_clear.grid(row=1,column=3)
42 # 定义第二排按钮
43 Button(win,text="7",width=10,height=2,command=lambda:input_str("7")).
   grid(row=2,column=0)
44 Button(win,text="8",width=10,height=2,command=lambda:input_str("8")).
   grid(row=2,column=1)
45 Button(win,text="9",width=10,height=2,command=lambda:input_str("9")).
   grid(row=2,column=2)
46 Button(win,text="/",width=10,height=2,command=lambda:input_str("/")).
   grid(row=2,column=3)
47 # 定义第三排按钮
48 Button(win,text="4",width=10,height=2,command=lambda:input_str("4")).
   grid(row=3,column=0)
49 Button(win,text="5",width=10,height=2,command=lambda:input_str("5")).
   grid(row=3,column=1)
50 Button(win,text="6",width=10,height=2,command=lambda:input_str("6")).
   grid(row=3,column=2)
51 Button(win,text="*",width=10,height=2,command=lambda:input_str("*")).
   grid(row=3,column=3)
52 # 定义第四排按钮
53 Button(win,text="1",width=10,height=2,command=lambda:input_str("1")).
   grid(row=4,column=0)
54 Button(win,text="2",width=10,height=2,command=lambda:input_str("2")).
   grid(row=4,column=1)
55 Button(win,text="3",width=10,height=2,command=lambda:input_str("3")).
   grid(row=4,column=2)
56 Button(win,text="-",width=10,height=2,command=lambda:input_str("-")).
   grid(row=4,column=3)
57 # 定义第五排按钮
58 Button(win,text="0",width=10,height=2,command=lambda:input_str("0")).
   grid(row=5,column=0)
59 Button(win,text=".",width=10,height=2,command=lambda:input_str(".")).
   grid(row=5,column=1)
60 Button(win,text="=",width=10,height=2,command=cal).grid(row=5,
   column=2)
61 Button(win,text="+",width=10,height=2,command=lambda:input_str("+")).
   grid(row=5,column=3)
62 win.mainloop()
```

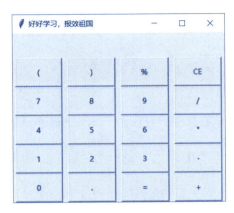

图 8-6　计算器

8.8　本章小结

本章介绍了 Python 中的 GUI 程序编写方法，主要介绍 Tkinter 内置模块的使用，包括 Tkinter 基础、Tkinter 常用控件、Tkinter 的事件处理、Tkinter 的布局方法及对话框使用，最后通过一个计算器的实例综合应用了前面相关方法。

第 8 章
补充习题

习题

1. 任意创建一个窗体并按如下要求完成。

（1）窗体在屏幕中居中显示。

（2）窗体大小不可改变。

2. 利用布局方式完成如图 8-7 所示登录窗体的绘制。

图 8-7　登录窗体

3. 在第 2 题的基础上完成以下程序设计。

（1）密码输入以"*"显示。

（2）单击"登录"按钮，弹出消息对话框，如果账号和密码一致则以普通信息提示框显示"登录成功"，否则以错误提示框显示"您的账号或密码错误"。

（3）单击"退出"按钮，结束程序运行。

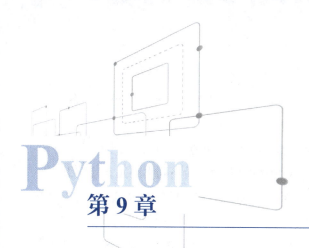

第 9 章 科学计算、数据分析与可视化

科学计算即数值计算，它是指应用计算机处理科学研究和工程技术中所遇到的数学计算。在现代科学和工程技术中，经常会遇到大量复杂的数学计算问题，这些问题用一般的计算工具来解决非常困难，而用计算机来处理却非常容易。在 Python 中，最为基础的科学计算库为 NumPy。

数据分析的目的是把隐藏在一大批看来杂乱无章数据中的信息集中和提炼出来，从而找出所研究对象的内在规律。在实际应用中，数据分析可帮助人们做出判断，以便采取适当行动。数据分析的过程通常需要建立在科学计算基础之上。在 Python 中进行数据分析，最常使用 Pandas 库。

在数据分析中，为了更为直观地反映出数据的特点，经常借助数据可视化技术。数据可视化主要是借助图形化手段，清晰、有效地传达与沟通信息。在 Python 中，最为常见的第三方用来绘制专业图表的库为 Matplotlib，除此之外还有 Seaborn、pyecharts 等。

本章主要介绍 NumPy、Pandas 和 Matplotlib 库的内容及使用技巧，然后以一个应用案例说明上述库的具体运用。

9.1 NumPy

9.1.1 NumPy 简介

NumPy 是 Python 中科学计算的基础包。作为一个 Python 库，它提供多维数组对象，各种派生对象，如掩码数组和矩阵，以及用于数组快速操作的各种 API，包括数学、逻辑、形状操作、排序、选择、输入/输出、离散傅里叶变换、基本线性代数、基本统计运算和随机模拟等。

NumPy 最重要的一个特点是其 N 维数组对象 ndarray，它是一系列同类型数据的集合，以 0 下标为开始进行集合中元素的索引。ndarray 对象是用于存放同类型元素的多维数组。ndarray 中的每个元素在内存中都有相同大小的存储区域。

NumPy 数组与原生 Python Array（数组）之间有以下几个重要的区别。

- NumPy 数组在创建时具有固定的大小，与 Python 的原生数组对象（可以动态增长）不同。更改 ndarray 的大小将创建一个新数组并删除原来的数组。
- NumPy 数组中的元素都需要具有相同的数据类型，因此在内存中的大小相同。例外情况：当在 Python 的原生数组里包含了 NumPy 对象的时候，就支持不同大小元素的数组。
- NumPy 数组有助于对大量数据进行高级数学和其他类型的操作。通常，这些操作的执行效率更高，比使用 Python 原生数组的代码更少。
- 越来越多的基于 Python 的科学和数学软件包使用 NumPy 数组；虽然这些工具通常都支持 Python 的原生数组作为参数，但它们在处理之前会将输入的数组转换为 NumPy 的数组，而且也通常输出为 NumPy 数组。换句话说，为了高效地使用当今基于 Python 的大部分科学计算工具，只知道如何使用 Python 的原生数组类型是不够的，还需要知道如何使用 NumPy 数组。

因为 NumPy 不是 Python 的内置库，在使用前需要安装，安装方法如下：

```
pip install numpy
```

在使用 NumPy 库时，通常引入的方式如下：

```
import numpy as np
```

9.1.2 NumPy 库的使用

ndarray 作为 NumPy 核心类，其具有的基本属性如表 9-1 所示。

表 9-1 ndarray 基本属性

属 性	说 明
ndarray.ndim	数组的轴（维度）的个数
ndarray.shape	数组的维度。这是一个整型的元组，表示每个维度中数组的大小。对于有 n 行和 m 列的矩阵，shape 将是 (n,m)
ndarray.size	数组元素的总数，等于 shape 的元素的乘积
ndarray.dtype	一个描述数组中元素类型的对象。使用标准的 Python 类型可以创建或指定 dtype。另外，NumPy 提供属于它自己的类型，例如，numpy.int32、numpy.int16 和 numpy.float64
ndarray.itemsize	数组中每个元素的字节大小。例如，元素为 float64 类型的数组的 itemsize 为 8（即 64/8），而 complex32 类型的数组的 itemsize 为 4（即 32/8）。它等于 ndarray.dtype.itemsize
ndarray.data	该缓冲区包含数组的实际元素。通常，不需要使用此属性，因为是使用索引访问数组中的元素

下面例子展示了 ndarray 属性的使用方法。

```
>>> import numpy as np
>>> a = np.arange(1,13).reshape(3,4)    # 使用 reshape 把 12 个元素
                                        # 转为 3 行 4 列的数组
>>> print(a)
[[ 1  2  3  4]
 [ 5  6  7  8]
 [ 9 10 11 12]]
>>> a.ndim       # 获取 a 的轴的个数
2
>>> a.shape      # 获取 a 的维度
(3, 4)
>>> a.dtype      # 获取 a 的元素数据类型
dtype('int32')
```

NumPy 库常见的 ndarray 数组创建方法如表 9-2 所示。

表 9-2　ndarray 数组常见创建方法

方　　法	说　　明
np.array(p_obj)	从常规 Python 列表或元组中创建，例如 np.array([1,2,3])、np.array((1,2,3,4))、np.array([[1,2,3],[4,5,6]])
np.arange(start,stop,step)	从数值范围创建数组，创建一个从 start（默认值为 0）开始，在 stop（不包括）终止，步长为 step（默认值为 1）的数组
np.linspace(start,stop,num)	创建一个等差数列构成的数组。start 表示起始值，stop 表示终止值，num 表示样本数（默认值为 50）
np.empty(shape,dtype = float)	创建一个指定形状（shape）、数据类型（dtype）且未初始化的数组。例如，np.empty((2,3),dtype=int)
np.zeros(shape,dtype = float)	创建一个指定形状（shape）、数据类型（dtype）且元素都为 0 的数组。例如，np.zeros((2,3),dtype=int)
np.ones(shape,dtype = float)	创建一个指定形状（shape）、数据类型（dtype）且元素都为 1 的数组。例如，np.ones((2,3,4),dtype=int)
np.random.rand(shape)	创建一个指定形状（shape）的数组，元素随机生成

ndarray 对象的内容可以通过索引或切片来访问和修改；对于一维数组来说，该操作与 Python 中列表的索引和切片操作一样。ndarray 数组可以基于 0～n 的下标进行索引，也可以通过冒号分隔切片参数 start:stop:step 来进行切片操作。

下面例子展示了一维数组的索引和切片使用方法。

```
>>> import numpy as np
>>> a = np.arange(10)        # 通过 arrange 函数生成从 0 到 9 共 10 个元素的数组
>>> a
array([0, 1, 2, 3, 4, 5, 6, 7, 8, 9])
```

```
>>> a[2]                  # 获取数组 a 中下标为 2（即第三个）的元素
2
>>> a[-2]                 # 获取数组 a 中下标为 -2（即倒数第二个）的元素
8
>>> a[1:4]                # 对数组 a 进行切片，返回下标从 1 到 4（不包括 4）共 3 个元素的数组
array([1, 2, 3])
>>> a[:-1:2]              # 对 a 切片，返回从头到尾（不含尾）且步长为 2 的所有元素构成的数组
array([0, 2, 4, 6, 8])
```

多维数组每个轴可以有一个索引，这些索引由以逗号分隔的元组给出。当提供的索引少于轴的数量时，缺失的索引被认为是完整的切片。

NumPy 也允许你使用 3 个点（...）表示产生完整索引元组所需的冒号。例如，如果 x 是 rank 为 5 的数组（即它具有 5 个轴），则：

- x[1,2,···] 等效于 x[1,2,:,:,:]；
- x[···,3] 等效于 x[:,:,:,:,3]；
- x[4,···,5,:] 等效于 x[4,:,:,5,:]。

下面例子展示了二维数组（其他更高维多维数组类似）的索引和切片使用方法。

```
>>> import numpy as np
>>> a = np.random.randint(1,100,(3,5))  # 创建 3×5 二维数组, 元素随机从 1 到 100 内生成
>>> a
array([[87, 43, 36, 50, 55],
       [33, 60, 90, 64, 48],
       [19, 50, 91, 16, 30]])
>>> a[1,-1]               # 取 a 当中第一维下标为 1 且第二维下标 -1 的元素
48
>>> a[1,:]                # 对 a 切片，返回第一维下标为 1 且第二维所有元素构成的数组
array([33, 60, 90, 64, 48])
>>> a[:, 1]               # 对 a 切片，返回第一维所有且第二维下标为 1 的元素构成的数组
array([43, 60, 50])
>>> a[···,1]              # 对 a 切片，返回所有最后一维下标为 1 的元素构成的数组
array([43, 60, 50])
```

一个数组的形状是由每个轴的元素数量决定的。可以使用一些方法更改数组的形状，常见的方法如表 9-3 所示。

表 9-3 改变数组形状常见方法

方法	说明
ndarray.reshape(shape)	不改变原数组，返回一个形状为 shape 的新数组，例如 a.reshape(3,4)
ndarray.resize(new_shape)	改变原数组的形状为 new_shape 形成的新数组，例如 a.resize(3,4)

续表

方法	说明
ndarray.ravel()	返回一个折叠后的一维数组,返回的是新的对象
ndarray.flatten()	返回一个折叠后的一维数组,返回的是原数组的视图(与原数组共享数据)
ndarray.swapaxes(ax1, ax2)	将数组任意两个维度进行调换
ndarray.T	对数组进行转置
ndarray.transpose(*axes)	对数组所有维度进行调换,默认情况与 ndarray.T 相同

在数组进行算术运算或比较运算过程中,如果进行运算的两个数组形状完全相同,它们对应的元素直接可以做相应的运算。当运算的两个数组形状不同,NumPy 会自动触发广播机制,这种机制的核心是对形状较小的数组在横向或纵向上进行一定次数的重复,使其与形状较大的数组拥有相同的维度。广播的一般规则如下。

- 如果两个数组的维度不相同,那么小维度数组的形状将会在最左边补 1。例如,a 的形状为 (2,3,4),b 的形状为 (3,4),b 会扩展为 (1,3,4)。
- 如果两个数组的形状在任何一个维度上都不匹配,那么数组的形状会沿着维度为 1 扩展以匹配另外一个数组的形状。例如,a 的形状为 (2,3,1),b 的形状为 (2,1,4),那么 a 和 b 都会扩展为 (2,3,4)。
- 如果两个数组的形状在任何一个维度上都不匹配且没有任何一个维度为 1,那么会引起异常。

NumPy 的数组运算可以直接使用 Python 的算术运算符实现,如 +、-、*、/、** 等,也可以使用提供的相应函数实现,如表 9-4 所示。

表 9-4 数组算术运算函数与运算符对应关系

函数	等同于	函数	等同于
np.add(x1, x2, [y])	y=x1+x2	np.negative(x, [y])	y=-x
np.subtract(x1, x2, [y])	y=x1-x2	np.power(x1, x2, [y])	y=x1**x2
np.multiply(x1, x2, [y])	y=x1*x2	np.remainder(x1, x2, [y])	y=x1%x2
np.divide(x1, x2, [y])	y=x1/x2	np.mod(x1, x2, [y])	同 remainder()
np.floor_divide(x1, x2, [y])	y=x1//x2		

注:表 9-4 中的 x、x1 和 x2 为参与运算的数组,如果使用了 y 参数,则把 y 改变为运算结果(y 必须是支持的数组类型)。以两个数组相加为例,我们可以使用 np.add(x1,x2,y) 把 x1 和 x2 相加后的结果保存到 y 中,也可以使用 y=np.add(x1,x2),前者要求 y 为已定义的适合的数组类型。

NumPy 的比较运算可以直接使用 Python 的比较运算符实现,如>、<、== 等,也可以使用提供的相应函数,如表 9-5 所示。数组的比较运算过程与算术运算过程一样,先通过广播机制扩展为相同形状,然后对应的元素进行比较,返回的结果是一个布尔型数据的数组。

表 9-5　数组比较运算函数与运算符对应关系

函　　数	等　同　于	函　　数	等　同　于
np.equal(x1,x2,[y])	y=(x1==x2)	np.less_equal(x1,x2,[y])	y=(x1<=x2)
np.not_equal(x1,x2,[y])	y=(x1!=x2)	np.greater(x1,x2,[y])	y=(x1>x2)
np.less(x1,x2,[y])	y=(x1<x2)	np.greater_equal(x1,x2,[y])	y=(x1>=x2)

NumPy 还提供了大量的数学函数，所有的数学函数都是对每个元素进行计算，常见数学函数如表 9-6 所示。

表 9-6　NumPy 常见数学函数

函　　数	说　　明
np.sin(x)	正弦函数
np.cos(x)	余弦函数
np.tan(x)	正切函数
np.arcsin(x)	反正弦函数
np.arcos(x)	反余弦函数
np.arctan(x)	反正切函数
np.around(x)	四舍五入函数
np.ceil(x)	向上取整函数
np.floor(x)	向下取整函数
np.abs(x)	绝对值函数
np.sqrt(x)	平方根函数
np.squar(x)	平方函数
np.sign(x)	指示函数，返回符号对应的值：1（+）、0、−1（−）
np.exp(x)、np.exp2(x)	分别为 e 和 2 的幂次方
np.log(x)、np.log2(x)、np.log10(x)	不同底的对数函数

9.2　Pandas

9.2.1　Pandas 简介

Pandas 是一个开放源码、BSD（Berkeley Software Distribution，伯克利软件套件）许可的库，提供高性能、易于使用的数据结构和数据分析工具。Pandas 名字衍生自术语"panel data"（面板数据）和"Python data analysis"（Python 数据分析）。Pandas 是一个强大的分析结构化数据的工具集，其基础是 NumPy。Pandas 可以从多种文件格式（如 CSV、JSON、SQL、Microsoft Excel）导入数据。Pandas 可以对各种数据进行运算操作，如归并、再成形、选择，还有数据清洗和数据加工特征。

因为 Pandas 不是 Python 的内置库，在使用前需要安装，安装方法如下：

```
pip install pandas
```

在使用 Pandas 库时，通常引入的方式如下：

```
>>>import pands as pd
```

9.2.2 Pandas 数据结构

为更加方便构建和处理二维、多维数组，Pandas 在 ndarray 数组（NumPy 中的数组）的基础上构建出了两种数据结构，分别是 Series（一维数据结构）、DataFrame（二维数据结构）。

1. Series

Series 是带标签的一维 ndarray 数组，可存储整数、浮点数、字符串、Python 对象等类型的数据。这里的标签也称为索引，但这个索引并不局限于整数类型，也可以是字符串等其他类型。调用 pd.Series 函数即可创建 Series，语法如下所示。

```
>>> s = pd.Series(data,index,dtype,name)
```

其中，各参数说明如下。
- data 为输入的数据，其可以是列表、常量、ndarray 数组等。
- index 为索引数据，索引值必须是唯一的。如果没有显示指定索引，则默认为 np.arrange(n)，这种设置方式被称为"隐式索引"。
- dtype 表示数据类型。如果没有提供，则会自动判断得出。
- name 表示 Series 的名称，不是必需项。

下面例子表示创建学生成绩的 Series 的几种方法。

```
1  # series1.py
2  import pandas as pd
3  scores1 = {'张三':88,'李四':92,'王五':99}
4  # 使用字典作为数据，如果没有传入索引时会按照字典的键来构造索引
5  a = pd.Series(scores1)
6  print(a)
7  scores2 = [88,92,99]
8  # 显式指定索引
9  b = pd.Series(scores2,index=['张三','李四','王五'])
10 print(b)
11 # 未指定索引，按"隐式索引"方式自动创建索引
12 c = pd.Series(scores2)
13 print(c)
```

运行结果如下:

```
张三    88
李四    92
王五    99
dtype: int64
张三    88
李四    92
王五    99
dtype: int64
0    88
1    92
2    99
dtype: int64
```

2. DataFrame

DataFrame 是一种二维表格型数据结构,它既有行标签(索引),又有列标签。表格中每列的数据类型可以不同。

调用 pd.DataFrame 函数即可创建 DataFrame,语法如下所示。

```
>>>df=pd.DataFrame(data,index,columns,dtype)
```

其中,各参数说明如下。

● data 为输入的数据,也就是需要转换为 DataFrame 的原始数据,它可以是 ndarray、series、list、dict、标量以及一个 DataFrame。

● index 表示行标签(索引),如果没有传递 index 值,则默认行标签是 np.arange(n),n 代表需转换的 data 的元素个数。

● columns 表示列标签,如果没有传递 columns 值,则默认列标签是 np.arange(n)。

● dtype 表示每列数据类型。如果没有提供,则会自动判断得出。

下面例子展示创建学生信息的 DataFrame 的几种方法。

```
1  # datafram1.py
2  import pandas as pd
3  scores = {'张三':88,'李四':92,'王五':99}
4  a = pd.Series(scores)
5  scores2 = [85,91,96]
6  b = pd.Series(scores2,index=['张三','李四','王五'])
7  scores3 =[77,88,99]
8  c = pd.Series(scores3,index=['张三','李四','王五'])
```

```
 9  scores_all = {'Python':a,'C++':b,'Java':c}
10 # 通过 Series 对象创建 DataFrame
11 df1 = pd.DataFrame(scores_all)
12 print(df1)
13
14 student_info=[['张三',20,88.5],['李四',19,90],['王五',20,99.5]]
15 # 通过 list 创建 DataFrame
16 df2 = pd.DataFrame(student_info,index=['202301','202312','202323'],columns=
   ['姓名','年龄','成绩'])
17 print(df2)
```

运行结果如下:

```
        Python  C++   Java
张三       88    85    77
李四       92    91    88
王五       99    96    99
        姓名    年龄   成绩
202301  张三    20   88.5
202312  李四    19   90.0
202323  王五    20   99.5
```

9.2.3 Pandas 库的使用

由于 Pandas 中 DataFrame 数据结构包含了多个 Series,因此 DataFrame 的使用更为复杂。下面对 Pandas 库的使用都以基于 DataFrame 数据结构为例进行讲解,部分功能同样适用 Series。

DataFrame 创建以后,我们可以对数据进行部分选择,方法如表 9-7 所示。

表 9-7 Pandas 数据选择方法

方 法	说 明
df['col_name']	使用列标签选择一列数据,返回 Series 对象
df.col_name	同 df['col_name'] 功能一样
df[start:stop:step]	行数据选取,返回索引标签从 start 开始到 stop 结束且步长为 step 的所有行数据。stop 和 step 省略则是选择一行数据
df.loc[index]	单行数据选择,返回索引标签(行标签)为 index 的 Series 对象。注:所有 loc 方式都是按照标签进行选择
df.loc[index,column]	选择索引标签(行标签)为 index 且列标签为 column 的单元数据
df.loc[index_list,col_list]	选择多行多列数据,index_list 和 col_list 为两个标签列表数据,例如 df.loc[[1,3,5],['a','b']]、df.loc[1:5:2,['a','b','c']]。当某一个列表为单一值时选择一行多列或者多行一列数据

续表

方法	说明
df.loc[bool_vec]	使用布尔向量选择数据。例如 df.loc[df.index>0,df.index>1] 选择行位置索引大于 0 且列位置索引大于 1 的所有数据
df[bool_vec]	使用布尔向量选择数据，其中丨表示或，& 表示与，～表示非，如有多个条件需要使用小括号。例如 df[(df. 成绩 >85)&(df[' 年龄 '] >=20)] 表示选择成绩列中值大于 85 且年龄列中值大于或等于 20 的所有数据行
df.iloc[index]	与 df.loc[index] 类似，这里 index 指的是位置，不是标签。注：所有 iloc 方式都是按照位置进行选择
df.iloc[index,column]	与 df.loc[index,column] 类似，这里的 index 和 column 指的是位置，不是标签
df.iloc[index_list,col_list]	与 df.loc[index_list,col_list] 类似，这里的 index_list 和 col_list 是位置列表，不是标签列表
df.iloc[bool_vec]	与 df.loc[bool_vec] 类似
df.at[index,column]	返回单一元素数据（通过标签），同 df.loc[index,column]
df.iat[index,column]	返回单一元素数据（通过位置），同 df.iloc[index,column]
df.query（expr）	查询符合表达式语句的数据，例如 df.query（' 姓名 .str.startswith(" 张 ")'）、df.query(' 年龄＞ 18 and 成绩＜ 95')
df.head（n=5）	返回头部 n 行数据，n 默认值为 5，少于 n 返回所有
df.tail（n=5）	返回尾部 n 行数据，n 默认值为 5，少于 n 返回所有

对 Pandas 数据的常见操作如表 9-8 所示。

表 9-8　Pandas 数据常见操作

操作	常见方法
修改列数据	df['A']=5，修改列标签为 A 的所有元素值为 5； df['A']=2*df['A']，修改列标签为 A 的所有元素值为原来的 2 倍； df['C']=df['A']+df['B']，修改列标签为 C 的所有元素值为相应的 A 列和 B 列值的和 注：标签为 A、B、C 的列已经存在
新增列	df['C']=5，新增列标签为 C 并填充所有元素值为 5； df['C']=df['A']+df['B']，新增列标签为 C 并填充所有元素值为相应的 A 列和 B 列值的和； df.insert(index，column，values)，插入新的一列到位置索引为 index、列标签名为 column、数据列表为 values 的位置 注：标签为 C 的列不存在，如存在则是修改数据
删除列	del df['A']，删除标签为 A 的列； df.pop['A']，删除标签为 A 的列
添加行	df.append(df1)，把名为 df1 的 DataFrame 添加到 df 中
删除行	df=df.drop(1)，删除 index 为 1 的行

续表

操 作	常 见 方 法
删除任意行列	df=df.drop(index=['a','b'], columns=['A','B'])，删除行标签为 a 和 b 且列标签为 A 和 B 的所有数据
修改指定数据	使用 loc 或 iloc 选择，然后赋值修改。例如 df.iloc[1,2]=5
修改列标签名	df.rename(columns = {'A':'A1'})，把 A 列的标签名改为 A1
数据排序	df.sort_values(['A','B'], ascending=[False，True])，以 A 列和 B 列为关键字进行排序，False 表示降序，True 表示升序（默认）； df.sort_index(ascending=False)，以索引为关键字进行降序排列
合并操作	pd.concat([s1,s2])，合并多个 Series 为 DataFrame； pd.merge(left,right,on='key')，合并 left 和 right 两个 DataFrame，以 key 列标签参考合并
数据过滤	df.filter(regex='regex')，选出所有符合规则的列
缺失值处理	pd.dropna()，删除所有存在缺失值的行； pd.dropna(axis='columns')，删除所有存在缺失值的列； pd.fillna(0)，填充所有缺失值为 0

Pandas 数据统计常用方法如表 9-9 所示。

表 9-9　Pandas 数据统计常见方法

方　法	说　明
df.groupby()	以若干列进行分组。例如 df.groupby('A')，以 A 列进行分组，A 列值相同的分为一组
df_group.sum()	分组汇总，df_group 为 DataFrame 分组数据，以下都相同
df_group.min()	分组求最小值
df_group.max()	分组求最大值
df_group.mean()	分组求平均值，去除缺失值
df_group.count()	分组统计数量，去除缺失值
df_group.median()	分组求中位数，去除缺失值

Pandas 进行数据分析时，经常要对外部数据进行读写，最常使用的外部数据是 Excel 文件及 CSV 文件，读写方式如下。

1. Excel 文件读写方式

Pandas 读写 Excel 文件需要借助其他第三方库完成，在使用之前需要先安装相应的库。

如果 Excel 文件扩展名为 .xls，则安装 xlwt 库，方法如下：

```
pip install xlwt
```

如果 Excel 文件扩展名为 .xlsx，则安装 openpyxl（或者 xlsxwriter）库，方法如下：

```
pip install openpyxl
pip install xlsxwriter
```

Excel 文件读取方式如下:

```
pd.read_excel(io, sheet_name=0, header=0, names=None, index_col=None,
              usecols=None, squeeze=False, dtype=None, engine=None,
              converters=None, true_values=None, false_values=None,
              skiprows=None, nrows=None, na_values=None, parse_dates=False,
              date_parser=None, thousands=None, comment=None, skipfooter=0,
              convert_float=True, **kwds)
```

参数说明如表 9-10 所示。

表 9-10　Pandas 读取 Excel 文件所涉及参数说明

参数名称	说　明
io	表示 Excel 文件的存储路径
sheet_name	要读取的工作表名称
header	指定作为列名的行,默认值为 0,即取第 1 行的值为列名;若数据不包含列名,则设置 header=None。若将其设置为 header=2,则表示将前两行作为多重索引
names	一般适用于 Excel 文件缺少列名,或者需要重新定义列名的情况;names 的长度必须等于 Excel 表格列的长度,否则会报错
index_col	用作行索引的列,可以是工作表的列名称,如 index_col='列名',也可以是整数或者列表
usecols	int 或 list 类型,默认值为 None,表示需要读取所有列
squeeze	boolean 类型,默认值为 False。如果解析的数据只包含一列,则返回一个 Series
converters	规定每一列的数据类型
skiprows	接收一个列表,表示跳过指定行数的数据,从头部第 1 行开始
nrows	需要读取的行数
skipfooter	接收一个列表,省略指定行数的数据,从尾部最后一行开始

Excel 文件写入方式如下:

```
df.to_excel(excel_writer,sheet_name='Sheet1',na_rep='',float_format=None,
columns=None,header=True,index=True,index_label=None,startrow=0,
startcol=0,engine=None,merge_cells=True,encoding=None,inf_
rep='inf',verbose=True,freeze_panes=None)
```

参数说明如表 9-11 所示。

表 9-11　Pandas 写入 Excel 文件所涉及参数说明

参数名称	说　　明
excel_wirter	文件路径或者 ExcelWrite 对象
sheet_name	指定要写入数据的工作表名称
na_rep	缺失值的表示形式
float_format	它是一个可选参数，用于格式化浮点数字符串
columns	指要写入的列
header	写出每一列的名称。如果给出的是字符串列表，则表示列的别名
index	表示要写入的索引
index_label	引用索引列的列标签。如果未指定，并且 header 和 index 均为 True，则使用索引名称。如果 DataFrame 使用 MultiIndex，则需要给出一个序列
startrow	初始写入的行位置，默认值为 0。表示引用左上角的行单元格来存储 DataFrame
startcol	初始写入的列位置，默认值为 0。表示引用左上角的列单元格来存储 DataFrame
engine	它是一个可选参数，用于指定要使用的引擎，参数值可以是 openpyxl 或 xlsxwriter

2. CSV 文件读写方式

CSV 文件读取方法如下：

```
pd.read_csv(filepath_or_buffer,sep,header=0, names=None, index_col=None,
            usecols=None, squeeze=False,dtype=None, engine=None,
            converters=None, true_values=None, false_values=None,
            skiprows=None, nrows=None, na_values=None, parse_dates=False,
            date_parser=None, thousands=None, comment=None, skipfooter=0)
```

参数说明如表 9-12 所示。

表 9-12　Pandas 读取 CSV 文件所涉及参数说明

参数名称	说　　明
filepath_or_buffer	表示 CSV 文件的存储路径
sep	设置分隔符，默认值为 ","
delimiter	sep 的替代参数
header	指定作为列名的行，默认值为 0，即取第 1 行的值为列名；若数据不包含列名，则设置 header=None。若将其设置为 header=2，则表示将前两行作为多重索引
names	一般适用于 CSV 文件缺少列名，或者需要重新定义列名的情况
index_col	用作行索引的列，可以是工作表的列名称，如 index_col='列名'，也可以是整数或者列表
usecols	int 或 list 类型，默认值为 None，表示需要读取所有列

续表

参数名称	说　　明
squeeze	boolean 类型，默认值为 False。如果解析的数据只包含一列，则返回一个 Series
converters	规定每一列的数据类型
skiprows	接收一个列表，表示跳过指定行数的数据，从头部第 1 行开始
nrows	需要读取的行数
skipfooter	接收一个列表，省略指定行数的数据，从尾部最后一行开始

CSV 文件写入方式如下：

```
df.to_csv(path_or_buf,setp=',',na_rep='',float_format=None,columns=None,
header=True,index=True,index_label=None)
```

参数说明如表 9-13 所示。

表 9-13　Pandas 写入 CSV 文件所涉及参数说明

参数名称	说　　明
path_or_buf	文件路径或者文件对象
sep	设置分隔符，默认值为 ","
na_rep	缺失值的表示形式
float_format	它是一个可选参数，用于格式化浮点数字符串
columns	指要写入的列
header	写出每一列的名称。如果给出的是字符串列表，则表示列的别名
index	表示要写入的索引
index_label	引用索引列的列标签。如果未指定，并且 header 和 index 均为 True，则使用索引名称。如果 DataFrame 使用 MultiIndex，则需要给出一个序列

9.3　Matplotlib

9.3.1　Matplotlib 简介

Matplotlib 库是 Python 中最受欢迎的数据可视化软件包之一，支持跨平台运行。它是 Python 常用的二维绘图库，同时它也提供了一部分三维绘图接口。Matplotlib 库通常与 NumPy、Pandas 一起使用，是数据分析中不可或缺的重要工具之一。

Matplotlib 库尝试使容易的事情变得更容易，使困难的事情变得可能。只需几行代码就可以生成线图、直方图、饼状图、条形图、误差图、散点图等。

Matplotlib 库在使用前需要安装，安装方法如下：

```
pip install matplotlib
```

Pyplot 是 Matplotlib 库常用的绘图模块，它能很方便让用户绘制 2D 图表。通常引入的方式如下：

```
>>>import matplotlib.pyplot as plt
```

默认情况下，Matplotlib 库不能显示中文。为了正确显示中文，我们需要先设置中文字体，以黑体为例，示例代码如下：

```
>>>plt.rcParams["font.sans-serif"]=["SimHei"]      # 设置字体
>>>plt.rcParams["axes.unicode_minus"]=False        # 解决图像中负号 "-" 的乱码问题
```

其他常用字体对应的英文名称有宋体（SimSun）、楷体（KaiTi）、隶书（LiSu）、仿宋（FangSong）等。

9.3.2　Matplotlib 库绘图基础

下面以一个常见图形绘制为例来了解 Matplotlib 库绘制的图像及绘图包含的基本过程。代码如下所示，绘制的图形如图 9-1 所示。

```
1  # matplotlib1.py
2  import matplotlib
3  import matplotlib.pyplot as plt
4  import numpy as np
5  import math
6  # 解决中文显示问题
7  plt.rcParams["font.sans-serif"]=["SimHei"] #库设置字体
8  plt.rcParams["axes.unicode_minus"]=False # 库语句解决图像中负号 "-" 的乱码问题
9  # 创建画布
10 plt.figure()
11 # 通过 NumPy 库生成 x 轴数据
12 x = np.arange(0, math.pi*2, 0.001)
13 # 生成 y 轴数据
14 y1 = -np.sin(x)
15 y2 = np.cos(x)
16 # 设置轴显示数据范围
17 ax=[0,2*math.pi,-1,1]
18 plt.axis(ax)
19 # 设置 x 轴刻度位置和标签
20 plt.xticks(np.arange(0,math.pi*2+0.001,math.pi/2).tolist(),[0,r' $\pi/2
   $',r' $\pi $',r' $3\pi/2 $',r' $2\pi $'])
21 # 设置轴标签和标题
22 plt.xlabel("x: 角度值 ")
23 plt.ylabel("y")
24 plt.title('y=-sin(x),y=cos(x)')
```

```
25 # 画图
26 plt.plot(x,y1,color='k',linestyle='-',label='-sin')
27 plt.plot(x,y2,color='b',linestyle=':',label='cos')
28 # 显示图例
29 plt.legend(loc="lower right")
30 # 画网格线
31 plt.grid()
32 # 保存图片
33 plt.savefig('plt.jpg')
34 # 显示图像
35 plt.show()
```

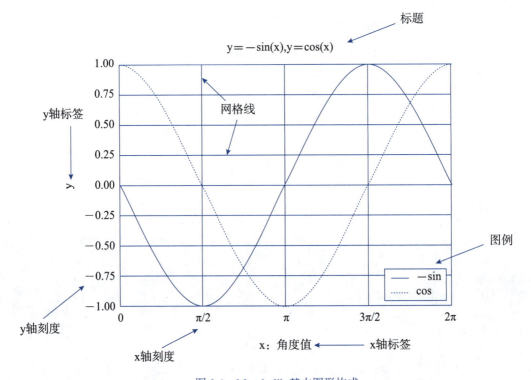

图 9-1　Matplotlib 基本图形构成

从上例代码可以看出，使用 Matplotlib 库绘制二维图形的基本过程包括以下几点。

（1）根据需要设置全局默认动态 rc 参数（如表 9-12 所示），各图形的个性化参数可以在后面重新设置。

（2）创建画布（绘图区域），如不调用 plt.figure（…）函数创建，系统会自动创建一个默认画布。

（3）准备图形数据。

（4）添加标题、各轴标签。

(5)设置各轴刻度与范围。

(6)绘制图形。

(7)添加图例。

(8)保存图片。

(9)显示图片。

如有多个子图,可以对每个子图进行步骤(3)~步骤(8)的单独设置。

Pyplot 模块使用 rc 配置文件来自定义图形的各种默认属性,称为 rc 配置或 rc 参数。通过修改 rc 参数可以修改默认的属性,包括窗体大小、每英寸的点数、线条宽度、颜色、样式、坐标轴、坐标和网络属性、文本、字体等,如上例代码第 7 行和第 8 行所示。当需要个性化进行设置时,也可以在绘图过程中进行指定,如上例代码第 26 行和第 27 行所示。常见 rc 参数名称及取值如表 9-14 所示。

表 9-14 常见 rc 参数名称及取值

参数名称	说明	取值
lines.linewidth	线条宽度	取 0~10 之间的数值,默认值为 1.5
lines.linestyle	线条样式	可取 "-" "--" "-." ":" 4 种,分别对应实线、长虚线、点线和短虚线。默认值为 "-"
lines.marker	线条上点的形状	可取 "o" "D" "h" "." "," "S" 等(20 种),默认值为 None
lines.markersize	点的大小	取 0~10 之间的数值。默认值为 1
axes.facecolor	背景颜色	接收颜色简写字符。默认值为 "w"
axes.edgecolor	边线颜色	接收颜色简写字符。默认值为 "k"
axes.linewidth	轴线宽度	接收 0~1 的 float 型值。默认值为 0.8
axes.grid	添加网格	接收 bool 型值。默认值为 False
axes.titlesize	标题大小	接收 "small" "medium" "large"。默认值为 "large"
axes.labelsize	轴标大小	接收 "small" "medium" "large"。默认值为 "medium"
axes.labelcolor	轴标颜色	接收颜色简写字符。默认值为 "k"
axes.spines.{left, bottom, top, tight}	添加坐标轴	接收 bool 型值。默认值为 True
axes.{x, y}margin	轴边距	接收 float 型值。默认值为 0.05
font.family	字体族,每一个族对应多种字体	接收 "serif" "sans-serif" "cursive" "fantasy" "monospace" 5 种值。默认值为 "sans-serif"
font.style	字体风格,包括正常或罗马体及斜体	接收 "normal"(roman)、"italic" 和 "oblique" 这 3 种值。默认值为 "normal"
font.variant	字体变化	接收 "normal" 或 "small-caps"。默认值为 "normal"

续表

参数名称	说明	取值
font.weight	字体重量	接收"normal""bold""bolder""lighter"这4种值，以及100,200,……,900。默认值为"normal"
font.stretch	字体延伸	接收"ultra-condensed""extra-condensed""normal"等（11种）值，默认值为"normal"
font.size	字体大小	默认值为10

注：在 rc 参数中常见颜色对应的简写字符包括 b（blue）、g（green）、r（red）、c（cyan）、m（magenta）、y（yellow）、k（black）及 w（white）等。

Pyplot 模块绘图常用方法如表 9-15 所示。

表 9-15 Pyplot 模块绘图常用方法

方法	说明
title	在当前图形中添加标题，可以指定标题的名称、位置、颜色、字体大小等参数
xlabel	在当前图形中添加 x 轴名称，可以指定位置、颜色、字体大小等参数
ylabel	在当前图形中添加 y 轴名称，可以指定位置、颜色、字体大小等参数
xlim	指定当前图形 x 轴的范围，只能确定一个数值区间，而无法使用字符串标识
ylim	指定当前图形 y 轴的范围，只能确定一个数值区间，而无法使用字符串标识
xticks	指定 x 轴刻度的数量与取值
yticks	指定 y 轴刻度的数量与取值
legend	指定当前图形的图例，可以指定图例的大小、位置、标签

如果想要在一个画布中绘制多个图形，则需要使用子图。创建子图的方法如下：

```
>>>plt.subplot(2,3,4)    # 表示创建2行3列共6个子图，现在选定绘制第4个子图
```

或

```
>>>plt.subplot(234)    # 作用与上面的作用一样，3个数字可以连在一起写
```

9.3.3 常见二维图形绘制

1. 折线图

折线图（Line Chart）是将"散点"按照横坐标顺序用线段依次连接起来的图形。它以折线的上升或下降表示某一特征随另外一特征变化的增减以及总体变化趋势，一般用于展现某一特征随时间的变化而变化的趋势。折线图绘制方法如下：

```
plt.plot(x,y,format_string, **kwargs)
```

折线图绘制常用参数如表 9-16 所示。

表 9-16　折线图绘制常用参数

参数名称	说明
x 和 y	接收 array，表示 x 轴和 y 轴对应的数据。无默认值
color	接收特定 str 型值，指定线条的颜色。默认值为 None
linestyle	接收特定 str 型值，指定线条类型。默认值为 "-"
marker	接收特定 str 型值，表示绘制的点的类型。默认值为 None
alpha	接收 0～1 的小数，表示点的透明度。默认值为 None

2. 散点图

散点图（Scatter Diagram）又称为散点分布图，它是以利用坐标点（散点）的分布形态反映特征间相关关系的一种图形。一般使用二维散点图，通过散点的疏密程度和变化趋势表示两个特征间关系。散点图绘制方法如下：

plt.scatter(x,y,s,c,marker,alpha)

散点图绘制常用参数如表 9-17 所示。

表 9-17　散点图绘制常用参数

参数名称	说明
x 和 y	接收 array，表示 x 轴和 y 轴对应的数据。无默认值
s	接收数值或者一维的 array，指定点的大小。若传入一维 array 则表示每个点的大小。默认值为 None
c	接收颜色或者一维的 array，指定点的颜色。若传入一维 array 则表示每个点的颜色。默认值为 None
marker	接收特定 str 型值，表示绘制的点的类型。默认值为 None
alpha	接收 0～1 的小数，表示点的透明度。默认值为 None

3. 直方图

直方图（Histogram）又称频数直方图，它用一系列宽度相等、长度不等的长方形来展示特征的频数情况。长方形的宽度表示组距（数据范围的间隔），长度表示在给定间隔内的频数（或频率）与组距的比值，以长方形的面积来表示频数（或频率）。由于分组数据具有连续性，因此直方图的长方形通常是连续排列的。直方图可以比较直观地展现特征内部数据，便于分析其分布情况。直方图绘制方法如下：

plt.hist(x,bins,range,normed,rwidth)

直方图绘制常用参数如表 9-18 所示。

表 9-18 直方图绘制常用参数

参数名称	说明
x	接收 array，表示 x 轴数据。无默认值
bins	接收 int 或 sequence 型值，表示长方形条数。默认值为 auto
range	接收 tuple 型值，表示筛选数据范围。默认值为 None（最小到最大的取值范围）
normed	接收 bool 型值，表示是选择频率图还是选择频数图。默认值为 True
rwidth	接收 0～1，表示长方形的宽度。默认值为 None

4. 条形图

条形图（Bar Chart）也是用一系列宽度相等、高度不等的长方形来展示特征的频数情况。但条形图主要展示分类数据，一个长方形代表特征的一个类别，高度代表该类别的频数，宽度没有数学意义。相较于面积，肉眼对高度要敏感许多，故能很好显示数据间的差距。条形图绘制方法如下：

`plt.bar(x,height,wideh color)`

条形图绘制常用参数如表 9-19 所示。

表 9-19 条形图绘制常用参数

参数名称	说明
x	接收 array，表示 x 轴的位置序列。无默认值
height	接收 array，表示 x 轴所代表数据的数量（长方形高度）。无默认值
width	接收 0～1 之间的 float 型值，指定直方图宽度。默认值为 0.8
color	接收特定 str 型值或者包含颜色字符串的 array，表示直方图颜色。默认值为 None

5. 饼图

饼图（Pie Graph）用于表示不同类别的占比情况，通过弧度大小来对比各种类别。饼图通过将一个圆饼按照类别的占比划分成多个区块，整个圆饼代表数据的总量，每个区块（圆弧）表示该分类占总体的比例大小。饼图可以比较清楚地反映出部分与部分、部分与整体之间的比例关系。饼图绘制方法如下：

`plt.pie(x,explode,labels,color,autopct,pctdistance,labeldistance,radius)`

饼图绘制常用参数如表 9-20 所示。

表 9-20 饼图绘制常用参数

参数名称	说明
x	接收 array，表示用于绘制饼图的数据。无默认值
explode	接收 array，表示各个扇形之间的间隔。默认值为 None
labels	接收 array，表示各个扇形的标签。默认值为 None

续表

参 数 名 称	说　　明
color	接收特定 str 值或者包含颜色字符串的 array，表示各个扇形的颜色。默认值为 None
autopct	接收特定 str 值，设置饼图内各个扇形百分比显示格式。默认值为 None
pctdistance	接收 float 值，指定 autopct 的位置刻度。默认值为 0.6
labeldistance	接收 float 值，标签标记的绘制位置。相对于半径的比例。默认值为 1.1
radius	接收 float 值，表示饼图的半径。默认值为 1

6. 箱线图

箱线图（Box Plot）又称箱须图，它是利用数据中的最小值、上分位数、中位数、下四分位数与最大值这 5 个统计量来描述连续型特征变量的一种方法。通过它也可以粗略地看出数据是否具有对称性、分布的分散程度等信息，特别是可以用于对几个样本的比较。箱线图绘制方法如下：

plt.boxplot(x,notch,sym,vert,positions,widths,labels,meanline)

箱线图绘制常用参数如表 9-21 所示。

表 9-21　箱线图绘制常用参数

参 数 名 称	说　　明
x	接收 array，表示用于绘制箱线图的数据。无默认值
notch	接收 bool 型值，表示中间箱体是否有缺口。默认值为 None
sym	接收特定 str 型值，指定异常点形状。默认值为 None
vert	接收 bool 型值，表示图形是纵向或者是横向。默认值为 None
positions	接收 array，表示图形位置。默认值为 None
widths	接收 scalar 或者 array，表示每个箱体的宽度。默认值为 None
labels	接收 array，指定每一个箱线图的标签。默认值为 None
meanline	接收 bool 型值，表示是否显示均值线。默认值为 False

9.4　应用举例

本节通过前面介绍的 NumPy、Pandas 及 Matplotlib 库等完成对某校筑梦班和强军班创新课程成绩的简单分析。具体实现代码如下所示，分析后得到的成绩分析结果可视化图表如图 9-2 所示。

实现思路如表 9-22 所示。

表 9-22 对某校创新课程成绩简单分析的实现思路

流 程 图	说　　明
开始 → 导入数据文件 → 根据其他成绩计算总成绩 → 查看前面5条和后面3条数据 → 查看数据基本信息和统计信息 → 以班级班组计算平均值 → 绘制筑梦班成绩子图 → 绘制强军班成绩子图 → 结束	（1）数据存在 Excel 表（见表 9-23）中，我们需要通过 Pandas 读取该 Excel 表中数据并将其转换为 DataFrame 格式后再进行处理。 （2）使用 DataFrame 的 head()、tail() 函数查看导入数据的前后若干条，初步了解数据情况。 （3）使用 DataFrame 的 info() 函数获取数据摘要信息，进行初步探索性分析，可以发现如是否有空值等问题。 （4）使用 DataFrame 的 describe() 函数查看数据的基本统计信息。 （5）在图形可视化分析方面，对班级整体的成绩进行分析

创新课程成绩的格式如表 9-23 所示。

表 9-23 创新课程成绩的格式

学　号	姓　名	班　级	平时成绩	期末成绩	实验成绩
2022011117	冯敏	筑梦1班	93	84	86
2022011166	何功碧	筑梦1班	100	93	88
2022011515	钱瑶	筑梦1班	98	90	86
2022021036	王鑫月	筑梦2班	98	82	84
2022021315	孙胜珍	筑梦2班	94	86	78
2022021552	李莉	筑梦2班	94	93	90

```python
1  # data_analysis.py
2  import numpy as np
3  import pandas as pd
4  import matplotlib.pyplot as plt
5  # 导入 Excel 数据
6  file_name='创新课程成绩.xlsx'
7  df=pd.read_excel(file_name, converters={'学号': str})
8  df=df.set_index('学号', drop=False)
9  df=df.fillna(0)                    # 对空数据填充 0
10 df['总成绩']=0.2*df['平时成绩']+0.6*df['期末成绩']+0.2*df['实验成绩']
                                      # 生成总成绩数据
11 df['总成绩']=df['总成绩'].astype('int')
12 df = df.sort_values(['班级', '总成绩'], ascending=[True, False])
                                      # 以班级及总成绩为关键字进行排序
13 print(df.head())                   # 查看头部 5 行数据
14 print(df.tail(3))                  # 查看尾部 3 行数据
15 print(df.info())                   # 查看数据基本信息
16 print(df.describe())               # 查看一些基本的统计详细信息
17 plt.rcParams['font.sans-serif']=['SimHei']    # 设置中文字体，黑体
18 group_df=df.groupby('班级')                    # 以班级进行分组
19 mean_df=group_df.mean(numeric_only=True)      # 对数值列数据求平均值
20 print(mean_df)
21 # 开始画图
22 width=0.4
23 # 绘制筑梦班成绩子图
24 plt.subplot(1, 2, 1)       # 一行两列共两个子图，这里是第一个
25 plt.xticks(np.array([1, 2, 3, 4]), ['平时成绩', '期末成绩', '实验成绩',
   '总成绩'])
26 plt.bar(x=np.array([1, 2, 3, 4])-width/2, height=mean_df.loc['筑梦1班'],
   width=width, label='筑梦1班')
27 plt.bar(x=np.array([1, 2, 3, 4])+width/2, height=mean_df.loc['筑梦2班'],
   width=width, label='筑梦2班')
28 plt.title('筑梦班成绩')
29 plt.ylabel('平均分')
30 plt.legend(loc="center")
31 # 绘制强军班成绩子图
32 plt.subplot(122)           # 等同于 plt.subplot(1, 2, 2)
33 plt.xticks(np.array([1, 2, 3, 4]), ['平时成绩', '期末成绩', '实验成绩',
   '总成绩'], rotation=30)
34 plt.bar(x=np.array([1, 2, 3, 4])-width/2, height=mean_df.loc['强军1班'],
   width=width, label='强军1班', hatch='/')
35 plt.bar(x=np.array([1, 2, 3, 4])+width/2, height=mean_df.loc['强军2班'],
   width=width, label='强军2班', hatch='.')
```

```
36 plt.title('强军班成绩')
37 plt.ylabel('平均分')
38 plt.legend(loc="center")
39 # 显示图片
40 plt.show()
```

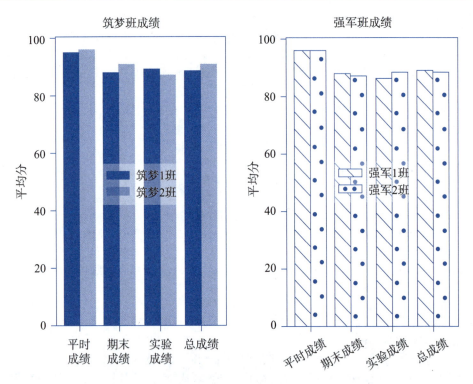

图 9-2 成绩分析结果可视化图表

9.5 本章小结

本章介绍了 Python 中的科学计算、数据分析与可视化方法等基本概念，还介绍了使用 NumPy 库完成基本的科学计算方法、使用 Pandas 库实现简单数据分析方法、使用 Matplotlib 库进行可视化结果输出。最后通过一个 Python 考试成绩分析的实例综合应用了前面相关方法。

第 9 章
补充习题

习题

1. 利用 NumPy、Pandas 等完成如表 9-24 所示数据的随机生成，并保存到 Excel 文件中。

表 9-24 样例数据

工　号	工资/元	年　龄	性　别
20181211	5600	21	男
20120048	12000	35	女
20221356	8700	26	男

要求如下：

（1）随机生成工号、工资（3000元～20000元）、年龄（20岁～50岁）及性别（男、女）。

（2）工号由8位数字字符构成，前4位为2009～2022的年份，后4位为4位数字。

（3）工号不允许重复。

（4）Excel 文件名为"员工数据.xlsx"。

（5）生成的数据量为1000条以上。

2. 利用第1题中生成的数据，做如下简单分析。

（1）统计并输出员工的最高工资、最低工资及平均工资。

（2）根据入职年限分组统计平均工资，入职年限以5年为一个区间，例如0～5年、6～10年等。

3. 利用 Matplotlib 库等对第1题中的数据进行可视化分析。要求如下：

（1）使用饼图显示男女员工的构成。

（2）使用柱状图可视化显示第2题中第（2）步的结果。

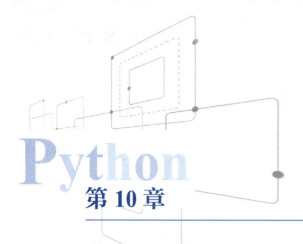

第 10 章 多媒体编程

在计算机系统中,多媒体是指组合两种或两种以上媒体形式的一种人机交互式信息交流和传播媒体。使用的媒体形式包括文字、图片、声音、动画和影片,以及程序所提供的互动功能。

使用 Python 进行多媒体编程主要就是利用各种第三方库对图片、视频、音频进行分析处理。对多媒体进行处理的高级功能需要涉及数字图形学、语音信号处理等专业知识,但本书对多媒体处理仅做简单介绍。本章主要介绍当前比较流行的对多媒体进行处理的第三方库:Pillow、OpenCV、Librosa。

10.1　PIL 和 Pillow

PIL(Python Imaging Library)是一款功能强大、操作方便的 Python 图像处理库。它功能非常强大,曾经一度被认为是 Python 平台事实上的图像处理标准库,不过 Python 2.7 以后对其不再支持。Pillow 是基于 PIL 库派生(fork)的一个分支,但如今已经发展成为比原始 PIL 本身更具活力的图像处理库,并且被 Python 3 支持。

因为 Pillow 不是 Python 的内置库,在使用前需要安装,安装方法如下:

```
pip install pillow
```

在使用 Pillow 库时,引入的方式如下:

```
>>>import PIL
```

10.2　图像及 Image 类

Image 类是 Pillow 中最重要的一个类,Image 对象表示 Pillow 中的实例化图像对象。可以通过 Image 一系列的属性和方法对图像进行操作。

Image 类引入方式如下:

```
>>>from PIL import Image
```

10.2.1 图像的读取和创建

读取图像最常见的方式是通过 open() 方法从图片文件创建一个 Image 对象,如下所示。

`Image.open(fp, mode='r')`

其中 fp 表示文件路径;mode 表示图像模式(可选参数),若出现该参数,则必须设置为"r",否则会引发 ValueError 异常。

其他常用的读取和创建图像的方法包括以下几个。

(1)创建新的空白图像:Image.new(mode,size,color)。

(2)NumPy 数组转换为 Image 对象:Image.fromarray(array,mode),这种方法也适合与其他图像库进行数据转换(例如 OpenCV)。np.asarray(im) 可以把 Image 对象转换为 NumPy 数组。

10.2.2 图像的属性

创建图像以后,可以通过 Image 对象查看图像的属性,图像的常见属性如表 10-1 所示。

表 10-1 图像的常见属性

属性名称	说明
mode	图像的色彩模式。"1"表示 1 位像素模式,"L"表示 8 位像素灰度图模式,"RGB"表示真彩三色通道模式,"RGBA"表示真彩四色通道模式,"CMYK"表示出版图像模式
size	图像的尺寸(单位为像素),例如 (640,480)
width	图像宽度
height	图像高度
format	图像的格式,例如"JPEG""PNG"
info	图像的简要信息

10.2.3 图像的保存与显示

图像的保存方法如下所示。

`im.save(fp,format)    # im 表示 Image 对象名称,后面相同`

其中 fp 表示文件路径;format(可选参数)表示图像格式,默认由系统根据文件扩展名决定。

图像的显示方法如下所示。

`im.show()`

10.3 图像处理

10.3.1 图像通道的分离和合并

图像是由不同的通道组成的,也就是由不同的颜色组成。例如,RGB 图像有 3 个通道,即 R(Red)、G(Green)、B(Blue)通道。

图像的分离方法如下所示。

`im.split()`

其结果返回一个元组数据，每个元素为对应的通道的图像，例如 r,g,b = image.split()，r、g、b 分别为 RGB 图像的 3 个通道的图像。

图像的合并方法如下所示。

`Image.merge(mode, bands)`

其结果返回合并后的 Image 对象，其中 mode 表示输出图像的模式，bands 表示颜色通道序列。例如，Image.merge('RGB',(r,g,b)) 把 3 个通道的图像合并为 RGB 图像。

10.3.2 图像的变换

图像模式的转换方法如下所示。

`im.convert(mode)  # mode 表示图像模式`

图像的缩放方法如下所示。

`im.resize(size=(width, height), box=(左,上,右,下))`

其结果返回一个新的 Image 对象，其中 size 表示改变后图像的尺寸；box 表示对图像操作的区域，默认对整个图像进行操作。

图像的裁剪方法如下所示。

`im.crop(box=(x1,y1,x2,y2))`

其中 box 表示裁剪的区域，(x1,y1) 表示左上角坐标，(x2,y2) 表示右下角坐标。

图像的旋转方法如下所示。

`Image.rotate(angle,resample=PIL.Image.NEAREST,expand=None,center=None,translate=None,fillcolor=None)`

其中各参数说明如下。

angle：表示任意旋转的角度。

resample：重采样滤波器，默认值为 PIL.Image.NEAREST（最近邻插值）方法。

expand：可选参数，表示是否对图像进行扩展。如果参数值为 True 则扩大输出图像；如果为 False 或者省略则表示按原图像大小输出。

center：可选参数，指定旋转中心。参数值是长度为 2 的元组，默认以图像中心进行旋转。

translate：参数值为二元组，表示对旋转后的图像进行平移，以左上角为原点。

fillcolor：可选参数，填充颜色。图像旋转后，对图像之外的区域进行填充。

10.3.3 图像的过滤

在 PIL 中可以通过 ImageFilter 类进行图像过滤。该类有着许多的滤波器，使用它们可以对图像进行轮廓获取、平滑、锐化等操作。ImageFilter 类常见滤波器如表 10-2 所示。

表 10-2　ImageFilter 类常见滤波器

滤 波 器	说　　明
ImageFilter.BLUR	模糊滤波，即均值滤波
ImageFilter.CONTOUR	轮廓滤波，寻找图像轮廓信息
ImageFilter.DETAIL	细节滤波，使得图像显示更加精细
ImageFilter.FIND_EDGES	寻找边界滤波（找寻图像的边界信息）
ImageFilter.EMBOSS	浮雕滤波，以浮雕图的形式显示图像
ImageFilter.EDGE_ENHANCE	边界增强滤波
ImageFilter.EDGE_ENHANCE_MORE	深度边界增强滤波
ImageFilter.SMOOTH	平滑滤波
ImageFilter.SMOOTH_MORE	深度平滑滤波
ImageFilter.SHARPEN	锐化滤波
ImageFilter.GaussianBlur(radius)	高斯模糊。radius 表示模糊半径
ImageFilter.UnsharpMask(radius)	反锐化掩码滤波。radius 表示模糊半径
ImageFilter.Kernel()	卷积核滤波

10.3.4　图像的增强

在 PIL 中可以通过 ImageEnhance 类进行图像增强。该类有着许多图像增强方法，使用它们可以对图像进行亮度调整、对比度调整等操作。ImageEnhance 类常见方法如表 10-3 所示。

表 10-3　ImageEnhance 类常见方法

方　　法	说　　明
ImageEnhance.enhance(factor)	对选择属性的数值增强 factor 倍。例如，ImageEnhance.Color(im02).enhance(0.1) 表示对图片 im02 的颜色进行增强
ImageEnhance.Color(im)	调整图像的颜色平衡
ImageEnhance.Contrast(im)	调整图像的对比度
ImageEnhance.Brightness(im)	调整图像的亮度
ImageEnhance.Sharpness(im)	调整图像的锐度

10.3.5　图像绘画功能

在 PIL 中可以通过 ImageDraw 类在图像上完成绘画功能，包括绘制几何形状、绘制文字。在绘制之前，首先需要创建 ImageDraw 对象，方法如下：

```
draw = ImageDraw.Draw(im)
```

通过创建的 ImageDraw 对象调用相应的方法完成绘画功能，常用方法如表 10-4 所示。

表 10-4　ImageDraw 绘画常用方法

方　　法	说　　明
text(xy，text，font，fill)	绘制文字。xy 表示文字显示的坐标,为元组参数值,text 表示显示的文本信息,font 表示字体,fill 表示背景填充色。例如 draw.text((100,200),"Python 课程 ")
point(xy，fill)	绘制点，例如 draw.point((10,20),fill='red')
line(xy，fill，width)	绘制直线，width 表示线的宽度。例如 draw.line((10,20,50,100),fill='red',width=5)
eclipse(xy, fill, outline，width)	绘制椭圆形，xy 表示椭圆外接矩形的左上角和右下角顶点坐标，outline 表示边框颜色。例如 draw.ellipse((100,100,120,150),fill=(0,255,0),outline=(255,0,0))
rectangle(xy，fill，outline，width)	绘制矩形，xy 表示矩形的起点(左上角)和终点(右下角)坐标。例如 draw.rectangle((100,100,120,150),fill='red',outline='yellow')
polygon(xy，fill，outline)	绘制多边形，xy 表示多边形各顶点坐标。draw.polygon(((200,200),(300,100),(250,50)),fill=(255,255,0),outline=(0,0,0))
arc(xy，start，end，fill，width)	绘制弧线，xy 表示弧线左上角和右下角坐标,start、end 为弧线开始和结束的角度。例如 draw.arc((25,50,175,200),start=30,end=270,fill='red')
pieslice(xy，start，end，fill，outline，width)	绘制扇形，参数参考弧形

10.4　OpenCV

OpenCV 是 Intel 开源计算机视觉库。它由一系列 C 函数和少量 C++ 类构成，实现了图像处理和计算机视觉方面的很多通用算法。OpenCV 支持各种编程语言，如 C++、Python、Java 等，可在不同的平台上使用，包括 Windows、Linux、OSX、Android 和 iOS。基于 CUDA 和 OpenCL 的高速 GPU 操作接口也在积极开发中。

OpenCV-Python 是 OpenCV 的 PythonAPI，结合了 OpenCVC++API 和 Python 语言的理想特性。本书使用的 OpenCV 即是指 OpenCV-Python。

OpenCV 相比 PIL，除了可以完成图像处理以外，还包含视频处理及机器学习等更多高级功能。OpenCV 主要功能包括以下几个。

（1）图像数据操作（内存分配与释放，图像复制、设定和转换）。

（2）图像 / 视频的输入输出（支持文件或摄像头的输入，图像 / 视频文件的输出）。

（3）矩阵 / 向量数据操作及线性代数运算（矩阵乘积、矩阵方程求解、特征值、奇异值分解）。

（4）支持多种动态数据结构（链表、队列、数据集、树、图）。

（5）基本图像处理（去噪、边缘检测、角点检测、采样与插值、色彩变换、形态学处理、直方图、图像金字塔结构）。

（6）结构分析（连通域/分支、轮廓处理、距离转换、图像矩、模板匹配、霍夫变换、多项式逼近、曲线拟合、椭圆拟合、狄劳尼三角化）。

（7）摄像头定标（寻找和跟踪定标模式、参数定标、基本矩阵估计、单应矩阵估计、立体视觉匹配）。

（8）运动分析（光流、动作分割、目标跟踪）。

（9）目标识别（特征方法、HMM 模型）。

（10）基本的 GUI（显示图像/视频、键盘/鼠标操作、滑动条）。

（11）图像标注（直线、曲线、多边形、文本标注）。

OpenCV 在使用前需要安装，安装方法如下：

```
pip install opencv-python
```

在使用 OpenCV 库时，引入的方式如下：

```
>>>import cv2
```

由于 OpenCV 本身功能比较庞大，并且很大一部分图像处理功能与 Pillow 的功能类似。下面只介绍一些关于图像和视频使用的基础知识。

10.4.1　OpenCV 图像基础

1. 图像 I/O

图像 I/O 常用方法如表 10-5 所示。

表 10-5　OpenCV 图像常用 I/O 方法

方　　法	说　　明
cv2.imread(filename,flags=None)	读入图像，filename 表示文件名，flags 为标志位，表示读取数据的格式。例如 cv2.imread('1.jpg',cv2.IMREAD_GRAYSCALE) 表示以单通道读取"1.jpg"图像
cv2.imshow(winname,mat)	显示图像，winname 表示显示的窗体名称，mat 表示要显示的图像
cv2.imwrite(filename,img)	保存图像，filename 表示文件名，img 表示要保存的图像

2. 图像运算

常用于图像上的算术运算有加法、减法、位运算等，对应的算术运算方法如表 10-6 所示。

表 10-6　OpenCV 图像常用算术运算方法

方　　法	说　　明
cv2.add(scr1,scr2,dst,mask)	将两幅图像进行加法运算，scr1 和 scr2 表示进行加法运算的图像，dst 表示输出的图像，mask 表示掩模图像

续表

方　法	说　明
cv2.addWeighted(src1,alpha,src2,beta,gamma)	将两幅图像按不同权重进行混合，alpha 表示 scr1 的权重，beta 表示 scr2 的权重，gamma 表示灰度系数，图像校正的偏移量，用于调节亮度
cv2.bitwise_and(scr1,scr2,dst,mask)	将两幅图像进行按位与运算
cv2.bitwise_or(scr1,scr2,dst,mask)	将两幅图像进行按位或运算
cv2.bitwise_xor(scr1,scr2,dst,mask)	将两幅图像进行按位异或运算
cv2.bitwise_not(scr,dst,mask)	将图像进行按位取反运算

10.4.2　OpenCV 视频基础

1. 通过摄像头捕获视频

获取一个视频需要创建一个 VideoCapture 对象，它的参数可以是设备索引或者一个视频文件名。设备索引仅仅是摄像头编号，需要逐帧图像进行捕获显示。

通过摄像头进行视频捕获实例代码如下所示。

```
1  # opencv_capture.py
2  import cv2
3  # 打开摄像头
4  cap = cv2.VideoCapture(0)              # 0 为摄像头设备编号
5  while (True):
6      # 一帧一帧图像进行捕获
7      ret, frame = cap.read()            # ret 为布尔数据，返回的是读取帧是否正
                                          # 常状态，frame 为每帧图像
8      # 显示每一帧图像
9      cv2.imshow('Video Capture', frame)
10     if cv2.waitKey(1) & 0xFF == ord('q'):   # 按 q 键退出
11         break
12 # 释放摄像头
13 cap.release()
14 cv2.destroyAllWindows()
```

2. 播放视频文件

与从摄像头捕获一样，只需要用视频文件名更改摄像头索引来创建一个 VideoCapture 对象，例如 cv2.VideoCapture（'a.avi'），然后可以对每一帧图像进行处理并显示。

3. 保存视频

首先创建一个 VideoWriter 对象，需要指定输出文件的名称、FourCC 码。常见的 FourCC 码包括 DIVX、XVID、MJPG、X264、WMV1、WMV2。此外，还可以设置每秒帧数和帧大小，以及一个 isColor 参数。如果该参数值是 True，编码器期望彩色帧，否则

它适用于灰度帧。

视频保存方法实例代码如下所示。

```
1  # opencv_video_save.py
2  import cv2 as cv
3  cap = cv.VideoCapture(0)
4  # 声明编码器
5  fourcc = cv.VideoWriter_fourcc(*'MJPG')
6  # 创建 VideoWrite 对象并关联编码器
7  out = cv.VideoWriter('output.avi',fourcc, 20.0, (640,480))
8  while(cap.isOpened()):
9      ret, frame = cap.read()
10     if ret==True:
11         out.write(frame)
12         cv.imshow('Video Write',frame)
13         if cv.waitKey(1) & 0xFF == ord('q'):
14             break
15     else:
16         break
17 cap.release()
18 out.release()
19 cv.destroyAllWindows()
```

10.5 Librosa

Librosa 是一个用于音乐和音频分析的 Python 包。它提供了创建音乐信息检索系统所需的构建块。

Librosa 功能强大，主要模块如表 10-7 所示。音频处理需要较强的专业知识，但本书只简单介绍音频读写及音频图绘制功能。

表 10-7　Librosa 主要模块

模　　块	功能说明
librosa.beat	用于估计节拍和检测节拍事件
librosa.core	核心功能包括从磁盘加载音频、计算各种谱图表示以及各种常用的音乐分析工具
librosa.decompose	利用 scikit-learn 中实现的矩阵分解方法实现谐波冲击源分离（HPSS）和通用谱图分解功能
librosa.display	使用 Matplotlib 库的可视化和显示功能
librosa.effects	时域音频处理，如音高移动和时间拉伸。这个子模块还为分解子模块提供时域包装器

续表

模　　块	功能说明
librosa.feature	特征提取和操作。这包括低层次特征提取，如彩色公音、伪常量q（对数频率）变换、Mel光谱图、MFCC和调优估计
librosa.filters	过滤库生成（chroma、伪CQT、CQT等）
librosa.onset	起跳检测和起跳强度计算
librosa.output	文本和波形文件输出
librosa.segnt	用于结构分割的函数，如递归矩阵构造、时滞表示和顺序约束聚类
librosa.sequence	用于顺序建模的函数。各种形式的维特比解码，以及用于构造转换矩阵的辅助函数
librosa.util	辅助实用程序（规范化、填充、居中等）

Librosa 在使用前需要安装，安装方法如下：

```
pip install librosa
```

在使用 Librosa 库时，引入的方式如下：

```
>>>import librosa
```

10.5.1 读写音频

1. 读音频

读取音频通常通过 libsora 的 load 方法完成，具体方法如下：

```
y,sr=librosa.load(path,sr=22050,mono=True,offset=0.0,duration=None)
```

其中的参数说明如下。

path：文件路径，可以读取 .wav、.mp3 等格式。

sr：采样频率，默认值为 22 050，用参数值 None 可以表示用原语音自身的采样频率。

mono：表示是否将音频转换为单声道。

offset：表示音频读取的位置，以秒为单位。

duration：表示读取音频的长度，以秒为单位。

返回值说明如下。

y：音频时间序列。

sr：音频的采样频率。

2. 写音频

写音频通常通过 soundfile 的 write 方法完成，具体方法如下：

```
soundfile.write(file,data,samplerate,subtype=None,endian=None,format=None,
closefd=True)
```

其中的参数说明如下。

file：要保存的文件名，可以保存为 .wav、.mp3 等格式。

data:音频时间序列。

samplerate:音频的采样率。

我们可以通过前面的音频读写方法完成音频文件的截取功能,具体实现实例代码如下所示。

```
1  # audio_io.py
2  import librosa
3  import soundfile
4  # 读取 .mp3 文件,从第 60s 开始读取 2 分钟
5  y, sr = librosa.load('Study and Relax.mp3', offset=60, duration=120)
6  y = y*5    # 放大音频音量
7  sr = sr*2  # 提高音频播放速度
8  # 输出放大音量的 1 分钟音频文件
9  soundfile.write('short.mp3', y, sr)
```

10.5.2 绘制音频图

Libsora 的绘图都是通过 Matplotlib 库完成的,绘图时需要导入 Matplotlib 库。

1. 波形图绘制

音频波形图绘制可以通过 Libsora 中的 display 模块的 waveshow 方法完成,具体方法如下:

```
librosa.display.waveshow(y, sr=22050,max_points=11250, x_axis='time', offset=0.0, marker='',where='post',label=None,ax=None)
```

其中的参数说明如下。

y:音频时间序列。

sr:y 的采样率。

max_points:绘制的最大时间点数。如果超过持续时间,则执行采样。

x_axis:该参数值包括 "time" "off" "none" 或 None,如果为 "time",则在 x 轴上给定时间刻度线。

offset:水平偏移(以 s 为单位)开始显示波形图。

2. 频谱图绘制

频谱图(Spectogram)是声音频率随时间变化的频谱的可视化表示,是给定音频信号的频率随时间变化的表示。

音频频谱图绘制可以通过 Libsora 中的 display 模块的 specshow 方法完成,具体方法如下:

```
librosa.display.specshow(data,x_axis=None,y_axis=None,sr=22050,hop_length=512)
```

其中的参数说明如下。

data：要显示的矩阵。

x_axis、y_axis：x 轴和 y 轴的范围。

sr：采样率。

hop_length：帧移。

接下来使用前面两种方法在同一张图上分别绘制音频的波形和频谱图。具体实现实例代码如下所示，绘制的图形如图 10-1 所示。

```
1  # audio_show.py
2  import librosa.display
3  import matplotlib.pyplot as plt
4  y, sr = librosa.load('Study and Relax.mp3', offset=60, duration=60)
5  fig, ax = plt.subplots(nrows=2, sharex=True)
6  # 绘制波形图
7  librosa.display.waveshow(y=y, sr=sr, ax=ax[0])
8  d = librosa.stft(y)                      # 短时傅里叶变换，得到复数矩阵
9  db = librosa.amplitude_to_db(abs(d))     # 将幅度频谱转换为 dB 标度频谱
10 # 绘制频谱图
11 librosa.display.specshow(data=db, x_axis='time', y_axis='log',ax=ax[1])
12 # 图形显示
13 plt.show()
```

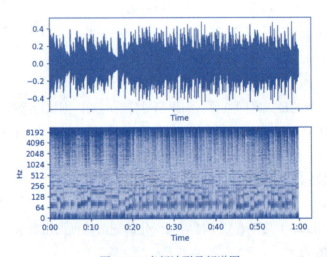

图 10-1　音频波形及频谱图

10.6　应用举例

本节使用前面介绍的多媒体处理库完成一个简单的电子相册实现，具体实例代码如下所示。

实现思路如表 10-8 所示。

表 10-8 简单的电子相册实现思路

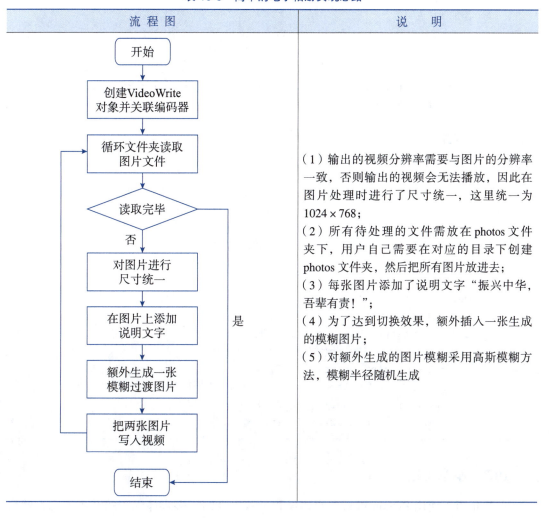

流程图	说明
(流程图)	（1）输出的视频分辨率需要与图片的分辨率一致，否则输出的视频会无法播放，因此在图片处理时进行了尺寸统一，这里统一为 1024×768； （2）所有待处理的文件需放在 photos 文件夹下，用户自己需要在对应的目录下创建 photos 文件夹，然后把所有图片放进去； （3）每张图片添加了说明文字"振兴中华，吾辈有责！"； （4）为了达到切换效果，额外插入一张生成的模糊图片； （5）对额外生成的图片模糊采用高斯模糊方法，模糊半径随机生成

```python
1  # simple_album.py
2  import os
3  import random
4  import numpy as np
5  from PIL import Image
6  from PIL import ImageDraw
7  from PIL import ImageFont
8  from PIL import ImageFilter
9  import cv2 as cv
10
11 def photo_handle(im: Image, info):
12     # 统一调整尺寸
```

```python
13      im=im.resize(size=(1024, 768), resample=Image.ANTIALIAS)
14      dw=ImageDraw.Draw(im)
15      # 添加图片说明
16      font=ImageFont.truetype(font="simsun.ttc", size=30)
17      dw.text(xy=(10, 10), text=info, font=font, fill='red')
18      # 通过图片滤波器生成模糊过渡图片
19      im1=im.filter(ImageFilter.GaussianBlur(radius=random.randint(1, 15)))
20      return im, im1
21
22 # 声明编码器
23 fourcc=cv.VideoWriter_fourcc(*'MJPG')
24 # 创建 VideoWrite 对象并关联编码器
25 video=cv.VideoWriter('output.avi', fourcc, 1.0,(1024, 768))
                                # 分辨率需要与图片的分辨率一致
26
27 files=os.listdir('photos')          # 原始图片保存在 photos 文件夹中
28 for file in files:
29      print(file)
30      names=file.split('.')
31      file_name=names[0]              # 文件名
32      ext_name=names[1].upper()       # 文件扩展名
33      if ext_name in {'JPG', 'PNG', 'BMP'}:
34          im=Image.open('photos/' + file)
35          im_src, im_transit=photo_handle(im, '振兴中华,吾辈有责!')
36          video.write(np.asarray(im_src))
37          video.write(np.asarray(im_transit))
```

10.7 本章小结

本章介绍了使用 Python 进行多媒体编程。首先介绍了多媒体编程的基本概念,然后以 Pillow 库为例介绍了图像处理方法,以 OpenCV 库为例介绍了图像及视频的简单处理方法,以 Libsora 库为例介绍了音频处理方法,最后使用前面介绍的相关库实现了一个简单的电子相册应用。

第 10 章
补充习题

习题

1. 利用 Pillow 生成图片的轮廓图并保存。
2. 利用 Pillow、OpenCV 等在视频左上角添加图标。
3. 利用 Librosa 对音频做简单处理。要求如下:
(1)截取前 2 分钟音频,通过快进方式缩短为 1 分钟音频。
(2)对处理过的 1 分钟音频分别绘制音频波形及频谱图。

第 11 章 网络爬虫

网络爬虫是一种通过编程实现自动定向采集网页数据，解析资源并存储为相应数据文件的技术，也是一种按照一定的规则，自动地抓取万维网信息的程序或者脚本。通过设置目标 URL 访问队列，爬虫程序可依次爬取队列里所有 URL 的信息。

11.1 基本概念

网络爬虫的分类有很多，但是目前常见的分类有 4 种：通用网络爬虫、聚焦网络爬虫、增量式网络爬虫和深层网络爬虫。通用网络爬虫就是全网爬虫，如百度这样的搜索引擎，便是使用通用网络爬虫爬取全网内容；聚集网络爬虫，也被称为主题爬虫，只从特定网站爬取特定信息，如从音乐平台爬取音乐信息；增量式网络爬虫，只爬取增量更新的部分数据，而无须爬取全量数据；深层网络爬虫，对于有些页面，其链接是动态生成的，不能直接从页面上获取，该爬虫便是根据一定策略进行深层次的爬取。机器硬件性能、网络带宽都是爬虫的瓶颈，由于不能满足开发者对爬虫速率的要求，又出现了分布式爬虫，通过提高横向扩展能力，充分利用多机器的性能来提高爬虫效率。

网络爬虫就是一个自动化程序，其按照一定的规则，从起始 URL 开始，自动化遍历基于网页的图结构中的元素，然后分析与过滤数据，提取有用数据，剔除冗余信息，并根据 URL 搜索策略进一步爬取，常用的搜索策略有广度优先、深度优先和最佳优先搜索策略。

广度优先搜索也叫宽度优先搜索算法，它是指在抓取过程中，在完成当前层次的搜索后，才进行下一层次的搜索，直到底层为止。一旦一层上的所有 URL 都被选择过，就可以开始在刚才处理过的页面中搜索其余的 URL，这样就保证了对浅层的优先处理。当遇到一个无穷尽的深层分支时，不会导致陷进深层文档中出不来的情况发生。宽度优先搜索策略容易实现，大量的研究都在聚焦爬虫中引入了宽度优先搜索策略。

深度优先搜索沿着文件中的 URL 走到不能再深入为止，然后返回到某一个文件，再继续选择该文件中的其他 URL。当不再有其他的 URL 可选择时，说明搜索已经结束。其优点是能遍历一个 Web 站点或者深层嵌套的文档集合；缺点是因为 Web 结构相当深，有可能导致一旦进去再也出不来的情况发生，使用比较少。

最佳优先搜索策略根据一定的网页分析算法，优先搜索更具有价值的页面。为针对某特定主题页面的访问采取最好优先原则，预测候选 URL 与目标网页的相似度或与主题的相关性，并选取评价最好的一个或几个 URL 进行抓取。对于聚焦爬虫而言，其将对所下载页面自动评分，随后由得分进行排序，最终实现队列的插入。

Python 语言提供了很多与网络爬虫有关的函数库，这些库作用不同、使用方式也不同。其实把网络爬虫抽象开来看，它主要包含如下几个步骤：模拟请求网页；模拟浏览器，打开目标网站；获取数据，打开网站之后，就可以自动化地获取所需要的网站数据；保存数据，拿到数据之后，需要持久化到本地文件或者数据库等存储设备中。

下面主要介绍 requests 和 BeautifulSoup4 这两个目前在网络爬虫中比较常用的函数库。它们都属于第三方库，Python 没有内置，因此都需要手动安装。

11.2 requests 库

requests 是 Python 语言的第三方库，在进行网络爬虫编写时经常会用到。requests 是一个很实用的 Python HTTP 客户端库，专门用于发送 HTTP 请求。它建立在世界上下载量最大的 Python 库 urllib3 上，但使用起来比 urllib 简洁很多。它令 Web 请求变得非常简单，功能强大且用途广泛。requests 可以完成能想到的所有高级工作，例如，浏览器式的 SSL 认证、自动解压、自动内容解码、文件分块上传、带持久 Cookie 的会话、基本/摘要式的身份认证、连接超时、流下载、国际化域名和 URL、键值对 Cookie 记录、HTTP（S）代理支持等。

requests 提供各种请求方法，主要包括 get、post、patch、delete、head、put、options 等。get、head 从服务器获取信息到本地，是获取 HTML 的主要方法和获取 HTML 头部信息的主要方法；put、post、patch、delete 从本地向服务器提交信息，分别为向 HTML 网页提交 put 请求、向 HTML 网页提交 post 请求、向 HTML 网页提交局部修改请求和向 HTML 网页提交删除请求。每次调用请求方法之后，会返回一个 response 对象，该对象包含了具体的响应信息。主要的响应信息有如下几种。

content：返回以字节为单位的响应内容。

encoding：响应内容的编码方式。

headers：以字典的格式返回响应头。

history：返回包含请求历史的响应对象列表。

json()：返回结果的 JSON 对象。需要结果以 JSON 格式编写，否则会引发错误。

links：返回响应的解析头链接。

raise_for_status()：如果连接不成功则抛出异常。例如 HTTP 响应发生错误，方法返回一个 HTTPError 对象。

reason：响应状态的描述，例如"Not Found"或"OK"。

status_code：返回 http 的状态码，例如 404 和 200，200 是对应 OK，表示连接成功；404 是对应 Not Found，表示连接失败。

text：返回响应的内容（以字符串的形式）。

url：返回响应的 URL。

下面以 get 和 post 方法为例简单介绍相关方法的使用。

【例 11.1】基本 get 请求的简单示例。

源代码如下：

```
1  # 11.1.py
2  import requests
3  x = requests.get("https://httpbin.org/get", timeout=20)
4  print(x.status_code)        # 显示请求的返回状态
5  print(x.headers)
6  print(x.reason)
7  print(x.history)
8  print(x.url)
9  print(x.encoding)           # 显示响应内容的编码方式
10 x.encoding = "UTF-8"        # 修改编码方式为 UTF-8
11 print(x.text)               # 显示返回内容
```

以上程序的运行结果如下：

```
>>>
200
{'Date': 'Thu, 09 Feb 2023 08:30:21 GMT', 'Content-Type': 'application/json', 'Content-Length': '308', 'Connection': 'keep-alive', 'Server': 'gunicorn/19.9.0', 'Access-Control-Allow-Origin': '*', 'Access-Control-Allow-Credentials': 'true'}
OK
[]
https://httpbin.org/get
UTF-8
{
  "args": {},
  "headers": {
```

```
    "Accept": "*/*",
    "Accept-Encoding": "gzip, deflate",
    "Host": "httpbin.org",
    "User-Agent": "python-requests/2.28.2",
    "X-Amzn-Trace-Id": "Root=1-63e4af1c-2534213521a205f46fec611a"
  },
  "origin": "120.229.69.142",
  "url": "https://httpbin.org/get"
}
```

如果想要爬取的不是一个静态的 HTML 文档，而是图片、音频、视频等二进制格式存储的文件，就需要使用响应信息中的 content 来获取二进制数据。通常情况下，二进制的图片等数据都比较大，最好不要直接输出，而是将其下载到本地保存起来再查看。

【例 11.2】获取二进制图片示例。

源代码如下：

```
1  # 11.2.py
2  import requests
3  try:
4      x = requests.get('https://www.scut.edu.cn/_upload/site/00/03/3/
         logo.png',timeout=20)
5      x.raise_for_status()
6      print(x.content)
7      with open('scutlogo.png','wb') as f:
8          f.write(x.content)
9  except:
10     print(" 连接出错 ")
```

运行结果如下：

```
>>>
Squeezed text(1257 lines).
```

当打开源代码所在文件夹后，可以找到 scutlogo.png 文件，打开该文件即可看到所下载的图片。

另外一个比较常用的方法是 post，它可以发送内容到指定 URL。一般语法格式如下：

```
requests.post(url,data = {key:value}, json = {key:value},args)
```

其中，url 为请求的 URL，为必选项，其他参数根据实际情况选择是否要使用；data 参数为要发送到指定 URL 的字典、元组、列表、字节或文件对象；json 参数为要发送到指定 URL 的 JSON 对象；args 为其他参数，例如 cookies、headers 等。

【例 11.3】post 方法使用的简单示例。

```
1  import requests
2  data = {'name': 'zhangsan', 'age': '100','sex':'woman'}
3  x = requests.post("https://httpbin.org/post", data=data)
4  print(x.text)
```

运行结果如下：

```
>>>
{
  "args": {},
  "data": "",
  "files": {},
  "form": {
    "age": "100",
    "name": "zhangsan",
    "sex": "woman"
  },
  "headers": {
    "Accept": "*/*",
    "Accept-Encoding": "gzip, deflate",
    "Content-Length": "31",
    "Content-Type": "application/x-www-form-urlencoded",
    "Host": "httpbin.org",
    "User-Agent": "python-requests/2.28.2",
    "X-Amzn-Trace-Id": "Root=1-63e3856a-317c11bf561b29572570fbb8"
  },
  "json": null,
  "origin": "120.229.69.142",
  "url": "https://httpbin.org/post"
}
```

11.3 BeautifulSoup4

HTML 文档本身是结构化的文本，有一定的规则。通过它的结构可以简化信息提取。BeautifulSoup4 库也称为 bs4 库，它是 Python 用于网页分析的第三方库，可解析、处理 HTML 和 XML 数据。它可以快速转换被抓取的网页，将网页转换为一棵 DOM 树，并提供一些简单的方法来查找、定位、修改一棵转换后的 DOM 树。它是一个工具箱，通过解析文档为用户提供需要抓取的数据。因为简单，所以不需要多少代码就可以写出一个完整的应用程序。BeautifulSoup 自动将输入文档转换为 Unicode 编码，输出文档转换为 UTF-8 编码。

使用 from-import 的方式可以从库中引用 BeautifulSoup 类，然后创建一个 BeautifulSoup 对象，每个 HTML 页面可以看作一个对象，HTML 页面中的每一个 tag 可以看作是对应的树状结构中的一个节点，通过 BeautifulSoup 对象后面加上". 标签名"来获取需要查找的标签。

构建一个 BeautifulSoup 对象需要两个参数：第 1 个参数是将要解析的 HTML 文本字符串，第 2 个参数指明 BeautifulSoup 将要使用哪个解析器来解析 HTML。解析器负责把 HTML 解析成相关的对象，而 BeautifulSoup 负责对数据的增、删、改、查等操作。html.parser 是 Python 内置的解析器，lxml 则是一个基于 C 语言开发的解析器，它的执行速度更快，不过它需要手动安装。如果没有手动安装或者特别指明，则会使用 Python 默认的解析器。

【例 11.4】BeautifulSoup 类的简单示例。

```
1  # 11.4.py
2  import requests
3  from bs4 import BeautifulSoup
4  url = "http://www.scut.edu.cn"
5  try:
6      x = requests.get(url,timeout=20)
7      x.encoding = "UTF-8"
8      text = x.text
9  except:
10     print(" 连接失败 ")
11 soup = BeautifulSoup(text,"html.parser")
12 print(soup)
```

运行结果如下：

```
>>>
<html>
<head>
<title> 华南理工大学 </title>
<meta content="text/html; charset=UTF-8"http-equiv="Content-Type"/><meta content="0;URL=new/" http-equiv="refresh"/>
</head>
<body></body>
</html>
```

每一个 tag（标签）也是一个对象，Tag 对象常用的属性有如下几种。

name：显示标签名。

attrs：以字典的方式显示该标签所有属性。

contents：将直接子节点以列表的形式输出。

string：返回一个 NavigableString 对象，可以看到输出节点的文本内容。

children：将直接子节点以列表生成器的形式输出。

descendants：返回的是一个生成器对象。

text：获取标签里面的内容。

对于属性 string，如果 tag 只有一个 NavigableString 类型子节点，那么这个 tag 可以使用 .string 得到子节点，返回其中的内容。如果一个 tag 仅有一个子节点，那么这个 tag 也可以使用 .string，输出结果与当前唯一子节点的 .string 结果相同，也就是返回唯一子节点里面的内容。如果 tag 包含了多个子节点，tag 就无法确定 .string 应该调用哪个子节点的内容，.string 的输出结果是 None。

【例 11.5】tag 属性的简单示例。

```
1  # 11.5.py
2  from bs4 import BeautifulSoup
3  html = '''<html>
4  <td>The first example</td>
5  <td><p>The second example</p></td>
6  <ul>
7  <li class="item-0">test <a href="link0.html"><span>begin item</span></a></li>
8  <li class="item-1" id="first"><a href="link1.html">first item</a></li>
9  <li class="item-2"><a href="link2.html">second item</a></li>
10 </ul>
11 </html>'''
12 soup = BeautifulSoup(html,"html.parser")
13 print(soup.td.name)
14 print(soup.td.string)
15 print(soup.td.text)
16 print(soup.td.attrs)
17 print(soup.td.contents)
18 print(soup.li.name)
19 print(soup.li.string)
20 print(soup.li.text)
21 print(soup.li.attrs)
22 print(soup.li.contents)
```

运行结果如下：

```
>>>
td
The first example
The first example
{}
['The first example']
li
None
test begin item
{'class': ['item-0']}
['test ', <a href="link0.html"><span>begin item</span></a>]
```

BeautifulSoup 提供了两种方式帮助我们从 HTML 中找到我们关心的数据：一种是遍历文档树；另一种是搜索文档树。遍历文档树就是从根节点 <html> 标签开始遍历，直到找到目标元素为止，例如例 11.5 中的 <td>、<li> 标签就是通过 soup.td、soup.li 的调用方式遍历文档树获取的，这种.标签名的方式只能获取到与之匹配的第一个子节点，如果有两个 <td> 标签时，第二个标签就没法通过 .td 的方式获取。搜索文档树可以通过指定标签名来搜索元素，还可以通过指定标签的属性值来精确定位某个节点元素，最常用的两个方法就是 find 和 find_all，基本语法格式如下：

  find(name,attrs,recursive,text,**kwargs)
  find_all(name,attrs,recursive,text,**kwargs)

find 方法和 find_all 方法的所有参数用法是相同的，不同的是 find 方法只返回第一个匹配的对象，find_all 方法会根据范围限制参数 limit 限定的范围取元素，如果不设置 limit，表示取所有符合要求的元素并以列表的形式返回所有能够匹配到的对象。find 方法等价于 find_all 方法的 limit =1 时的情形，具体参数如下。

name：标签节点的名字，可以是字符串、正则以及列表形式。

attrs：过滤属性，用字典封装一个标签的若干属性和对应的属性值。

recursive：递归参数，是一个布尔变量。如果值为 True，表示递归地从子孙节点中去查找匹配对象，否则只从直接子节点中进行查找。

text：文本参数，用标签的文本内容去匹配。

**kwargs：其他关键字参数。

【例 11.6】常用方法的简单示例。

```python
1  # 11.6.py
2  from bs4 import BeautifulSoup
3  html = '''<html>
4  <td>The first example</td>
5  <td><p>The second example</p></td>
6  <ul>
7  <li class = "item-0">test <a href = "link0.html"><span>begin item</span></a></li>
8  <li class = "item-1" id = "first"><a href = "link1.html">first item</a></li>
9  <li class = "item-2"><a href = "link2.html">second item</a></li>
10 </ul>
11 </html>'''
12 soup = BeautifulSoup(html,"html.parser")
13 print("find 方法的返回结果 ")
14 print(soup.find('li',attrs={'class':'item-1'}))   # 查找 class 属性为 item-1 的第
                                                    # 一个 <li> 标签
15 print("find_all 方法的返回结果 ")
16 print(soup.find_all('li'))                        # 查找所有的 <li> 标签
```

运行结果如下：

```
>>>
find 方法的返回结果
<li class="item-1" id="first"><a href="link1.html">first item</a></li>
find_all 方法的返回结果
[<li class="item-0">test <a href="link0.html"><span>begin item</span></a></li>, <li class="item-1" id="first"><a href="link1.html">first item</a></li>, <li class="item-2"><a href="link2.html">second item</a></li>]
```

11.4 应用举例

爬虫作为一个工具，可以帮助我们爬取网站中的公开数据。爬虫工作的流程大致如下所示。

首先，需要准备好要爬取的 URL，设置好 URL 的范围，有时可能还需要增加 headers 字段等信息，向目标服务器发送请求获取公开的网页内容。

其次，接收目标服务器响应的数据，根据设置的数据提取表达式对网站数据和新产生的 URL 进行提取，将有用的数据提取到合适的数据结构、数据库或文件中。

最后，可以对获得的数据做进一步的分析和处理，以获得有用的信息。下面以一个最简单的例子对整个过程加以介绍。

【例 11.7】党的二十大报告指出，必须坚持科技是第一生产力、人才是第一资源、创新是第一动力，深入实施科教兴国战略、人才强国战略、创新驱动发展战略，开辟发展新

领域新赛道，不断塑造发展新动能新优势。研究生招生选拔是培养人才的重要手段之一。编写代码，获取研究生招生网站公布的北京大学经济学门类 2018—2022 年研究生招生各学科复试分数线。

```
1  # 11.7.py
2
3  import requests
4  from bs4 import BeautifulSoup
5
6  url="https://yz.chsi.com.cn/kyzx/other/202205/20220511/2189873003.html"
7  try:
8      response = requests.get(url,timeout=20)
9      response.encoding="utf-8"
10 except:
11     print(" 连接失败 ")
12 soup = BeautifulSoup(response.content, 'html.parser')
13 name_list=soup.select('div[class="content-l detail"] table[class="table01"] tbody tr')
14 for i in range(11,16):
15     print(name_list[i].get_text(" "))
```

运行结果如下：

```
>>>
2022 年  380  55  90
2021 年  380  55  90
2020 年  360  55  90
2019 年  380  55  90
2018 年  360  55  90
```

为了自动获取相关信息，第 6 行确定了需要访问的网址，将该网址存储到 url 变量中，并将其作为 requests.get() 方法的参数，如第 8 行所示。当通过 get 方法爬取到网页内容后，需要使用 bs4 库提取网页内容；为了提取到需要的内容，要了解需要的数据在 HTML 页面中的格式，打开该网页后可以看到相关信息如图 11-1 所示；选择"查看网页源代码"命令，会看到数据是封装在 <div> 标签下 <table> 标签中 <tbody> 里的一个个 <tr> 标签对中，因此用 select 方法得到满足条件的所有 tr 标签对。select 方法的功能同上一节介绍的 find_all 方法的功能基本类似，只是使用方法不同。

select 方法返回的是网页中所有数据的 <tr> 标签对的列表，需要的经济学门类数据存储在第 11 对到第 15 对 <tr> 标签对中，所以通过 for 循环输出其中第 11 对到第 15 对 <tr> 标签对的内容。

图 11-1 从浏览器看到的部分网页数据

11.5 本章小结

本章介绍了网络爬虫的基础知识。讲解了常用的 requests 库和 BeautifulSoup4 库的主要功能及基本使用方法。最后通过一个实例对上述内容的使用进行了总结。

习题

第 11 章
补充习题

1. 分析程序，写出下列程序的输出结果。

```
from bs4 import BeautifulSoup
html = '''<html>
<td>The first example</td>
<td><p>The second example</p></td>
<ul>
<li class="item-0">test <a href="link0.html"><span>begin item</span></a>
</li>
<li class="item-1" id="first"><a href="link1.html">first item</a></li>
<li class="item-2"><a href="link2.html">second item</a></li>
</ul>
</html>'''
soup = BeautifulSoup(html,"html.parser")
print(soup.find('li',attrs={'class':'item-2'}))
```

2. 国家正在加快推进新一代信息技术发展，计算机类专业有力地支撑着一带一路、科技兴国，助力了嫦娥、天问等重大国家工程，更多心怀梦想的青年加入科技强国奋斗者的行列。编写代码，自动获取研究生招生网站公布的你自己感兴趣的某个大学计算机学科前3年的研究生招生复试分数线。

3. 编写程序，对 runoob 网站的 Python 练习 100 例的内容进行爬取，并将结果保存到一个 .txt 文件中。

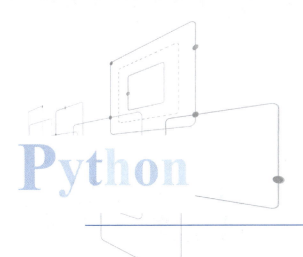

参考文献

[1] HORSTMANN C, NECAISE R. Python 程序设计（原书第 2 版）[M]. 董付国, 译. 北京：机械工业出版社, 2018.

[2] PERKOVIC L. 程序设计导论：Python 计算与应用开发实践（原书第 2 版）[M]. 江红, 余青松, 译. 北京：机械工业出版社, 2019.

[3] HETLAND M L. Python 基础教程 [M]. 司维, 曾军崴, 谭颖华, 译. 2 版. 北京：人民邮电出版社, 2014.

[4] 董付国. Python 程序设计 [M]. 3 版. 北京：清华大学出版社, 2020.

[5] 嵩天, 礼欣, 黄天羽. Python 程序设计基础 [M]. 2 版. 北京：高等教育出版社, 2017.

[6] MATTHES E. Python Crash Course[M]. 2nd ed. San Francisco: No Starch Press, 2015.

[7] MATTHES E. Python 编程：从入门到实践 [M]. 袁国忠, 译. 北京：人民邮电出版社, 2020.

附录 A Python 3 编码风格参考规范

为了提高代码的正确性、稳定性和可读性,更加利于团队协作开发,编码风格必须遵循一定的规范。本参考规范参照 Python 官方标准 PEP 8 编写。

A.1 代码布局

1. 缩进

每一级缩进使用 4 个空格,绝对不要用 Tab(制表符),也不要将 Tab 和空格混用。

2. 代码行的最大长度

一行代码最多 79 个字符,特殊情况下可以超过 79 个字符,但最长不超过 99 个字符。文档和注释一行的长度限制为 72 个字符。

3. 换行

(1) Python 支持反斜杠 "\" 换行。例如:

```
>>> print('Hello China!\
I love my motherland.')
Hello China!I love my motherland.    # 输出结果
```

(2) Python 支持定界符:小括号 ()、中括号 [] 和大括号 {} 内的换行。此时,可以使用以下两种形式。

```
# 第 2 行缩进到定界符的起始处
foo = long_function_name(var_one,var_two,
                         var_three,var_four)
# 第 2 行缩进 4 个空格
foo = long_function_name(
    var_one,var_two,
    var_three,var_four)
```

4. 空行

顶层函数和类的定义,前后用两个空行隔开。类里的方法定义前后用一个空行隔开,相关的函数组之间必要时可以用空行隔开。在函数体内必要时可以用空行分隔逻辑相关的代码。

5. 源文件编码

Python 3 中源文件统一使用 UTF-8 编码。

6. 导入

Imports（导入）总是位于文件的顶部，在模块注释和文档字符串之后，在模块的全局变量与常量之前。导入应按以下顺序分组，并在每一组导入之间加入空行。

（1）标准库导入。

（2）相关第三方库导入。

（3）本地应用库导入。

建议一个 import 语句只导入一个库，但是可以用一个 import 语句导入一个库里的多个函数。例如：

```
import math
import turtle
from math import sqrt,pow
不推荐: import math,turtle
```

7. 表达式和语句中的空格

关于表达式和语句中的空格，需注意以下几点。

（1）在二元运算符两边各空一格，例如，i = i + 1。

（2）不要在逗号、分号、冒号前面加空格，但应该在它们后面加（除了在行尾）。例如，x, y = 1,2。

（3）如果冒号放在切片中就像二元运算符，在两边应该有相同数量的空格，例如，lst[1:3:9]。

（4）左小括号、左中括号、左大括号之后，右小括号、右中括号、右大括号之前不加空格。例如，x =(a+b)/2。

（5）不要为了与另一个赋值语句对齐，而加多个空格。例如：

```
x_1= 3
y  = 6   # 应该为 y = 6
```

（6）避免在尾部添加空格。因为尾部的空格通常都看不见，可能会产生混乱。

8. 注释

与代码相矛盾的注释比没有注释还糟，因此当代码要更改时，优先更新对应的注释。

注释应该是完整的句子。如果一个注释是一个英文短语或句子，它的第一个单词应该大写，除非它是以小写字母开头的标识符（永远不要改变标识符的字母大小写）。

如果注释很短，结尾的句号可以省略。块注释一般由完整句子的一个或多个段落组成,并且每句话结束有一个句号。

(1)块注释。块注释通常置于被注释代码之前,并缩进到与代码相同的级别。块注释的每一行使用一个#和一个空格开始(除非块注释内部缩进文本)。块注释内部的段落用只有一个#的空行分隔。

(2)行内注释。行内注释是与代码语句同行的注释,行内注释和代码间至少要有两个空格分隔。注释由#和一个空格开始。例如:

```
x=x+1     # Compensate for border
```

(3)文档注释。文档注释放在模块、函数、类或方法定义的首部,作为该对象的_doc_ 属性被获取。非公共的方法没必要写文档注释,但应该有一个描述方法具体作用的注释,该注释在def那行之后。

文档注释以3个双引号开头与结尾,如只有一行,开头与结尾可写在同一行;如有多行,则结尾的三引号单独一行,与开头的三引号垂直对齐。如:

```
"""print the captial of every province of China
Beijing,Shanghai,Guangzhou,Changsha,etc.
"""
```

A.2 命名规则

在 Python 中,变量、函数等需要以下画线或英文字母开头,以英文字母、下画线和数字组合命名。

(1)常量名:以下画线连接的全大写字母命名,例如,MAX_OVERFLOW 和 TOTAL。

(2)变量名、函数名或方法名:使用小写英文字母命名并且为提高可读性,单词与单词间可以用下画线连接,例如,show_name。

(3)类名:类名由英文字母组成,单词的首字母大写,例如,StudentClass。

(4)异常名:因为异常一般都是类,所有类的命名方法在这里也适用。但是,需要在异常名后面加上"Error"后缀,例如,BusinessError。

(5)模块和包名:模块名应该用简短全小写的名称命名,并且为了提升可读性,下画线也是可以用的;Python 包名也应该使用简短全小写的名称命名,但不建议用下画线。

(6)永远不要使用字母"l""O"或"I"作为单字符变量名。因为在有些字体里,这些字符无法与数字0和1区分,不便于理解程序。如果想用"l",用"L"代替。

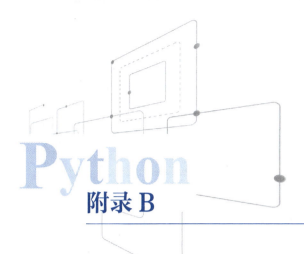

附录 B ASCII 码

ASCII 码（American Standard Code for Information Interchange，美国标准信息交换码）是由美国国家标准协会（American National Standard Institute，ANSI）制定的标准单字节字符编码方案，主要用于英文字母、数字、各种标点符号等西文文本数据的表示。它起始于 20 世纪 50 年代后期，于 1967 年定案。ASCII 最初是供不同计算机在相互通信时用作共同遵守的西文字符编码标准，现已被国际标准化组织（International Organization for Standardization，ISO）定为国际标准，称为 ISO 646 标准。它适用于所有拉丁文字字母。

ASCII 码使用指定的 7 位或 8 位二进制数组合来表示 128 种或 256 种可能的字符。标准 ASCII 码也称为基本 ASCII 码，它使用 7 位二进制数来表示所有的大写和小写英文字母、数字 0～9、各种标点符号以及在美式英语中使用的特殊控制字符，共能编码 2^7 种符号，即 128 种符号，见表 B-1，其中各控制符号含义见表 B-2。

表 B-1 标准 ASCII 编码表

高3位 低4位	000	001	010	011	100	101	110	111
0000	NUL	DLE	SP	0	@	P	.	p
0001	SOH	DC1	!	1	A	Q	a	q
0010	STX	DC2	"	2	B	R	b	r
0011	ETX	DC3	#	3	C	S	c	s
0100	EOT	DC4	$	4	D	T	d	t
0101	ENG	NAK	%	5	E	U	e	u
0110	ACK	SYN	&	6	F	V	f	v
0111	BEL	ETB	'	7	G	W	g	w
1000	BS	CAN	(	8	H	X	h	x
1001	HT	EM	)	9	I	Y	I	y

续表

高3位 低4位	000	001	010	011	100	101	110	111
1010	LF	SUB	*	:	J	Z	j	z
1011	VT	ESC	+	;	K	[	k	{
1100	FF	FS	,	<	L	\	l	|
1101	CR	GS	-	=	M	]	m	}
1110	SO	RS	.	>	N	↑	n	~
1111	SI	US	/	?	O	↓	o	DEL

表 B-2　ASCII 控制符号含义

控制符号	含义	控制符号	含义	控制符号	含义
NUL	空字符	VT	垂直制表符	SYN	同步空闲
SOH	标题开始	FF	换页	ETB	信息组传送结束
STX	正文开始	CR	回车符	CAN	取消
ETX	正文结束	SO	不用切换	EM	媒介结束
EOT	传输结束	SI	启用切换	SUB	代替
ENQ	询问字符	DLE	数据链路转义	ESC	换码
ACK	确认	DC1	设备控制 1	FS	文件分隔符
BEL	响铃	DC2	设备控制 2	GS	组分隔符
BS	退格	DC3	设备控制 3	RS	记录分隔符
HT	水平制表符	DC4	设备控制 4	US	单元分隔符
LF	换行	NAK	拒绝接收	DEL	删除

代码 0～31 及 127（共 33 个）是控制字符（符号）或通信专用字符，通常无法显示，如控制符号：LF（换行，代码为 10）、CR（回车，代码为 13）、FF（换页，代码为 12）、DEL（删除，代码为 127）、BS（退格，代码为 8）、BEL（响铃，代码为 7）等；通信专用字符：SOH（标题开始，代码为 1）、EOT（传输结束，代码为 4）、ACK（确认，代码为 6）等。ASCII 中，退格、制表、换行和回车等字符，它们并没有特定的图形显示，当在屏幕或打印机输出时会依不同的应用程序，而对文本显示有不同的影响。

除上述 33 种控制和通信专用符号外，ASCII 中还编码了 95 种可显示字符（代码从 32～126），包括大小写英文字母、0～9 共 10 个数字字符、各种标点和运算符号等。其中代码 32 表示空格；代码 48～57 表示 0～9 共 10 个阿拉伯数字；代码 65～90 表示 26 个大写英文字母；代码 97～122 表示 26 个小写英文字母；其余表示一些常用标点符号、运算符号等。

记住下列 ASCII 码编码规律对计算机学习很有用。

（1）0～9 的代码小于 A～Z 的代码，A～Z 的代码小于 a～z 的代码。

（2）数字 0～9 的 ASCII 代码依次递增 1，数字 0 的代码为十六进制 $(30)_{16}$。

（3）字母 A～Z 的 ASCII 代码依次递增 1，字母 A 的代码为十六进制 $(41)_{16}$。

（4）字母 a～z 的 ASCII 代码依次递增 1，字母 a 的代码为十六进制 $(61)_{16}$。

（5）同一个字母的大写字母 ASCII 要比小写字母 ASCII 小 32 或十六进制 $(20)_{16}$。

（6）空格符、回车符、换行符的 ASCII 分别为十六进制 $(20)_{16}$、$(0D)_{16}$、$(0A)_{16}$。

标准 ASCII 代码只用到 7 个二进制位，但计算机中的基本存储单位为字节，因此计算机中存储一个字符需要占用 1 字节。1 字节是 8 个二进制位，这个字节的低 7 位存放该字符 ASCII 代码，通常情况下最高位永远是 0，在有些特殊应用领域最高位存放低 7 位的奇偶校验位。

使用 8 位二进制数进行编码的 ASCII 码称为扩展 ASCII 码，共能对 $2^8=256$ 种符号进行编码。扩展 ASCII 中前 128 种代码（代码从 0～127）和标准 ASCII 码完全相同，后 128 种代码（代码从 128～255）通常表示的是一些特殊符号字符、希腊字母等外来语字母和一些块型、线状图形符号。目前许多基于 x86 的计算机系统都支持使用扩展 ASCII。

当给一个文本文件输入字符信息时，计算机会依次自动保存这些字符对应的 ASCII。当以后读取该文件时，每读到 1 字节，通过查找 ASCII 编码表，计算机就可以知道读到了什么字符。

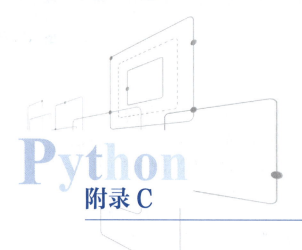

附录 C Unicode 码

Unicode（Universal Multiple-Octet Coded Character Set，UCS）码，也称为统一码、万国码或单一码，它是一种在计算机上广泛使用的多字节字符编码。它为每种语言中的每个字符设定了统一且唯一的二进制编码，以满足跨语言、跨平台进行文本转换和处理的要求。Unicode 编码于 1990 年开始研发，并于 1994 年正式公布。随着计算机性能的增强，Unicode 在面世十多年后逐步得到普及，现在许多操作系统和软件产品都支持 Unicode。

Unicode 编码系统可分为编码方式和实现方式两个层次。

C.1 Unicode 编码方式

Unicode 是国际组织制定的可以容纳世界上所有文字和符号的多字节字符编码方案。Unicode 字符集可以简写为 UCS（Unicode Character Set）。早期的 Unicode 有 UCS-2 和 UCS-4 两种编码标准。UCS-2 用两字节对各种常用符号编码，UCS-4 用 4 字节对所有可能的符号进行编码。UCS-4 字符集采用四维编码空间，整个空间有 128 个组，每个组再分为 256 个平面，每个平面有 256 行，每行有 256 个列，即 256 个代码点。代码点就是可以分配给字符的数字，每个代码点可以编码一个符号。每个平面有 256×256=65536 个代码点。每个符号的 UCS-4 编码有 4 字节，这 4 字节分别表示这个符号的代码点在该四维空间所在的组、平面、行和列。由于只有 128 个组，因此 UCS-4 编码中最高字节的最高一位永远为 0。在书写 Unicode 代码点时使用十六进制数表示，并且在数字前加上前缀 "U+"。

第 0 组的第 0 个平面被称作 BMP（Basic Multilingual Plane）。该平面的 65536 个代码点编码了常用的各国文字字母、标点符号、图形符号等，基本满足各种语言的使用。实际上目前版本的 Unicode 尚未填充满这个平面，保留了大量空间满足特殊使用或将来扩展。BMP 平面的 Unicode 编码表示为 U+hhhh，其中每个 h 代表一个十六进制数字。UCS-2 只用于对 BMP 平面符号编码，将 UCS-4 的 BMP 代码点去掉前面的两个零字节就得到了 UCS-2 编码。UCS-2 的两字节分别表示了代码点在 BMP 平面的行和列。BMP 平面代码点的 UCS-4 编码与其 UCS-2 编码完全相同，只是最高位的两字节为 0，表示该代码点在第 0 组第 0 平面，即 BMP 平面。

除 BMP 平面外，从 Unicode 3.1 版本开始定义了 16 个辅助平面，这些辅助平面对一些不常用到的符号进行编码指定，两者合起来至少需要占据 21 位编码空间，其对应的 Unicode 编码范围为 $(000000)_H \sim (10FFFF)_H$。UCS-4 是一个更大的尚未填充完全的 31 位字符集，理论上最多能表示 2^{31} 个字符，完全可以涵盖一切语言所用的符号。

C.2 Unicode 实现方式

UCS-4 和 UCS-2 只规定了每种符号所在的代码点，即规定了怎么用多个字节表示各种文字符号，并没有规定这个代码点在计算机内的表示、存储和传输格式。它们是由 UTF（UCS Transformation Format）规范规定的。常见的 UTF 规范包括 UTF-8、UTF-16 和 UTF-32 这 3 种实现方式。

所有字符的 Unicode 编码都是 32 位长二进制串，但计算机存储这些字符时并不是直接存储该二进制串，而是先对其进行转换，再存储转换后的结果。转换的目的是节省存储空间：对于常见的字符用比较短的二进制串存储，对于生僻的字符用较长的二进制串存储，但这些二进制串在读出时又要能够互相区分而不至于混淆。UTF-8 以字节为单位对 Unicode 进行编码转换，17 个平面所有字符转换后的长度为 1～4 字节不等，如表 C-1 所示。

表 C-1 UTF-8 编码方式（H 表示十六进制数）

Unicode 编码范围（十六进制）	UTF-8 对应字节流（二进制）
$(000000)_H \sim (00007F)_H$	0xxxxxxx 占用 1 字节
$(000080)_H \sim (0007FF)_H$	110xxxxx 10xxxxxx 占用 2 字节
$(000800)_H \sim (00FFFF)_H$	1110xxxx 10xxxxxx 10xxxxxx 占用 3 字节
$(010000)_H \sim (10FFFF)_H$	11110xxx 10xxxxxx 10xxxxxx 10xxxxxx 占用 4 字节

UTF-8 的特点是对不同范围的字符使用不同长度的编码。对于 $(00)_H \sim (7F)_H$ 之间的字符，UTF-8 编码与 ASCII 编码完全相同。UTF-8 编码的最大长度 4 字节。从表 C-1 可以看出，4 字节模板有 21 个 x，即可以容纳 21 位二进制数字。Unicode 的最大码位 $(10FFFF)_H$ 也只有 21 位。

例如，"汉"字的 Unicode 编码是 U+6C49。U+6C49 在 $(0800)_H \sim (FFFF)_H$ 之间，使用了 3 字节模板：1110xxxx 10xxxxxx 10xxxxxx。将 6C49H 写成二进制数是：0110 1100 0100 1001，用这个二进制位依次代替模板中的 x，得到 11100110 10110001 10001001，即"汉"的 UTF-8 编码为 E6 B1 89，所以在采用 UTF-8 编码的文件中存储"汉"这个字需要占用 3 字节。

再如，Unicode 编码 U+20C30 在 (010000)$_H$ ～ (10FFFF)$_H$ 之间，使用了 4 字节模板：11110xxx 10xxxxxx 10xxxxxx 10xxxxxx。将 20C30H 写成 21 位二进制数字（不足 21 位就在前面补 0）：0 0010 0000 1100 0011 0000，用这个二进制位依次代替模板中的 x，得到 11110000 10100000 10110000 10110000，即 U+20C30 的 UTF-8 编码为 F0 A0 B0 B0，该字符存储需要 4 字节。

有兴趣的同学可查阅相关资料了解 UTF-16 编码和 UTF-32 编码实现。目前 UTF-8 编码和 UTF-16 编码被广泛使用，而 UTF-32 编码由于太浪费存储空间而很少被使用。

字节序是指包含多个字节的一个大数据在计算机中存储时多个字节存储的先后次序。字节序有两种：一种叫大序（big-endian，也叫大端格式），存放时高位字节在前，低位字节在后；另一种叫小序（little-endian，也叫小端格式），存放时低位字节在先，高位字节在后。例如，我们日常使用的 x86 计算机内存中都采用小序格式存储数据。

UTF-8 以字节为编码单元，一个 UTF-8 编码是由多个字节构成的字节流，存放时按先后顺序存放，没有字节序的问题。而 UTF-16 以两字节为编码单元，例如"奎"的 Unicode 编码是 594E，有些文件用 59 和 4E 两个顺序的字节存储"奎"，这就是大序格式，而有些文件用 4E 和 59 两个顺序的字节来存储，这就是小序格式。UTF-32 以 4 字节为编码单元，也存在字节序问题。当打开文件时，必须知道其字节序，才能正确解释文件的内容。

Unicode 标准建议用 BOM（Byte Order Mark）字符来区分字节序，即在传输字节流或保存文件时，先传输或者写入被作为 BOM 的字符以指示其字节序，如表 C-2 所示。

表 C-2 UTF 编码的 BOM 标识

UTF 编码	BOM
UTF-8	EF BB BF
UTF-16LE	FF FE
UTF-16BE	FE FF
UTF-32LE	FF FE 00 00
UTF-32BE	00 00 FE FF

Windows 操作系统就是使用 BOM 来标记文本文件的编码方式以及字节序的。当用 Windows 操作系统自带的"记事本"软件保存文件时可以选择文件编码格式，有 ANSI、Unicode（UTF16-LE）、Unicode big endian（UTF16-BE）和 UTF-8 这 4 种格式可供选择。ANSI 就是普通的 ASCII 编码。